文化城市研究论丛

美化之城市

——从城市形态看城市美化运动的当代启示

李亮 著

中国建筑工业出版社

图书在版编目（CIP）数据

美化之城市——从城市形态看城市美化运动的当代启示 / 李亮著. —北京：中国建筑工业出版社，2017.1

（文化城市研究论丛）

ISBN 978-7-112-20336-9

Ⅰ. ①美… Ⅱ. ①李… Ⅲ. ①城市规划-研究 Ⅳ. ①TU984

中国版本图书馆CIP数据核字（2017）第012666号

责任编辑：陈仁杰　唐　旭　李东禧

责任校对：焦　乐　张　颖

书籍设计：胡小妹

文化城市研究论丛

美化之城市——从城市形态看城市美化运动的当代启示

李　亮　著

*

中国建筑工业出版社出版、发行（北京海淀三里河路9号）

各地新华书店、建筑书店经销

北京中科印刷有限公司印刷

*

开本：787×1092毫米　1/16　印张：18¾　字数：266千字

2017年8月第一版　　2017年8月第一次印刷

定价：79.00元

ISBN 978-7-112-20336-9

（29785）

序一

改革开放以来，中国开始进入一个越发快速的城镇化历程当中，尤其是从20世纪90年代中后期到现在的十几年，中国的城镇化速度和成果令世界瞩目，中国成了最大的建筑工地，大城市迅速扩大，中小城市迅速增多，城市人口也以史无前例的速度迅速增长——近十几年来，中国的城镇化过程，已然成为一个让全球建筑行业都在热议和赞叹的奇迹。毫无疑问，中国如此高速度的城镇化，为经济发展和大国崛起，发挥了巨大的作用。城镇化的过程与中国的现代化、国际化是一个事物的两面，二者紧密结合在一起，共同呈现出如今这种让世界刮目相看的“中国奇观”。但我们也应该注意到，就在中国城镇化取得巨大成效的同时，中国社会也在积累由此所带来的某些负面效应和不尽人意的状况，并且随着经济不断发展，城市不断扩张，这些状况在不断加重，由此引起了社会各界，尤其是文化人的讨论和批评。

作为一名连任三届的全国政协老委员，我发现几乎每次开会，大家都会讨论和批评高速城镇化与城市建设中所积累的负面问题，而受议最集中的便是当今中国城市“千城一面”的问题，即：城市形象雷同，文化特征丧失的现象。作为一个文化人和艺术工作者，一位美术学院的管理者，我更是会在众多场合持续听到不同社会阶层对这类问题的批评和抱怨。这样的批评、抱怨和议论，客观地反映出当今文化界、知识界对于快速城镇化中“千城一面”和城市文化特征丧失现象的忧虑。这也促使我深入思考一个问题：文化人和社会各界的牢骚和批评是必要的，但仅此亦远远不够，重要的是大家行动起来，想出切实可行的办法改善城镇化的过程、改善机制、提出好的建议、想出好的办法，使“千城一面”的弊病得到缓解和纠正。

正是从这样的思考出发，我在2005年与时任北京市规划委员会主任的陈刚同志一起探讨克服和缓解“千城一面”弊端的办法。我当时的建议是：把各大城市规划部门工作一线的中层技术骨干集中起来进行专业的艺术熏陶和审美方面的培训，充分发挥他们的一线实践经验，同时依托中央美术学院高度国际化和浓郁的艺术氛围，以“实践结合审美”的原则，来共同探讨问题解决的思路和可能。由此，不仅可以使城市规划建设一线的年轻骨干扩展眼界，提高艺术修养，增强理论水平，还能联合师生共同研究和探索出能够言之成理、行之有效的解决方法和措施。这个建议马上得到陈刚同志的赞同与支持，因为他在长期的规划工作中也不断听到各方的批评、抱怨，深知“千城一面”已成为中国城镇化发展过程中一个突出且必须应对的问题，但该问题的出现并非是仅靠个别领导或某个政府部门改变观念与行政方式就能解决的简单问题。多年的一线工作经验使他清醒地认识到：这个问题的解决必将是一个复杂且难度极高的系统工程。但他认为对这个问题的研究具有极高的学术价值和现实意义，所以即便再难也值得花力气去做。所以，在陈刚同志的赞同与支持下，中央美术学院成立了“文化城市研究中心”，并于2005年秋天正式开始招收第一届“建筑与城市设计”博士班，并聘请陈刚同志担任客座教授和校外博士生导师。第一届博士班学员，主要是北京市规划系统的几位年轻骨干（随后每年都有新生招入）。正因为我与陈刚同志有着共同的想法，因此这个博士班一开始就有着明确的研究方向与针对性——思考、探索和研究如何克服“千城一面”的难题——该班恐怕也是国内第一个直接针对“千城一面”问题展开深入研究的学术机构。

因此，可以说中央美术学院“文化城市研究中心”博士班是由问题引发、以问题为导向的学术研究机构，其设立本身就可以看作是一个为了解决“千城一面”问题而采取的切实办法，因此，无论是该机构的理论研究还是设计实践，都与现实的城市问题紧密相连。博士班集中了两个方面的优势：第一，博士研究人员大多是来自城市规划系统的中层干部和业务骨干，这必然使我们不会停留在从理论到理论、空对空不切实际的研究状态中，而是能够以一线实际工作经验为基础，让学术研究接地气；第二，中央美术学院作为一个全学科的、国际一流的美术学院，也是具有最好艺术氛围和创造性思维的国际化平台，这使得我们的研究氛围完全有别于其他政府性或私营性研究机构——这里既有传承深厚的中国画、油画、版画、雕塑、壁画等造型艺术学科，又有近十年蓬勃发展起来的现代设计和现代建筑学科，且这两类学科均在世界范围获得了同行的高度认可，高质量的师资、高质量的学生和特别宽松活跃的学术氛围，使中央美术学院成为一个最具创意思维的实验场地。

我认为，充分发挥好这两个优势，将有利于改变以往的思维模式和工作方法，也必将有助于思考、探索和解决“千城一面”的难题。进一步地，为了增强“文化城市研究中心”博士班的师资力量，我们于2010年又聘请了原杭州市委书记王国平同志担任客座教授和校外博士生导师。王国平同志与陈刚同志一样，都是对城镇化建设、城市发展、城市问题研究有着巨大热情和丰富实际管理操作经验的领导者和管理专家，都对中国城市化进展贡献巨大（陈刚同志长期领导并主持北京市的规划工作，在古城保护和新城建设两个方面都是主管领导，善于并敢于处理协调复杂的城市发展问题；王国平同志则在其长达十年的杭州市委书记任期当中，对杭州西湖的整治和发展，以及整个钱江新城的建设和开拓，取得了世人瞩目的成绩）。由此，北京和杭州成为我国在城市规划、城市建设方面具有典范意义，分别代表着南北方的两个城市。因此，使得“文化城市研究中心”能够聘请到他们两位为博导，对于研究工作非常有利。

在从2005年到2014年近十年的教学和研究工作中，我们从零开始不断拓展与深化关于中国城市化进程中问题的探索，现在回顾起来，主要做了三个方面的工作，并取得了一些有意义的阶段性成果：

第一，从一个新的角度来重新认识大家所看到的城市现状。博士班成员有着相当丰富的一线工作经验，对当下中国城市，尤其是北京、杭州这样典型城市的实际问题和状况有着非常切身的了解。因此，如何来看待城市历史及其形成的过程，是我们学习、探讨问题的重要前提。对此，经过反复讨论与研究，我们形成一个全新而鲜明的观点——城市应被视为是人类积累性创作的结果，其主要包涵两方面内容：一方面是“积累性”，城市风貌的形成源于其历史演进过程中的积累性遗存，城市随历史经历着不断的“建构——破坏——重构”的交替过程，期间各历史时期的城市风貌和建筑，总会有一部分留存下来并得以积累，进而形成这个城市最基本的物质存在；另一方面是“创作性”，城市风貌的形成是创造性思维的结果，不论该城市是在短期内大规模建设还是在长时间中缓慢成长，其中都必然包含有巨大而丰富的创造性思维，这对于城市发展而言，至关重要。我们往往大多只看“积累性”的一面，并没有看到这种积累本身也是一种创造——在积累过程中充满了创造，而创造又必须构建在既有的以往累积之上，这两方面的作用综合起来，共同构成了城市现在的主导性风貌。我们只有把这两方面辩证地加以看待，才能充分认识到城市发展所具备的“积累性”与“创作性”之两面。

第二，我们特别要求每个在读博士的论文撰写必须具体且有针对性地涉及当下城市化进程中所遇见的各种问题。每篇博士论文对于当前城市规划、城市建设的机制和过程所取得的巨大成就与存在的各种问题都有专题式、直接真切的观察、判断、梳理和思考。我们的博士学员很多在规划管理一线，时刻都亲身经历与处理中国城市发展及规划中纷繁复杂的实际问题，他们将对情况切实的把握与在中央美术学院学习所获得的艺术审美知识相结合，使自己在考量城市实际状况时既能总结成功经验，又能从学术及审美高度发现其中不足之处与教训。这种非常有特点的研究与思考，不仅使我们获得了直面现实的勇气，还使得这种勇气牢牢建立在对客观条件的充分理解与把握之上。

第三，在前述的基础之上，我们深入研究、探索、讨论，逐步总结形成了一套关于城市发展，尤其是如何克服“千城一面”弊端的全新理念和理论体系，并精炼总结出能够全面集中体现这套新理念的关键词。

具体来看，这套新理念主要集中于“城市设计”这个范畴当中。众所周知，“城市设计”是介乎城市总体规划与详细规划之间的中间环节，以往这个中间环节虽然在大城市的规划文本中也占有部分篇幅，但内容往往显得十分简略、抽象，不如总规、控规般的执行约束力，难以得到推行。所以，在城市发展的实际操作层面上，“城市设计”环节可以说是缺失的。我们觉得，目前若想扭转中国城市发展中“千城一面”的现状和文化特征不断丧失的现实，强化并加大“城市设计”环节在城市规划、城市建设和城市化进程中的比重势在必行。这是这套新理念的基本点，也正好与当前习总书记“要重视城市设计”的明确指示不谋而合。

“城市设计”环节之所以在以往的规划管理流程中基本缺失或空白，其根本原因还是因其所涉及的城市审美品位和创造性思维这两个范畴最难以表述。也正是由于这种困难，使得“城市设计”虽然在近年被一些专家重视，但却很难将其中艺术化、审美化的部分真正地语言量化，所以很难进入具体的规划文本及规划控制策略之中。在这方面，“文化城市研究中心”博士班通过研究，创造性地提出了一些表述方法，简要可以概括为城市设计的“四项原则”与“八项策略”。

所谓“四项原则”即：“积累性创作的成果”、“大创意与修补匠”、“大分小统”、“差异互补”四方面“城市设计”应坚持的基本原则。前面所述的城市是人类“积累性创作的成果”是第一项认识性原则。

在对城市有了“积累性创作的成果”这一全新认识的基础上，我们针对目前中国城市化的现状提出：对于新区建设和老区保护要采用完全不同的思维方式，新区如一张“白纸”，大片地块的建设从头开始，因此需运用“大创意”的思维方式，对其新特色加以全新的建构；而老区要使其历史风貌能够得到保护，并变得更加纯粹、更加浓烈、更有艺术性，具有更吸引人的文化特色，因此需采取“修补匠”的思维方式。如此两种思维方式和城市建设方法，在不同城市、不同区块中，可以不同比例来实施，这便是第二项“大创意与修补匠”的原则。

针对北京、上海、东京等特大型城市，发展到目前如何进一步美化与提升，我们在研究中逐步意识到：要在如此巨大的城市范围中寻找和强化统一的特色，在目前的中国城市中客观上已经不可能，因此我们提出了第三项“大分小统”的原则，即：将其在“城市设计”层面加以切分，分别对待、分别研究、分别设计，形成风貌各不相同的区块，并对其进行分而治之（不同思路和创意进行不同的改造和建设），最后形成不同风貌和特色的区块。例如，我们尝试以北京为例，把其大致分成三大类风貌区块：第一类是特色风貌区块（具有特色人文风貌、特色建筑风貌、特色自然风貌的区块，要进一步统一特色、强化特色）；第二类是一般功能区块（杂乱无序、也无明显特色的区块，强化功能合理性，用修补匠手法，提升方便实用、美观宜人的审美层级）；第三类是未来待建新区（要特别重视宏观思路、概念规划、整体布局中“大创意”，这是新型城镇化的核心价值所在）。这三类不同的区块，应采取不同的方法来对待，分而治之，但是最终又要达到和而不同又丰富多彩的格局。

“差异互补”是我们提出的第四项基本原则。意指区块之间形成差异互补关系，既有不同，又有共性，和而不同。例如市政管线、交通要道、水电气暖的网络等功能性部分，是必须整个城市统一起来的；但对于各不同区块的不同功能、不同历史积淀、不同建筑年代，则分别加以风貌上的差异性处理，这就能形成不同与多变的城市风貌。

综上，正是针对中国城市化进程已经取得了高速度发展和巨大成就的全新历史条件下，我们主张按照“四项原则”指导新的城市发展。即：先将城市发展理解为“积累性创作的成果”，再进行具体的“区块划分”，进行“大分小统”，并因地制宜地开展“大创意”和“修补匠”的工作，最终达到“差异互补”。

在“四项原则”中，“大分小统”是一个关键性的操作，我们就这一操作的实施，又进一步提出了“八项策略”。这八项策略具体包括：

1.“小异大同”：强化区块内部的风貌统一性、协调性、特色性；

2.“满视野”：在一至数平方公里大小的区块内，为了强化区块特色，理想的状态是在区块内部中心区，人视野360°范围内，实现建筑风貌的一致性。这种满视野的风貌一致性是视觉审美感染力的基本保证，即使建筑样式并不令人满意，若能达到满视野的风貌一致性，也能给观者以强烈的感染力；

3.“风格强度”：指区块内在一定的审美取向上风格倾向的鲜明度、纯粹度、浓郁度。不同的区块可根据不同功能要求和审美需求来确定希望达到的“风格强度”；

4.“风貌主点”：在区块内根据总体风貌的设计可安排一至数个“风貌主点”，集中体现区块风貌特色，成为区块景观中心。风貌主点常由公共建筑、标志性商贸楼或艺术建筑来凸显，使得区块内的文化形象得以凝聚提升，并形成一种视觉上的向心力，往往成为游客拍照观览的主点；

5.“游观视角”：在区块内根据总体策划设计和交通流线，有组织地安排景观面、景观带、景观廊等最佳观光视角；

6.“型式比重”：指建筑形式风格的不同类型（如中国中原民居、南方干栏式、欧陆风格、现代主义建筑、后现代拼接等）和不同式样（如古罗马式样或其他细分式样），在一个区块风貌中所占的不同比重；

7.“文脉故事”：既是建筑风格形式的传承延续，更是历史长河中留传下来的各种故事的积累和演义。故事对于一个城市的文化形象和魅力起着巨大的建构作用。故事在城市和建筑内上演，城市遗迹是故事的佐证。旧城保护和历史遗迹发掘的重大意义即在于此。传承和阐扬文脉故事是区块设计的重要方面，也是独特创意的灵感来源；

8.“功能＋审美”：各种社会的、经济的、文化的宜居功能的满足是区块设计的基本前提。成熟的大型现代化城市在宜居功能的实现上已积累了大量经验，也有共识可循。但在城市风貌和文化风格的构建上在当下中国还很不尽人意。如何实现“功能＋审美”的互动提升，以增加艺术性与审美性来提升舒适度，再创文化价值与经济价值，是“区块城市”理念的根本宗旨。

总而言之，我们总结提出的这八项新策略，都是针对在一个区块内部如何达到统一性，并力求使整个城市在总体风貌上呈现出不同以往的丰富性与多样性。可以说，“四项原则”与“八项策略”是我们近十年来自身探索研究的一个全新的总结与理论建构。

这四项原则和八项策略，也突出而具体地阐释了“大分小统”这样一个城市设计的方法论。这个比较独特的城市设计基本方法论也可以归结为一种新的对于城市的理解，也就是“区块城市”。就是把大城市分成区块来分别加以对待,而非以往的规划高度统一而实施相对杂乱,因此,“大分小统”既是一个城市设计新的理念，更是一个新的方法论。这个“新”的方法论创立过程，是经历了我们博士班同学的辛勤工作与探索的，其创新的过程源自两个方面：一方面是理论梳理，即我们对19世纪到20世纪以来世界城市规划、城市理论演进过程中的大量资料进行了学习与梳理，同时也来源于近十几年来我们所掌握的对于北京和杭州这类大型城市的第一手资料，两者相互比照的研究使我们对“区块城市”的概念逐渐形成。另一方面则是源于实践的检验：在“区块城市”概念逐步形成并且在博士班获得共识以后，我们就尝试性地将其应用于一些具体案例，这些具体城市设计项目的实际操作使我们的理论认识与实践水平得到了同步的提高，而对新概念的梳理、使用和推出慢慢形成了一个环环相扣的系列性成果，这与我们关于城市设计的理念和思考、梳理、总结密不可分，而又使得博士生们能通过自己的博士论文写作，进一步达到紧密互动、相得益彰的学习效果，对自身的成长与发展都助益显著。

回顾过去，我们一方面通过以博士班集体为核心的学术群体，建构并推出一套全新的“城市设计”理念；另一方面，在此理念下，每个博士生又能就自己特别关心的具体问题，从不同的角度深入研究。如此一来，对于切实提高中国当代城市设计水平和克服“千城一面”弊端是大有助益的。这样一种学习和研究的方式，实际上也是构建了一种新的博士生培养方法，大家都在教学过程中获得很多的启发和提升。

当然，我们所做的这些，其实还很初步，因为城市问题太复杂，即使有了近十年的探索，依然还是刚刚起步。按照钱学森同志所说："城市是一个巨系统，城市问题是一个特别复杂的模糊的数学的运作过程，实际上城市问题要比我们所想的，或所涉及的情况，还要复杂得多。"这是对于城市问题的一个清晰认识。因此，我们所做的努力和得出的小小心得体会，只是最初的一步。因为我们坚信这个事情对国家和子孙后代的重大意义，所以一定会进一步坚持做下去的。在此，我们也由衷希望有更多的同行、专家来加以批评、帮助和指正。

有鉴于此，我们与中国建筑工业出版社沟通、协商之后，得到了社长和编辑部的大力支持，在此把我们博士班的论文经过修改，逐步出版，形成系列丛书。这套系列丛书的推出和博士班所提出的"城市设计"新理念是结合在一起的，也是与中国当下的城市发展实践紧密相连，能够成为相得益彰的两套成果。我希望这些微小的成果有助于在一定程度上克服和改进中国目前"千城一面"与城市文化特色丧失的弊端，也希望"城市设计"这一以往相对缺乏的环节，在习近平总书记的大力倡导下，能够成为解决中国各种"城市病"的一个重要的抓手。

我期待着中国的新型城镇化建设之路能够走得更健康，能够得到老百姓更大地拥护，给全国人民创造更加好的生存环境和城市风貌，也期待着在未来，更多各具特色的美丽城市能够展现在全国人民面前。

二〇一四年深秋

序二

我们生活的城市，是人类不断寻求丰富、高级和复杂的生活逐步走向成熟的标志，是人类社会的重要组成部分，是人类文明程度的体现。每座城市，都留下了人类成长的足迹，交相辉映着历史与现代的光芒。城镇化水平在一定程度上反映了一个国家或地区的现代化水平，而城镇化则是现代化的必由之路和自然历史过程。

在这个过程中，我们取得了举世瞩目的成绩，可以说创造了很多奇迹。与此同时，却丢掉了一些重要的东西，对传统文化照顾不周，对现代文化的发掘和创新力度不够，在城市里面破坏了很多历史遗存，却新建了不少平庸的建筑。究其原因，就是在城市快速发展进程中，城市的管理者对城市文化重视程度不够，对城市的形成和历史了解不透。

城市的可持续发展要求我们不仅仅重视物质文明的建设，更要丰富我们城市的精神文明。城市文化是经过长期的历史过程，不断积淀和发展形成的，忠实地反映了城市的发展脉络。一座城市能否健康发展，取决于城市文化的传承和延续。快速推进的城镇化，使城市文化缺少足够的时间进行积淀，城市生长与城市文化的失衡，导致了城市文化危机的出现。所以每一个城市都应该善待自己的历史文化资源，对其进行综合研究，挖掘内涵，探索实现城市文化复兴之路，解决“千城一面”的问题，这是我们新型城镇化发展的当务之急。

城市不仅是功能性的，也是精神性的，从某种程度而言，精神的凝聚性更加重要。北京城最早建都时就非常有精神内涵，古人遵循“天人合一”的规划思想，追求人与自然的和谐发展，都反映到了城市物质形态上。可是现在我们的城市建设究竟体现着什么样的精神内涵，既能支配着我们的发展，又能反过来用我们建设的城市环境影响着后人？

习近平总书记在中央城镇化工作会议上强调：“让城市融入大自然，让居民望得见山、看得见水、记得住乡愁。”城镇化是一个大课题，城市不仅仅是经济的、社会的、政治的产物，同时它也带着历史的、文化的、生态的信息，更重要的，城市是每个人都可以感知和体验的实体，也是每个人赖以生存的空间。希望城市管理者，能够不断学习，在城市化的快速发展中，不断总结经验，提升能力，把我们的城市建得更加人性化、更加美丽。

当初，中央美术学院和北京市规划委员会面向城市管理者开办的建筑与城市文化研究博士班，学员都是具有深厚实践经验的、一线的规划管理人士。通过一批又一批博士班的学习，培养了更多的城市管理者，很高兴看到他们不仅提升了对城市的美感，还大大加深了对城市文化的理解。通过他们的思考、研究，可以将他们学习和掌握的延续和保护城市历史文化等方面的职业技能不断运用到工作实践之中，实属城市之幸、时代之幸。我认为，这次把头两批毕业的部分博士班学员的博士论文编辑出版成辑是开了一个好头，并且，今后陆续出版其他博士班学员的论文也会是一件非常有意义的事情。

陈刚

二〇一四年十月

序三

城市是人类文明的摇篮、文化进步的载体、经济增长的发动机、农村发展的引领者，也是人类追求美好生活的阶梯。人类发展的文明史就是一部城市发展史，古希腊著名哲学家亚里士多德曾说："人们来到城市是为了生活，人们在城市居住是为了生活得更好。"2000多年后的今天，"城市，让生活更美好"，已成为2010年中国上海世博会的主题。

中国的新型城镇化，挑战与机遇并存。现代化从某种意义上讲就是城市化，这是颠扑不破的真理，已经为西方发达国家的发展历史所证明。正如诺贝尔经济学奖获得者、美国经济学家斯蒂格利茨所说："中国的城市化和以美国为首的新技术革命是影响21世纪人类进程的两大关键性因素。"2011年是中国城市化具有标志性的一年，中国城市化率首次突破50%，城市人口首次超过农村人口。此后20年，预计中国城市化率仍将每年提高1个百分点，这就意味着每年将有1000多万农村人口转化为城市人口。至2030年，中国的城市化水平将有可能达到今天发达国家的水平，城市人口占总人口的比重将达到70%。也就是说，中国有可能只花50年的时间，就走完了西方发达国家200年才走完的城市化之路。

中国的新型城镇化，呼唤专家型的城市管理干部。早在1949年，毛泽东主席在党的七届二中全会上指出："党的工作重心由乡村移到了城市，必须用极大的努力去学会管理城市和建设城市。"在推进中国新型城镇化这一世界上规模最大、速度最快、具有变革意义的历史进程中，要清醒地认识到，城镇化是把双刃剑。城镇化既能极大地改善城市面貌和人民生活品质，也有可能引发历史文化遗产破坏、城市个性与特色消亡、"千城一面"、中国式"贫民窟"显现、环境污染和交通拥堵等"城市病"。对此，中央城镇化会议明确提出要"培养一批专家型的城市管理干部，用科学态度、先进理念、专业知识建设和管理城市"。专家型的城市管理干部需要在实践中始终遵循城市发展规律，使城镇化真正成为中国最大内需之所在、最大潜力之所在。

培养专家型的城市管理干部，需彰显城市之美。习近平总书记强调，"要传承文化，发展有历史记忆、地域特色、民族特点的美丽城镇"，"要保护和弘扬传统优秀文化，延续城市历史文脉"，"让城市融入大自然，让居民望得见山、看得见水、记得住乡愁"。中国城市学的倡导者钱学森先生认为“山水城市是城市建设的最高境界、最高目标”。要实现这些目标，关键在于提升专家型的城市管理干部对美的理解和认识水平，必须让城市管理干部有正确的审美观，让他们真正懂得发现和塑造城市之美。城市之美不仅仅是指建筑之美、环境之美，还包括城市的文化之美、风度之美，更应彰显城市的品质之美、和谐之美。因此，城市发展要坚持党的工作重心与工作重点相结合，推进农民工市民化、城乡一体化；要坚持以城市发展方式转变带动经济发展方式转变，推进城镇化与工业化、信息化和农业现代化的同步发展；要坚持“边治理、边发展”理念，寓城市发展于“城市病”治理之中；要坚持城市建设的“高起点规划、高标准建设、高强度投入、高效能管理”方针，推进质量型城镇化；要坚持以城市群为主体形态，推进城市网络化发展；要坚持打造“智慧城市”，推进城市智能化发展；要坚持“保老城、建新城”，推进城市个性化发展；要坚持土地征用、储备、招标、使用“四改联动”，推进城市土地管理制度改革；要坚持生态优先，推进生态型城镇化发展；要坚持农民工市民化导向，有序推进农民工“同城同待遇”；要坚持“城市公共治理”理念，推进城市管理向城市治理转变；要坚持城市研究先行，高质量推进城市规划、建设、保护、管理和经营。

21 世纪是城市的世纪，21 世纪的竞争是城市的竞争。中央美术学院面向城市管理干部设立建筑与城市文化研究博士班，开展系统、专业的培训，在培养专家型城市管理干部方面成效斐然、影响深远。相信各位学员能学以致用，在城市管理的岗位上，围绕“美丽建筑”、“美丽区块”、“美丽城镇”等开展前瞻性研究、创造性工作，为推动“美丽中国”建设作出突出贡献。

最后，对建筑与城市文化研究博士班研究成果集结出版表示热烈祝贺！

是为序。

二〇一四年十月

目 录

第一章　导论

城市从不像看上去的那样容易被理解，今天的城市形态在历史演进和文化多元的交织影响下，表现出前所未有的复杂性。城市形态是社会结构的外在反映，当今的城市研究者往往更加关注城市形态背后的政治、经济、社会等领域的城市问题，而随着城市化过程中的城市面貌趋同、城市景观碎片化等问题的凸显，关于城市“美”的研究在当代城市形态的讨论中逐渐成为至关重要但又容易被忽略的问题。笔者认为，重新梳理19世纪末、20世纪初的城市美化运动能够为当下城市在形态美学方面的研究提供有裨益的补充。

本书以城市美化运动为切入点，从尽可能全面、客观的角度围绕城市美化运动所主张的城市形态及相关美学等问题展开讨论，避免将“美化”的含义庸俗化。并通过分析对比同时期我国的“城市美化运动”——南京规划，进一步在城市演进中说明“美化”在中国城市发展中的延展。

在普遍意义的城市形态演进中，本书分析了从古代传统城市到现代主义城市，再到后现代城市形态发展过程中的分形与美化。从城市形态美学的分析中可以看出，传统城市的形态特征体现了分形城市的美学观点；现代主义城市过分强调功能主义规划，形成一套"去文化"的形式体系，这使城市形象陷入趋同的境地；而后现代主义将城市形态美学重新拉回到文化属性、历史属性、地域属性的差异性的价值中，但又在外在层面使城市景观呈现出混乱的局面。在这个过程中，笔者运用分形梳理的方式将不同时期城市形态在结构上清晰化、形象化，并在其相互之间建立起对比和关联，以此映射出城市美化运动的城市形态美学的当代意义。

为了避免只从形态问题出发研究城市带来的片面性，本书结合了结构主义的观点，同时从政策和历史性角度讨论城市形态发展可能受到的多重影响。

最后，本书指出，在今天"无序和碎片化"的城市景观中，以城市美化运动为基点的城市形态讨论将使传统和秩序的理性美学价值回归，并再次成为城市形态研究中的重要内容。

1.1 研究背景

建筑大师吴良镛院士曾提出："随着中国近几十年快速的城市化进程，一些大的城市中心区逐渐形成，高楼林立，但千楼一面、毫无特色；历史的城市，大拆大改。城市记忆一天天丧失，极为著名的历史环境，无与伦比的自然环境，由于缺乏精心的整体设计，横加破坏，沦为平庸之作……"[1] 显然，我国的城市化过程始终没有摆脱现代主义带来的功能性失衡和城市形象趋同等根本性问题。一方面，现代主义中功能分离和去文化的"造城"方式形成了今天我们大多数的城市格局。同时，"现代"也作为一种"审美方式"影响着我们的意识形态，并且

[1] 吴良镛：积极推进城市设计提高城市环境品质，《建筑学报》，1993年3月。

[1] 城市形态是指一个城市的全面实体组成，或实体环境以及各类活动的空间结构和形成。它直接反映了一座城市的结构形式和类型特点，反映了生活在其中的人们的历史图式，反映了城市的文化特征。

渗透入生活的方方面面，进而持续地影响着我们的城市形态[1]。这使得城市形象内在与外在的矛盾始终存在而又难以解决。

另一方面，后现代文化驱动下的城市局部的丰富形态也没有从内在找到一条解读城市复杂性的出路。今天，随着后现代主义的兴起及以灵活的生产和消费、全球资本化和分散化为特征的城市形态的持续转型等特征的出现，城市形态更加表现出持续的不稳定的状况，其外在形象更加“碎片化”，如何确立或“描述”一种完整连续而具有丰富的可持续性的城市形象变得更加困难。

今天，城市形态的形成与城市的历史、文化、政治、经济等诸多元素相关联，可以说，具有综合性、复杂性交织构成的社会形态成为城市形态生成的内在动因。更重要的是，今天我们逐步认识到城市形态的演进是一种随着社会关系转变的进程不断转化的过程。其外在表现为城市形象和城市景观的持续变化和非连贯性。我们处在一方面赞扬大都市的丰富变化与多元共存，同时又期望城市在内在形态结构上保持一种文化传承的“持久性”的矛盾中。这种矛盾要求城市形态应该具有整体性的逻辑构架与丰富的可持续变化的细节结构，即既保持城市形态的整体清晰，又具有传承式的城市更新——而不是“抹除”式的城市更新。

自工业化以后的城市化进程，从现代主义规划理论下的城市，到后现代规划思想观，再到当代景观都市主义，当我们从中梳理出一条线索时，会发现“现代性”[2]一直成为其内在的结构性因素影响至今。城市美化运动在这条线索中，是现代规划思想的开端，具有“现代性”，其清晰果断的城市形态主张在今天的复杂多元的背景下，似乎重新具有了现实意义。在一定角度上，重新认识城市美化运动，或许能够帮助我们在纷乱的城市现象中梳理出一条城市形象和城市景观的建设之路。

[2]“现代性”这个词是用来描述“现代”这样的状态。由于“现代”这个词被使用在一定范围内的诸多时期中，因此要知道“现代性”是什么，就必须从脉络中来看。如果将历史区分为三大时期的话，现代可以表示所有在中世纪之后的欧洲历史。这三大时期为：上古时代、中古时代与现代。现代也会特别用来指称 1870 ~ 1910 年这段期间开始的一个时期，一直到现在。

1.2 目的和意义

城市美化运动作为传统城市形态向现代城市形态转化的开端和过渡，其所处的独特历史时期使其在城市规划史中具有特殊意义。其规划理念与城市实践在今天看来，仍具有现实意义。虽然和今天复杂的城市文化背景相比，城市美化运动时期城市形态的因素相对单一和纯粹，或者说其某个单方面的因素会成为压倒性的力量主导城市主体结构形态的形成。但无论基于何种事实，城市美化运动主导下的城市经历百年以后，人们仍然能够感受到当年的形态与痕迹，可见其影响之深远。重新认识城市美化运动的城市形态美学观念有助于我们解读城市景观的整齐有序和纷繁复杂之间的矛盾关联，为当代城市形态美学的发展方向提供启示。

城市美化运动作为一场运动或一种城市建设潮流，其至今的百年历程几乎是被遗忘的历史，批判居多，赞扬居少。本书试图从城市美化运动的发生、发展和实践过程中再度审视其城市建设理念的价值，对比不同时期城市学者对城市美化的批判，得出相对客观的结论。并以此为整体的研究背景，通过梳理城市规划理论的时代发展脉络，探讨城市美化运动的当代启示，并将城市美化运动的理论置入我国的城市规划进程中，探讨与我国的城市建设中的"美化"相对接的可能性。

全球化背景下，濒于消失的地方性特征和历史城市特色使城市形态趋同加剧，对城市传统的继承和文脉的延续再度受到重视。同时，当代城市的发展，一方面，资源集约与高效利用使得城市中心表现出更加密集化的趋势；另一方面，郊区化亦在盛行，汽车工业与网络技术的发展，推动了城市居民趋向迁居到低密度的、环境优良的郊区生活。在这种竖向集约的城市中心化和水平向的郊区化并存的城市生活方式中，城市景观仍然很容易被功能性所"割裂"。实际上，在这样的大背景下，文脉的继承、合理的城市密度、连续的城市景观都将成为评价良好的城市形态的重要标准。所以，在城市形态的不断转化进程中，历史城市的文脉继承，城市合理密度下的功能混合，城市景观的连续性视觉效果和更多的对人性化的关注，都试图被融入当代城市设计之中。而在城市美化运动中，其曾经以自己独特的方式表达出对这些方面城市因素的考量。

另外，从城市美学[1]方面，面对当今无序的城市景观面貌，城市美化运动在外在整体性与内在秩序性方面能够提供更有裨益的价值。在这一层面，为了便于抽象地理解各尺度层级形态的关联性，本书借用了分形城市的基本概念，来帮助从城市物理形态和空间结构的角度分析城市美化运动。同时，在时间性的城市形态转化过程分析中，通过分形梳理的城市形态认知方式和组织方式对比传统城市、现代主义以及后现代城市理论所主张的城市形态美学，逐步提取、揭示城市美化运动的城市美学的当代启示，以形成对未来城市理论及实践的可兹借鉴的意义与价值。

[1] 城市美学是解释城市美的基本特征的，它包含的内容十分宽泛，涉及研究城市、建筑、环境景观等领域的美学规律，是人们对城市的审美关系与审美规律的总体描述。

1.3 相关学者的研究

城市美化运动兴起于欧洲，发展在美国，逐步影响到世界范围的城市建设（尤其是首都城市）。对其研究是以西方城市理论家为主。城市美化运动作为现代主义规划的开端，对现代主义综合规划理论的形成起到过重要影响，其较为全面地考虑了城市空间问题的规划方式，并在现代主义规划思想发展过程中得到保留。然而，城市理论发展至20世纪60年代，随着后现代主义思想的兴起，对现代主义功能至上的规划原则进行了广泛的批判。其中，比较有代表性的著作有刘易斯·芒福德的《城市发展史》，简·雅各布斯的《美国大城市的死与生》，以及后来的彼得·霍尔的《明日之城》，这些著作中都有一定的篇幅将城市美化运动作为现代主义规划理论的源头从“根本”上进行了批判。

进入 20 世纪 80 年代以后，威廉·威尔逊的《城市美化运动》是一本迄今最为全面的、客观的描述与评价城市美化运动的著作，但因为与当时的时代背景的“不契合”，并没有引起太大的反响。

国内对城市美化运动的研究并不多，仅限于一些评价性的文章，并且多数是批评性的态度。例如，北京大学俞孔坚教授的《国际“城市美化运动”之于中国的教训》等几篇论文。需要指出的是，俞孔坚教授的批判主要是针对国内 20 世纪 90 年代后的城市化进程中的“大广场”、“大草坪”的景观政治所引发的城市“美化现象”提出的，他将这些现象称为中国当下的“城市美化运动”；多数国内学者对城市美化运动的批判是针对这一特定历史时期的城市化现象提出的。部分国内学者将城市美化运动在不同城市、不同文化与社会背景下的实践概括为“纪念性表面文章”和为“展示”而规划。

除此之外，其他则仅限于提及城市美化运动，并未做全面的评述，如仇保兴教授的《19 世纪以来西方城市规划理论演变的六次转折》和孙群郎教授的《美国城市郊区化研究》等文章。

从总体上看，国内外城市理论界对城市美化运动以持批判的态度为主，对其有意义的价值肯定则“十分的有限”。讽刺的是，其城市“美化”的思想与实践，既由于有效地改善了城市景观面貌而被肯定，又成为其遭受广泛的、“空洞的”、“表面的”攻击与指责的矛头所指。

1.4 问题与方法

今天的城市化是伴随着技术进步为主导的人类社会发展的全面进程而展开的，任何将城市看作是自我独立运行的过程都是片面而不准确的。自然地理条件、人文环境、政治与经济环境、不同国家的社会发展制度以及全球化影响下的城市化的相互影响，这些因素的综合作用使得今天的城市问题愈发复杂。相比之下，对于城市形态美学的讨论，则更具普遍的规律性可循，但又不能脱离复杂的城市文化及社会背景。本书采取历史综合分析法，强调在对城市化现象的描述时，既分析城市化的过程，又分析城市化的行为结果；既考虑城市形态的空间形象美学，又考虑各种相关因素的影响。

本书在掌握大量城市理论史料的基础上，借鉴国内外对城市美化运动的研究，以历史唯物主义理论为指导，运用分析、归纳、对比等逻辑方法，结合当代城市理论，以更宏观的角度和更深入的方式对城市美化运动进行分析研究，最终形成以城市美化运动的城市形态美学观为基础的城市形态美学观点。

本书通过对城市美化运动的再认识，分析城市形态的某种秩序的建立与转化方式。并分别从横向与纵向角度对比相关的城市理论，从中找到关联性，以此更加明确与客观准确地表述城市美化运动的当代意义。

本书的重点关注点是城市形态，以及由城市形态引发的城市形象及城市景观环境问题。本书核心内容是捍卫城市美化运动的“美化”层面的价值体系，是从城市设计者的角度，基于一种城市规划的技术和学术上的研究展开的讨论，而非政治或经济层面的考量。尽管要说明：任何城市形态都是政治或经济等社会因素的外在反映。本书主要从城市形态转型的时间关联性上作深入的分析，并通过当下的诸多相关城市现象的分析作为补充，以期形成一个总体全面的结构框架。

为了令实例分析更加准确具体，笔者实地调研了本书中所提到的部分城市，包括城市美化运动的典型城市华盛顿。这些实地调研工作取自部分一手材料，使笔者在书中对案例城市的形态空间描述得更加贴切。

1.5 基本结构

本书通过再度审视百年前的城市美化运动，重新将城市形态的美学问题作为当代城市背景下重要的城市问题进行讨论。书中以城市美化运动为起点，梳理了自现代主义产生及后现代理论影响下的城市美学观点的演变过程（包括现代之前的古代城市形态），同时以中国的城市美化片段及城市化过程的相关城市美化现象作为并行的线索进行梳理和对比，从而得出城市美化运动美学思想的当代价值与启示。并试图以此指出未来在城市形象及城市景观建设方向的“美化”的可能性方式或原则。

“分形梳理”作为本书提出的城市形态的分析和组织工具，在对比城市形态的发展过程及相互关联性方面起到重要作用。其核心理念来自分形城市，“分形”所体现的形态美学概念是传统城市在城市形态发展方面的抽象解释。“梳理”则具有现代性的一面。“分形梳理”的普遍规律性能够使我们对城市形态的认知在当下背景中建立起有关传统城市与未来城市之间的联系。

第二章首先从城市美化运动的背景、内容、实践及中西方对其批判谈起，建立对城市美化运动的基本的客观性认知；随后展开对同时期我国的“城市美化运动”——南京规划的讨论，以及现当代我国城市化中的“美化”现象，表明城市美化运动与我国城市规划的联系，揭示出城市美化运动的开放性与广泛影响。

第三章以“分形梳理”为工具，纵贯古代城市形态、现代城市形态及后现代时期的城市形态的特征及转承关系，分析对比其在城市形态美学上的核心内容及在转型过程中出现的问题。“城市美化”在其中仍然作为主要线索。纵向的具有历史时间性的观察赋予“城市美化”在美学上更深层次的价值——“美”本身不应该是表象的。本章作为全书核心章节，通过“分形梳理”提出城市形态的解读方式，阐释了可能建立在城市美学基础上的城市形态模型。通过这一模型构建，希望城市美化运动在沉淀百年以后，其城市“美化”的理念依然再度被关注并有可能以新的形式影响今天的城市化进程。在这个过程中，“分形梳理”可以作为一种城市形态系统认知的方式，用以分析城市设计。并且在城市实践层面，“分形梳理”又可以作为一种城市形态的组织、建构或更新方式，从城市结构及美学角度引导城市以一种整体的完整、秩序，同时又具有局部的复杂、多变的模式去发展。

第四章是从几个不同侧面围绕城市美化运动中体现的城市美学所展开的讨论。这几个方面包括：城市美化的理念和古典美学之间的联系；强调城市规划中的“物质”性的现实意义；结合结构主义的观点审视城市美化中的“结构”特征等，总体仍围绕城市形态应体现的城市美学展开。这一章是从相对宏观但又不脱离“形式”本身的角度，对第三章内容的一个补充。

鉴于当代城市的复杂性与多元的多重因素的交叠关系，在第五章中，从当代城市的空间需求、城市精神与现实状况的矛盾以及一些片段化的城市“美化”现象，对前文的梳理过程及结论做出一些补充。这些补充基本围绕但不完全限于城市形态及美学观点展开，通过这些“片段式”的补充分析，希望对城市美化运动的理解延伸至更为开放的和具有当代时代精神的层面，并在某些具体层面与当下的城市发展相结合，使本书的理论梳理对未来的城市发展具有更加真实有效的指导意义。

最后一章为结论部分，提出今天的城市应该是“传统”和“秩序”全面回归的时代，并总结提出若干种构建理想城市形态的方式。

第二章　城市美化运动与中国映射

城市美化运动长久以来都处在一种被误解的“泥沼”中，尽管它在特定的时期广泛地改变了世界重要城市的面貌。我们一方面有必要重新了解“美化”背后的真实动机与诉求，以使得我们能够将这个词汇恰当地嵌入历史长河；另一方面，在这个过程中我们会惊奇地发现，人类传统所主张的城市美学与其是如此相像，并且在我们长时间的城市实践过程中，无论是历史必然还是某种巧合，这些城市发展的片段都以某种线索与今天的城市保持着潜在的关联。

2.1 城市美化运动

2.1.1 城市美化运动的背景

城市美化运动（City Beautiful Movement）主要是指“19世纪末，20世纪初，欧美许多城市针对日益加速的郊区化倾向，为恢复城市中心的良好环境和吸引力而进行的城市‘景观改造运动’”。[1] 城市美化运动在19世纪中期，主要表现为在欧洲大都市的环境改造，这包括拿破仑三世时期的奥斯曼（Haussman）巴黎重建和维也纳环线大街（Ringstrasse）的改造等。城市美化运动在鼎盛时期，则主要发生在美国的中部和西部的大中型城市，是由中产阶级精英领导的城市进步主义改革运动。同时，城市美化运动在帝国进行的他乡异壤新设立首都的过程中以及在亚洲少数殖民国家城市发展中亦有所表现。总体来看，城市美化运动影响了19世纪末20世纪初世界范围内的许多重要地区的城市化进程。

[1] 王少华：《19世纪末20世纪初美国城市美化运动》，东北师范大学硕士论文（2008年）。

城市美化运动的广泛传播是在20世纪初的美国城市。西方学者一般认为城市美化运动开端于1893年美国芝加哥的世界博览会，并以1909年的首届全美城市规划大会上对城市美化运动的批评和抵制为结束的标志。在美国，城市美化运动是以建筑设计师、景观规划师、雕塑家等为主力，由城市居民支持的城市更新规划，用以改善和美化城市环境为目的的一次改革运动。如果以一场“运动”来界定，城市美化只经历了短短的16年。但是，其渊源与影响却前后跨越了数百年的时间。多数城市经历了数十年才完成其宏大的“景观改造运动”，大多城市美化的实践成果远比这场“运动”本身的影响更具深远的意义和价值。

· 奥斯曼巴黎规划

19世纪中期欧洲许多工业城市开始出现环境污染、人口膨胀等问题。许多城市中心区的城市环境变得肮脏，街道成为垃圾场和牲畜粪便的堆积地；穷人及无家可归者聚居在城市中心，居住条件拥挤不堪。以当时的巴黎为例，工业化带来的移民潮加剧了市中心的环境恶化：拥挤、肮脏、疾病蔓延，传统的城市格局已无法适应新时期的社会需求。为了解决这些问题，1853 年，路易十三任命奥斯曼为巴黎行政长官，开始在旧市区中心拆除旧城，开辟道路，整治环境。奥斯曼明确了新的巴黎市中心，以放射线的景观大道模式“打开”了巴黎的城市结构。这些“大道”不仅改善了城市景观，并在一定程度上划分了社区，并起到阶级镇压的作用（一旦发生骚乱，便于军队快速进入城区内）。今天巴黎老城的轴线，就是当年奥斯曼改造所留下的。

奥斯曼最独特的贡献是对巴黎城市的“美化”。他重新梳理了巴黎的城市结构，形成了新时代（资产阶级登上历史舞台）背景下的城市景观。他建造了布劳涅森林公园，对比较小的公共公园进行了大规模的改造。当时由强拆者、石匠、木匠组成的团队在 1853~1870 年拆除了 27500 座房屋（之后的城市学者常以奥斯曼拆除了许多具有历史意义的老建筑而对其加以苛刻的批评），建造了 102500 套新房屋；改造了大约 60% 的巴黎建筑；阻碍改造工程的土地被征用，雷阿勒区和西提岛周围臭烘烘的胡同被宽广笔直的新大街所取代，这里至今仍是中心位置，如圣日耳曼区、雷恩大街、歌剧院大街等[1]（图 2-1）。

[1]（加）贝淡宁（以）艾维纳合著：《城市的精神》，吴万伟译，重庆出版社，2012 年 11 月版，第 258 页。

图 2-1 改造完成后的歌剧院大街（图片引自：L'avenue en direction de l'opéra258 页）

奥斯曼开拓出的 12 条宽阔的林荫大道从凯旋门向四面八方延伸，生动地展现了对称的理想，令人赏心悦目（图 2-2）。林荫大道的两边都种上树木，在形成自由的天际线的同时消除了过于空旷的感觉。他移除了部分贫民窟，把普通公寓楼和专门为贵族修建的拥有更大屋顶的建筑替换成拥有相同 6 层高度的建筑，高度随着道路的宽度而有所变化。其在建筑风格上明确采用巴洛克风格，并对建筑立面样式作了严格的控制。这些建筑沿街道两

图 2-2 由凯旋门向外放射的景观大道（参见彩图）

侧一字排开，立面一律呈现平滑的墙面和等比例的窗户，为了避免统一性的单调乏味，奥斯曼允许窗户、阳台、门和飞檐在细节上的无限变化。建筑、街道、十字路口、公园等有丰富多彩的元素，但都应设计得相互联系。

奥斯曼的巴黎规划具有两个改造重点：①开拓加宽了一系列道路，如图 2-3 所示，图中红线标出的是他改造加宽的部分；②对街道两边的住宅建筑高度、屋顶的坡度加以严格规范，并确定了标准的住宅建筑立面风格（图 2-3）。

奥斯曼并不使用像现在一样现成的“增长模式”，而是使用一种对老城的“修正模式”，虽然一些城市学者认为这种“修正”是对老城的历史肌理的无视和破坏，但不得不承认奥斯曼大胆地在城市内部建立了一个全新的体系，“在人类活动的空间构型中传播了一种新的行为规范，一种新的理性，复杂而又辩证”[1]。从一开始，它“本质上就不为同时代人所接受”。

奥斯曼采用巴洛克风格的古典语言，在各层级尺度上对其加以梳理，使之成为一个连续有序的系统，这个网状结构带来了整齐的框架。然后，他将这个框架系统插入历史肌理之中。重要的是，这没有消除旧的肌理，实际上它更倾向于将旧肌理一并控制在这一框架系统的关系之下。这个插入的过程同样表现为“叠置”的状态：奥斯曼式的边界与传统城市肌理不着痕迹地完美拼接在一起。地块划分在新的边界和老街区之间注入了相容性，展现了高超的“缝合”技术（图 2-4）。奥斯曼恰当地保留了古老的元素，并且沿着奥斯曼的城市“缝合”的边界，可以看到这种包容性带有这样的含义：在暴力手段下的排除与保留关系的并存，这一过程重塑了巴黎城市的整体。“奥斯曼街区和城市结合在一起，明显表现出全面的整体性”[2]。整体的城市设计理想使人们无需再担心折中主义方式带来“拼凑”的不协调。可见，城市的整体性一直是奥斯曼表现其城市美学的重要方面。

[1]M.Tafuri, Architecture et humanism. op.cit.

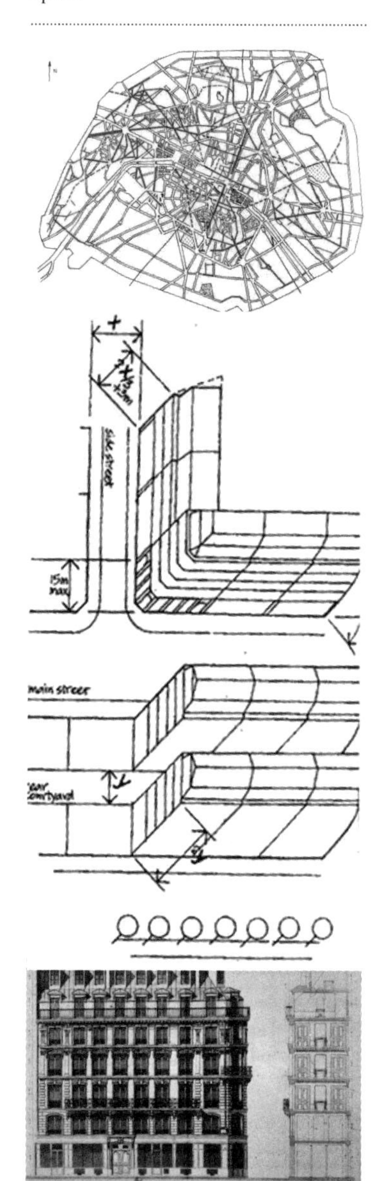

图 2-3 奥斯曼巴黎重建
上、中、下图片为：规划平面图（参见彩图）；空间结构控制图；立面风格（图片引自：上图 http://pgapeuro.wikispaces.com.；中图王受之著，《世界现代建筑史》，中国建筑工业出版社，2002 年版，第 66 页；下图：来自网络）

[2]（法）菲利普·巴内翰著：《城市街区的解体》，魏羽力等译，中国建筑工业出版社，2011 年版，第 20 页。

奥斯曼一方面利用“美化”来加强城市象征资产阶级经济巨大成就的特征，把巴黎作为“法兰西的骄傲、法国的强盛的象征”加以突出。同时，也十分注重功能性的考虑。他扩展和新建造数条宽敞马路，在巴黎市中心完成两个大型道路系统的十字交叉，从而贯穿东西南北；加上建设了内环与外环两条环路，形成了巴黎现代交通的基本格局。他执行的重建计划是多重性的，包括对城市的给水、排污和排水等城市基础设施的大规模改造和扩建。同时还修建了大量的图书馆、美术馆等公共建筑；修缮、增加了一系列突出的纪念性建筑，如卢浮宫广场、香榭丽舍大街等[1]。可见，奥斯曼巴黎改造具有强烈的现代性，并且，这个现代性是深深植根于传统之中的。

奥斯曼同样善于运用立法和经济手段来推进城市改进，他通过对金融、税收、房地产等行业的调整运作，为城市改造工程提供源源不断的资金。经济的机制隐藏在技术的理由之下，以城市“美化”为旗帜，以古典文化为参考。政策权力在各行业的有效实施围绕奥斯曼的个人凝聚力展开，可以说“奥斯曼巨塔般的身影在第二帝国时代支配了整个巴黎的政府机制。”[2]

虽然一些后人也对奥斯曼规划的“破坏性”进行了批判和谴责，但毋庸置疑的是，奥斯曼的城市改造奠定了今天巴黎的城市格局，使巴黎成为世界上最美丽和壮观的城市之一。奥斯曼创造的新巴黎的建筑风格与质量，规划的宏大比例，细节的微妙处理，具有严谨的理性考量与果敢实施。在巴黎城中，人们从此看到轴线、广场和纪念物的修辞学回来了，这些要素颇具时代精神地“重塑”了古典体系的系统化形象。奥斯曼的巴黎规划不仅全面而系统地构建了城市形态，还从城市景观及城市形象方面开创性地描绘出完整、秩序又不失变化的美学特征，给后来美国的城市美化运动提供了样板。

[1] 王受之著：《世界现代建筑史》，中国建筑工业出版社，2002年9月版，第65页。

[2]（美）大卫·哈维著：《巴黎城记》，黄煜文译，广西师范大学出版社，第163页。

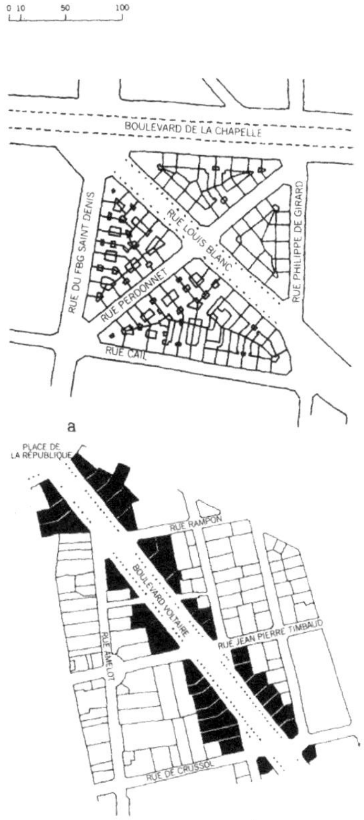

图2-4 奥斯曼改造表现的城市肌理的“缝合”（黑色部分为新建建筑）
［图片引自：（法）菲利普巴内翰著：《城市街区的解体》，魏羽力等译，中国建筑工业出版社，2011年版，第17页］

· 美国的城市美化运动

1. 时代背景

和欧洲一样，美国的城市美化运动是伴随着其城市化进程中出现的问题开始的，这和美国的工业化过程紧密相关。19 世纪是美国工业化发展的一个重要时期。美国首先在机器制造业和代表性纺织工业方面基本实现了工业化，并建立了独立的工业体系；南北战争后，随着铁路的快速扩张，逐渐形成全国统一的市场，进一步推动了工业化进程；到 1894 年工业产值已位居世界第一位。自此，"美国由一个偏安于大西洋沿岸的蕞尔小国迅速膨胀为一个濒临两洋的世界强国。"[1] 时至 20 世纪初期，美国基本完成了工业化转变过程。

[1] 王少华：《19 世纪末 20 世纪初美国城市美化运动》，东北师范大学硕士论文（2008 年）。

在工业化过程中，棉纺织业的发展，蒸汽机的发明以及以电力、化学、石油提炼、汽车和飞机制造为标志的第二次工业革命都迅速改变着城市结构。例如，1840 年后由于蒸汽机的大量应用，工厂可以远离水源，建在城市中。所以这一时期，美国城市数量和人口迅猛增长，1790 年城市人口占全国人口的比例只有 5%，1840 年上升至 8.8%，到 1860 年则达到 19.8%。[2] 第二次工业革命带动工业化向纵深发展，使经济呈现跳跃式的发展，这同样反映在城市发展的跳跃速度上。不仅城市数量及规模迅速扩张，城市人口也继续扩张，到 1900 年，城市人口占总人口的 39.7%。至 1920 年城市人口达到 5400 万人，占总人口的 51.2%，城市人口超过农村人口，实现了城市化。[3]

[2] 黄安年著：《美国的崛起》，北京：中国社会科学出版社，1992 年版，第 241 页。

[3]U. S. Department of Commerce, U.S. Census Bureau, Statistical Abstracts of the United States: 1954, 75th Edition,Washington D.C., 1954, p2.

除工业化外，交通运输的迅速发展对城市化的影响更加直接和剧烈。首先铁路的迅速发展成为经济生活中最具原动力的部分。交通运输网的完善，推动了城市之间的联系，使城乡间的经济往来变得便利。从微观上看，市内交通工具的改进，对城市的发展演变也起着重要作用。城市交通经历了有轨街车、汽车的演进，这些变化不仅对城市结构产生了直接的影响，也改变了美国城市的社会和经济结构。

同时，外来移民的不断涌入为美国工业化和城市化带来了新鲜的血液，并进一步起到了推动作用。在1861~1910年期间，大约有2300万移民迁入美国境内，其中大多数来自欧洲。[1]这些移民来到美国，进入美国城市和乡村中的各个岗位，使日益扩大的工业有了充足的劳动力，也意味着工农业产品市场的不断扩大，而且其中一部分移民带来了先进的生产技术，对美国的工业化和城市化产生了巨大的影响。

[1]（美）吉尔伯特·尔伯菲特，吉姆·特里斯合著：《美国经济史》，司徒淳，方秉铸译，辽宁人民出版社，1981年版，第364页。

2. 城市状况

美国城市的兴起伴随着工业化的进程，而工业污染、交通扩张和人口膨胀也同样成为城市问题出现的根源。至19世纪末，城市化随着工业化的转变与完成，开始出现诸多的城市问题。例如城市基础设施滞后，交通拥堵而混乱；居民生活环境卫生恶劣，贫民窟增多；街道布局和建筑景观单调，城市绿地面积狭小等。加之美国城市民族文化的多元性冲突等多重因素造成了其社会的动荡不安。

总体上看，城市整体生态环境的恶化是一个核心问题。首先是由工业生产本身造成的环境污染。当时评论家谈到1884年匹兹堡的情况时写道："匹兹堡从最好的方面来说，是一个烟雾弥漫、阴沉沉的城市；从最坏的方面来说，世界上再也没有什么地方比这个城市更黑暗、更污秽、更令人沮丧了……从住家、商店、工厂、汽船等处冒出的一股股烟柱汇集成一大片乌云，笼罩在该城所在的狭窄山谷，直到太阳冲破重重乌烟黑雾，显露出它那黄铜色的圆脸来……城市住户和工厂燃烧的煤炭有很大一部分浓烟直冲九霄。"[2]其次是市政建设的落后，以排水系统为例，至19世纪末，很多城市仍未建成较完备的排水系统。在"费城和圣路易斯，其排水系统总长度仅相当于这两个城市街道总长度的一半多一点，而巴尔的摩、新奥尔良和莫比尔等城市依旧大部分靠露天排水沟排泄污水。许多街区污水横流，臭气弥漫。而这

[2] 张兵：《浅析1860年-1920年美国城市化所带来的社会问题》，辽宁大学学报，（1999年）。

些污水被排入江河之中，又污染了饮用水源。许多街道没有铺设，要么蒸尘滚滚，要么泥泞不堪。此外，由于工业在城市中的集中，噪声污染和空气污染也十分严重。由于城市环境的恶劣，霍乱、伤寒、白喉等瘟疫时常袭击着人们。”[1]

由于人口的迅速膨胀，城市住宅日益紧缺，供不应求。这就迫使人们用尽各种手段，尽其所能地把最多的人口塞进最小的空间里，所以在美国城市中兴起了一种简陋廉价的经济公寓 (Tenement House) 。[2] 恶劣的居住环境严重影响着人们的日常生活和健康。据调查，美国贫民窟的死亡率最高，霍乱、伤寒、猩红热等流行性疾病四处蔓延。

在近代美国城市的各种问题中，景观单一性也是城市规划的突出特点。美国多数城市地区因为都是从“一张白纸”开始的规划，其在建设前期则多呈现出功利主义的特点——因为标准的方格网的规划方式最利于土地的出让与城市的功能组织。18~19 世纪欧洲殖民者在北美这块印第安人富饶的土地上建筑工业和城市时，城市的开发和建设由地产投机商和律师委托测量工程师对全国各类不同性质、不同地形的城市作机械的方格形道路划分。开发者关心的是在城市地价日益昂贵的情况下获取更多利润，便于测量和绘图，于是采取了缩小街坊面积、增加道路长度以获得更多的可供出租的临街面。[3] 美国几乎所有的现代城市都是按照这一原则兴建起来的。这种简单几何式的土地划分方式是如此缺乏想象力，以至于英国天文学家弗朗西斯·贝利在看到费城（图 2-5）、巴尔的摩和辛辛那提的相同的格子状的街道时，悲叹起这种布局的单调来：“常常为了先入为主之见而牺牲了美，尤其是他们坚持使他们的街道直角相交，而全然不顾地理位置或周围的地形。”[4] 这种方格网的城市规划模式被以一种近乎机械的方式执行，地形起伏的旧金山也生硬地采用了这种道路布局，给城市交通与建筑布局带来很多不便。这种由测量工程师划分的方格形布局是

[1] 孙群郎：《城市美化运动及其评价》刊于《社会科学战线》，2011 年第 2 期。

[2] 孙群郎：《美国城市郊区化研究》，北京：商务印书馆，2005 年版，第 62 页。

[3] 罗小朱主编：《外国近现代建筑史》（第二版），北京：中国建筑工业出版社，2004 年版，第 24-25 页。

[4]（美）丹尼尔·布尔斯廷：《美国人》，上海译文出版社，1988 年版，第 386 页。

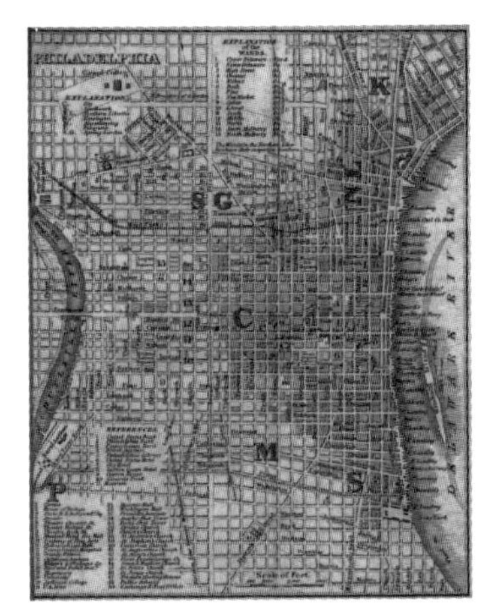

图 2-5 费城
上、下图片为：费城规划示意图；费城今天的城市肌理
（图片引自：Google 地图）

美国为解决人口膨胀与土地集约条件下的一种简单粗暴的方式，这种方式虽然在一定程度上有效，但却毫无美学特征及城市人文精神。所以后来的城市美化运动在形态方面的改革是针对这种枯燥乏味的城市格局发起的。

3. 进步主义改革

随着工业化带来的各种城市问题的不断深化与交织，这些问题开始日益上升为全国性的重要问题，引起了社会的普遍关注，在多方面的压力下，改进和美化城市环境并进而重塑美国城市社会成为当务之急。在这种背景下，美国在全国范围内掀起了以改善城市环境、解决城市问题为核心的进步主义改革运动。进步主义改革不是特指某一项运动，而是各式改革内容的总称。它涉及政治、经济、社会生活的多个方面，而且由于组织上的独立性，改革可谓利益多元、形式多样。城市美化运动属于这股改革洪流中处于 19 世纪晚期的一个支流。它综合了之前的公园运动和城市改进运动的部分内容，是相对全面的城市进步改革。

①公园运动（Park Movement）

公园运动是紧紧围绕城市公共空间的环境改善展开的。城市化的发展使美国文化地理重心从乡村景观逐渐向城市景观转移。而城市化带来的环境问题，最为首要的是城市内部环境的破败与无序，而随着文化多元性和工业化造成的劳动力、移民、种族等种种问题的不断叠加，使得中产阶级意识到最混乱的地方就是城市公共空间。所以，公园作为公众消遣和娱乐的场所，也作为城市公共空间的重要节点，成为被改造和美化的目标。这个目标包含了物质美化和道德影响的双重含义。“公园是建立与城市形式相适应的道德计划的一种具体方式，也是实现中产阶级城市空间的目标的载体。”[1]

公园运动的重要代表人物是杰出的景观规划师弗雷德里克·劳·奥姆斯特德 (1822—1903)。奥姆斯特德的美学理

[1] John S. Pipkin: “The Moral High Ground in Albany: Rhetorics and Practices of an ‘Olmstedian’ Park,1855-1875”.

论体现了美和实用两个方面：一是艺术必须有社会功用；二是美学和实用是艺术作品的两个组成部分。为使美学体验与社会功用结合，奥姆斯特德将社会价值加于美学体验。他的美学理论在实践过程中为城市居民设计的大都市公园提供了依据。奥姆斯特德主张的公园不仅是环境恶劣的城市中的绿洲，也是由美学理性来体验的全身心感受。

奥姆斯特德提出建立大型城市公园的一个重要原因是：在多数情况下人们在城市中的视野会被人工建筑占据，建立大型公园可以通过形成开阔的场地空间来舒缓人们的精神和神经系统，以减少视线狭窄、心理压迫的空间对人体整个机体组织可能造成的有害影响。简而言之，对于城市环境造成的紧张和压抑感，乡村美景是有助于恢复的"解毒剂"——这个观点是毋庸置疑的。显然，奥姆斯特德希望由此引起游人对美的向往从而净化心灵，通过公园美学去进行道德教化。

奥姆斯特德的一个重要作品是对纽约中央公园（Central Park）的设计与建造。1858 年，他与卡尔弗特·沃克斯一起提交了关于公园发展的设计方案。奥姆斯特德和沃克斯把这个公园看作是逃离大都市的田园。他们提炼升华了英国早期自然主义理论家的分析以及他们对风景的"田园式"、"如画般"品质的强调。于是自然主义的田园风格成为这个 243 公顷的城市公园的景观基调。为此，奥姆斯特德运来了 500 万立方米的土和石块，以在都市之中创建乡村风景。[1] "在自然学派的园林艺术中，我们竭力为大自然的作用留一方沃土。我们应该依靠自然，不单像某人教的那样，或表面如此，而是切实地信赖大自然，只通过地面工作提供一定的支持，细节要留待自我完善。"[2] 奥姆斯特德认为："在自然学派的园林艺术中，我们应该为大自然的鬼斧神工提供一个用武之地。所有明显的人工雕琢都应该避免"。[3]

奥姆斯特德十分注重公园的实用性和景观性的结合。中

[1] 王少华：《19 世纪末 20 世纪初美国城市美化运动》，东北师范大学硕士论文（2008 年）。

[2] Irving D.Fisher: "Frederick Law Olmsted and the City Planning Movement in the United States," in Stephen C.Foster.

[3] 孙群郎：《城市美化运动及其评价》刊于《社会科学战线》，2011 年第 2 期。

央公园的景观是立体式的，他设计了四个东西向横穿城市的地下道路，以连接周边城市交通。它们完全和公园分离，并发展成为一个隔离车道、骑马专用道和人行道的内部循环系统。这样就形成了由草坪、湖泊和林地组成的连续而完整的田园风景的“面”。在这个起伏变化的风景面上，一条长 10 公里的景观大道将博物馆、动物园、剧院甚至溜冰场联系在一起。

中央公园建成后，吸引了众多的游客。奥姆斯特德记录到（约 1865~1870 年）：每个夏天的星期天，公园中有 3 万～4 万游客，以及 1 万匹马进行“马车散步”。[1] 同时，奥姆斯特德给中央公园赋予了更广义的社会性，他告诉波士顿的听众说：“(在中央公园)你会发现所有阶级的成员，包括穷人和富人、年轻人和年长者、犹太教徒和非犹太教徒，都会出现在这里，他们拥有一个共同的目标‘每个人的出现都能增加他人的欢乐’”。他相信，阶级与民族的界限可以通过审美来消融。[2]

[1]（加）艾伦泰特著:《城市公园设计》，周玉鹏，肖季川，朱青模译，中国建筑工业出版社，2005 年版，第 155 页。

[2] William HWilson, The City BeautifulMovement , Baltimore: The Johns Hopkins University Press, 1989，p31.

纽约中央公园是公园运动的代表作，也是一个城市景观的杰作，是对 19 世纪美国进行城市化的最创新和最持久的回应。今天你如果到位于中央公园的大都会博物馆参观，你可以在礼品店买到中央公园的风景画册，足见中央公园直至今天仍是纽约的城市象征，也是美国国家的文化骄傲。

公园运动是 19 世纪城市规划的先例，它使景观规划师、建筑师和政府官员开始关注城市土地的美学和有效使用。奥姆斯特德对城市公园的诠释，对城市美化运动做出重要的引导，这源于他对世俗化、城市化、风景破坏、风景体验、城市和社会中公园作用的想法和公园设计创造性地吸收融合。[3]

[3] William H. Wilson, The City Beautiful Movement, Baltimore: The Johns Hopkins University Press, 1989, p18.

②城市改进运动（Civic Improvement）

城市改进运动起源于美国内战前的乡村改进运动[4]，并且随着发展逐渐成为城市美化运动的第二个渊源。乡村

[4] 乡村改进运动正式开始于 19 世纪 50 年代，并从 19 世纪美国生活中汲取动力，目的是抑制城镇的衰退。

改进观念与公园和道路系统规划融合在一起，产生了一种比公园运动更广泛而实际的关于城市“美”的概念——强调通过清洁、粉饰、修补来创造城市景观之美，包括：步行道的修缮、铺地的改进、广场的修建等。[1] 改进运动使用了一个描述性但却极富弹性的词汇。“改进”是指整个运动，它的最终目标是社区吸引力。改进运动涉及的每一项活动，都要求是实用的，完全美感的，或两者的结合。改进运动的代表杰西·古德（Jessie Good）用一个隐喻专门指出这一问题，“俗话说的美是肤浅的是非常错误的，美的深刻就像骨骼，血和肉一样。”[2] 改进运动形成一种普遍的认知：没有功能的改进，就不会有结构和景观的真正美化。这些观念性的东西一直影响着后来的城市改进运动。

城市改进运动由业余活动家发起，从中小城市逐渐向大城市扩展。俄亥俄州的斯普林菲尔德（Springfield）的一个地方出版商汤姆斯（D. J. Thomas），其杂志《家庭和花朵》（Home and Flowers）于 1900 年 10 月 10 日发起并召开了一次全国性的城市改进会议，参加者主要是一些中小城市代表，他们在会议上创立了美国改进协会联盟（The National League of Improvement Associations），以敦促“所有有志于永久改进和美化美国人的家园，以及他们的环境——无论是在乡村、村镇或者城市——的组织，与我们联合起来，成为该同盟的成员。”[3] 城市改进运动逐渐扩展到全国。1901 年该组织召开第二次会议，更名为美国城市改进联盟（American League for Civic Improvement），并将其目标确定为“推进户外艺术、公共场所的美景、城镇、村镇和邻里的改进。”[4] 1902 年美国城市改进联盟会议上，城市改进运动达到成熟。城市改进涉及很多具体层面的城市环境治理与改造工作，如规范广告牌设置，监督健康法规的执行，支持一条贯穿城市的大路的修建，推动了一个“保持城市清洁”的运动，推动城市绿化和修建儿童乐园，推动饮水的净化等。[5]

[1] 俞孔坚，李迪华著：《城市景观之路：与市长们交流》，北京：中国建筑工业出版社，2003 年版，第 26 页。

[2] William HWilson:The City BeautifulMovement , Baltimore: The JohnsHopkinsUniversity Press, 1989,p83.

[3] 孙群郎：《城市美化运动及其评价》刊于《社会科学战线》，2011 年第 2 期。

[4] 王少华：《19 世纪末 20 世纪初美国城市美化运动》，东北师范大学硕士论文，2008 年。

[5]Jon A. Peterson, “The City Beautiful Movement: Forgotten Origins and Lost Meanings”, Journal of Urban History,p118.

[1] 王少华：《19世纪末20世纪初美国城市美化运动》东北师范大学硕士论文，2008年。

城市改进运动倡导者们称他们的运动为“城市的复兴”、“城市的觉醒”和“美国城市的振兴”，以此来表达他们崇高的抱负。[1] 城市改进运动没有在本质上涉及城市形态的结构性问题，而是更加关注城市表面的景观问题，它开启了城市景观美学的系统性和专业化，并对当时的城市环境改善起到巨大的推动作用。公园运动和城市改进运动分别在外在形式和内在功用方面促成了城市美化运动。

2.1.2 城市美化运动的主要内容

· 开端

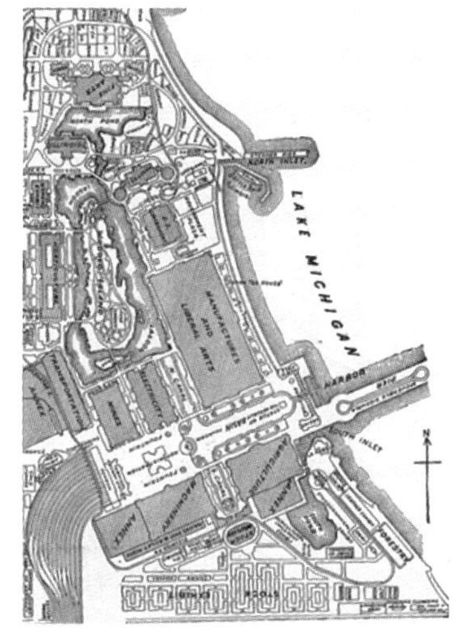

图2-6 “白城”规划平面图与建成照片

学界一般认为，1893年在芝加哥举办的哥伦比亚世界博览会是城市美化运动的开端。这次博览会是19世纪末20世纪初在美国城市举办的最大的盛会，它成为之后城市美化运动的强大推动力。从城市规划史看，这次盛会也被认为是现代主义城市规划的开端。

丹尼尔·伯纳姆（Daniel H. Burnham）担任了这届世博会的主设计师。当时现代主义建筑已有初步发展，在关于博览会的主体建筑是采用现代主义还是古典主义的争论中，伯纳姆认为新古典主义建筑是“现代世界所取得的最高文明”[2]。他的态度决定了世博会主要的建筑全部采用了新古典主义的设计风格。世博会选址在密歇根湖畔的杰克逊公园，占地278公顷。伯纳姆利用公园内森林、湖泊、运河以及盆地的多样地形，参照19世纪的巴黎，对园区进行了整体的规划。博览会共建造了约150幢宏伟大厦，这些建筑有的沿轴线对称排列，也有的随地形有序排列，形成了丰富的空间效果。园区内的建筑都是一袭白色，装饰奢华精美，被后人称作“白城”（图2-6）。白城内风格一致的宏伟建筑、宽阔的林荫道、惬意的文化设施令人愉悦。并且，如消防、供水排水、交通等基础设施一应俱全，是审美主义和实用主义完美

[2] 李云：《芝加哥的发现——1893年与1933年芝加哥世博会考察》，装饰，2010年4月。

结合的典型。在当时混乱的美国城市景观背景下，白城让芝加哥人在节日的狂欢中体味到合理规划给城市生活带来的改观。芝加哥博览会是最早将规划、建筑、景观等城市元素进行综合设计，并使之完美融合的城市实践，是一次有开拓性的尝试。芝加哥世博会的建设虽然没有有机纳入城市肌理，但其自成一体开创的堪称完美的城市景观效果，作为具体而微的范本推动了城市美化运动的广泛传播。

· 思想理念

城市美化运动强调几何、对称、古典美学和唯美主义，希望通过创造一种新的物质空间形象和秩序，进而把这种城市空间的规整化和景观性设计作为改善城市物质环境和提高社会整体秩序，并由此影响居民道德水平，产生城市认同感的方式和途径。城市美化运动者主张“美化”是“创造或改进社会的生存环境，消除社会冲突，解决城市混乱局面的途径。”[1] 如茱莉亚·金罗斯所言：“应该将城市美化运动作为社会控制的一种有效手段。”[2]

城市美化运动在规划上借鉴了古典主义城市纪念碑式的规划。在建筑设计与城市风格上，借鉴了新古典主义建筑风格——但又不同于真正的新古典主义，只是部分采用古典主义观念，而混合了当时的学院派建筑（Beaux-Arts）风格，创造出秩序、庄严、统一、和谐的整体风格。总体上，城市美化运动提倡宏观规划和古典式建筑结合。[3]

城市美化运动的审美标准与自然美和自然主义设计相关联，建筑师专注于从功能方面修正建筑风格。巴洛克风格因为既强调整体均衡和宏大的气势，又反对完全僵化的古典形式，有世俗化的一面和自由丰富的细节表达，因此巴洛克逐步成为运动中的主流建筑风格。

作为城市美化运动的主要代言人，查尔斯·鲁滨逊

[1] 陈恒 鲍红信：《城市美化与美化城市》，上海师范大学学报（2011），第40卷，第2期。

[2]RayHutchison．Encyclopediaof Urbanstudies［M］．SagePublication，2010，P153.

[3]Jon A. Peterson, "The City Beautiful Movement: Forgotten Origins and Lost Meanings", p110.

(CharlesMRobinson) 于 1899 年在《大西洋月刊》上发表了“城市生活的改进”等三篇系列文章，其中在第三篇文章《美学的进步》中，正式使用了“城市美化”这一术语。这篇文章阐述了他关于城市规划以及城市美学和城市艺术等方面的观点，他认为：“每一个城市都应该拥有一个深思熟虑、规划完美的整体规划”。[1]1901 年，查尔斯又出版了《城镇的改进》，这一著作成为城市美化运动诞生的宣言书，被称为“城市美化信仰者的圣经”。“他在该著作中主张，城市的任何部分都应该是美的，城市艺术的感染力应该运用于社区的每一个部分。他一再强调美与实用是不可分割的。比如一座雄伟的桥梁，‘我们不仅要满足于其持久耐用和牢固有力，而且还应该加上和谐、优雅和美丽’。他还论述了城市功能方面的改进：排污、交通、水道、运动场、街道模式和铺砌、照明、环境卫生，以及各类公益物品等，还要控制烟雾、噪声和广告牌等。”[2] 公平地说，无论是作为城市美化运动的倡导者鲁滨逊还是实践者伯纳姆都不应该受到指责，他们都客观强调了如何统一组织城市空间的重要性。

[1] 孙群郎：《城市美化运动及其评价》，刊于《社会科学战线》，2011 年第 2 期。

[2] 同上。

总体来说，城市美化运动所倡导的规划思想是一种综合性的规划模式，是现代主义综合规划理论的开端。城市美化运动将城市作为一个整体和以“美化”作为规划的重要内容的城市思想在一定的历史时期影响了世界范围内重要城市的建设。

· 规划内容

城市美化运动的发起者和构成人员的综合、专业、民主性决定了规划内容的全面、客观和可实施。在人员组织方面，为了更好地对城市进行规划并且保证这种规划思路的全面性及系统性，查尔斯·鲁滨逊主张成立包括建筑师、景观设计师、艺术家、雕塑家、土木工程师等在内的各个专业人士组成的规划委员会，并邀请部分市民代表参与。规划委员会的组织使城市美化运动具有了专业性和民主特征。并且，其中的主要成员以中产阶级为主，他们后来也构成了城市美化运动的倡导者和主要推动者。

城市美化运动涉及的规划内容十分广泛而具体。城市美化运动强调“美和实用不可分割”，它一方面强调大自然对城市生活的重要意义，在城市中建立大型景观公园和林荫大道，将自然引入城市，以此来达到美化城市环境的目标；另一方面，它还十分关注改善城市的基础设施建设，并进一步对城市多方面功能需求展开改进，将城市设计和促进商业、增进日常交往的需求结合起来。从城市美化运动倡导者愿望的角度来说，它应该至少包括以下几个方面的内容：

第一，规划公园和林荫道系统。形成综合的公园系统，在改善环境、发挥公园的良好的“精神治愈”的同时增加周边的土地价值。即一个综合的、规划良好的、维护彻底的林荫道系统能把乡村和城市的两方面优势相结合。

第二，“城市设计”（Civic Design）。将城市看作一个具有社会公共目标的整体，所有城市设计都是围绕这个整体展开的。倡导者普遍地相信只有当城市结构是完整清晰的，才能具有精神上的审美价值。“无论一座建筑物多么秀丽，整个建筑群才更令人惊叹。”

第三，广泛采用古典语言。城市美化运动的倡导者认为现代主义语汇是“空洞”的。

第四，发展城市中心。城市中心理论逐渐成熟，一种普遍的认识是城市中心应该是一个美丽的集合体。公民在中心的活动能增强居住在城市的自豪感，并激发城市居民的认同感。

第五，“城市艺术”（Civic Art）。即通过增加城市景观的艺术性和完整性来创造城市之美。这包括增加城市雕塑、街道装饰、城市家具、灯光、壁画等手法来美化城市，以及对一些老旧街道的清洁、粉饰和修补。

第六，城市改革 (Civic Reform)。城市建设不可能脱离政治背景、经济因素与社会环境，城市美化同时强调了运用政策法规和经济手段来推进城市改革。

城市美化运动重新塑造城市美学的实践，增强了居住在城市的人们的自豪感和城市认同感。公众对城市的美丽享受越广泛以及享受美丽的人越多，思想、感情、兴趣的交流也就越广，这意味着城市美化的实践可以延伸到社会道德的广泛发展。费尔普斯（J. G. Phelps）说："当我们一起享受一件事情时，我们就会一起感受、思考，而我们的共同思想和感情越多，我们就会越统一。"[1]

[1] William H. Wilson: The City Beautiful Movement, Baltimore: The Johns Hopkins University Press, 1989, p92-93.

城市美化运动将古典和秩序的城市美学上升到一定的高度，并不像之后的批评者所认为的"美"是肤浅和表面的，恰恰相反，城市美化运动将社会诉求融入城市美学中。城市美化运动的城市实践表达了"美"本身不是空洞的，"美"的形式无时不在地反映着人们精神的内在需求。

2.1.3 城市美化运动的典范与实践

城市美化运动在法国、英国等欧洲国家城市的城市更新方面起到了重大作用，之后，其思想体系在美国取得了更为广泛的发展。它有效地支持了遍及美国诸多城市的城市规划，如芝加哥、华盛顿、堪萨斯城、克利夫兰等城市都进行了城市美化运动，而西雅图、达拉斯、哈里斯堡、丹佛等城市也都创建了新的城市中心。据约翰·德雷珀（John E. Draper）统计，仅美国就有约 70 多个城市中心的规划与城市美化运动相关。[2] 所以某种意义上，城市美化运动被认为是城市更新和建造新城市中心的代名词。

[2] Howard P. Chudacoff：The Evolution of American Urban Society, p186.

几乎在同一时期，俄罗斯的莫斯科、澳大利亚的堪培拉等首都城市的城市建设也受到城市美化运动的影响。并且，随着欧洲国家的殖民主义扩张，城市美化运动也被带到亚洲一些殖民地国家，如印度的新德里等。在这些被殖民的国家中，城市规划则沦为殖民者展现帝国统治的工具——城市美化运动表现出极端的政治象征和功能隔离的一面。

在19世纪末到20世纪初的40年间，城市美化运动几乎影响着世界范围内的城市建设，尤其是各个国家的首都城市，在传统城市向现代城市的转型过程中，城市美化运动用其鲜明的城市理念迅速改变着这些城市的城市面貌，对这些城市环境的改进及城市化进程起到了巨大的推动作用。

· 华盛顿规划

华盛顿的城市美化运动是在1791年法国建筑师朗方（Pierre L'Enfant）的规划基础上进行的。朗方规划预计在华盛顿特区建造一个宽400英尺（约121.9米），长达1英里（约1.6千米）以上规模巨大的公园，这个公园从国会山直到波托马克河，重要的纪念性建筑及行政建筑沿这条轴线布局在公园两侧。但是由于规划中的各种问题，朗方被解雇，规划被搁置。1872年国会通过立法允许巴尔的摩和波托马克河铁路线穿过第六大街，并在第六大街西侧建立火车站，这严重破坏了朗方规划思想，使得原本匀称的公园结构“变形”。

1900年为庆祝新世纪的到来，华盛顿规划被再次提上日程。此时的美国正处于政治、经济、军事膨胀的上升时期，需要进行较大的改观以满足联邦机构膨胀的需要。当时正值西奥多·罗斯福当政，他以反托拉斯政治力量执政所进行的改革卓有成效。另一方面，作为华盛顿规划的主持设计者，丹尼尔·伯纳姆时任宾夕法尼亚铁路在匹兹堡新站的建筑师，使得挪走原有破坏规划的火车线路的实施成为可能。[1] 这一切成为之后规划得以顺利执行的重要因素。

[1] Gournay, Isabelle, “Washington: The DC’s History of Unresolved Planning Conflicts”, in David L.A. Gordon ed., Planning Twentieth Century: Capital Cities, p117.

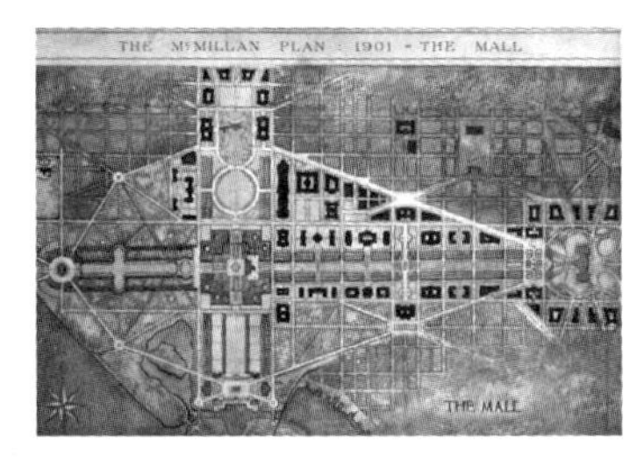

图 2-7 华盛顿规划
上、下图片为：华盛顿规划平面图，McMillanPlan, 1901 年；鸟瞰局部
（图片引自：wikipedia.org）

1901 年，在国会的授意下，美国建筑研究院任命了一个委员会，参议院委员会又任命了一个公园委员会。伯纳姆作为委员会领导，其他成员包括：弗雷德里克·劳·奥姆斯特德，查尔斯·麦克金（Charles F. McKim）等。最终，在参议员詹姆斯·麦克米兰的提议下，委员会决议恢复 1791 年的朗方规划，并且在原有基础上将规模扩大了约一倍——将该林荫大道（Mall）加以拓宽，宽度为 800 英尺(243.84 米)，长度扩大到 2 英里(3218.688 米)。因此，这个规划也被称作“麦克米兰规划”。[1] 新规划的尺度将波托马克河的漫滩也囊括在内，在大道两旁种植橡树，增强放射效果。将中心线从华盛顿纪念碑向西移 3/4 英里（1207.008 米）（图 2-7）。并且，委员会决定采用巴黎美术学院的建筑风格重新设计具有重大纪念意义的核心地区，表现了运用规划设计实现社会美化和改良，从而更好地纪念伟大首都的百年诞辰的决心。

麦克米兰规划实现了城市的美化和改良，为城市美化运动做出了突出的贡献——最尖锐的建筑评论家蒙哥马利·斯凯勒（Montgomery Schuyler）曾赞许过麦克米兰规划。斯凯勒认为麦克米兰规划提醒公众“规划对城市的至关重要性”：林荫大道地区的规划给人们留下了深刻的印象，整个规划有显著的技巧、精致的细节，能唤起爱国主义，并通过国家纪念馆、公共建筑和绿树成荫、碧绿的远景表达的统一性。城市美化运动的所有倡导者第一次看到公共建筑的一系列规划与公园道路系统相互统一。[2] 华盛顿规划成功地通过象征性的关系（南北和东西轴线，其中国会大厦、白宫和华盛顿纪念碑位于轴线节点）和安置在巨大的核心线西侧的宏伟建筑，彰显了政府的合法化地位。华盛顿规划强化了城市中心的美化，使这里成为民族自豪感的焦点。

[1]1901~1902 年的麦克米兰规划以参议员詹姆斯•麦克米兰的名字命名，充分说明了麦克米兰在国会中推动此项规划和协调建设中的重要性。

[2] William HWilson, The City Beautiful Movement , Baltimore: The Johns Hopkins University Press, 1989,p69.

· 芝加哥规划

1893 年芝加哥世界博览会为潜在的芝加哥规划和城市景

观建设提供了城市美学上的基础。伯纳姆于1909年完成了另一个城市美化运动的典型案例——芝加哥规划，实际上，此规划一定程度上也受到奥斯曼巴黎规划的影响。伯纳姆希望从整体上重新梳理整合城市空间，通过新建大道、拓宽道路与合理化的交通组织，搬迁贫民窟和扩大公园等手段来明确城市秩序，以逐步形成一个完整的城市规划格局。规划内容涉及城市生活的多个方面，比如规范街道布局，加大沿湖商业的开发，修建新兴的文化娱乐设施，扩大城市绿地面积等。伯纳姆认为，城市不是作为独立地理单元被包含在城市边界的，而是作为整体社会、经济和文化定居点的一部分。此外，伯纳姆实施芝加哥规划时正处在这个复杂计划的开端期，需要解决区域性的诸多问题，整个规划要求考虑关于货运交通、高速公交、铁路、航运等各类交通运输方式的复杂需求。

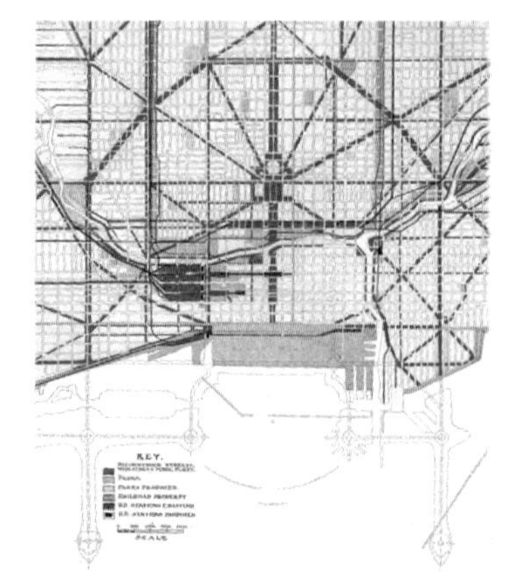

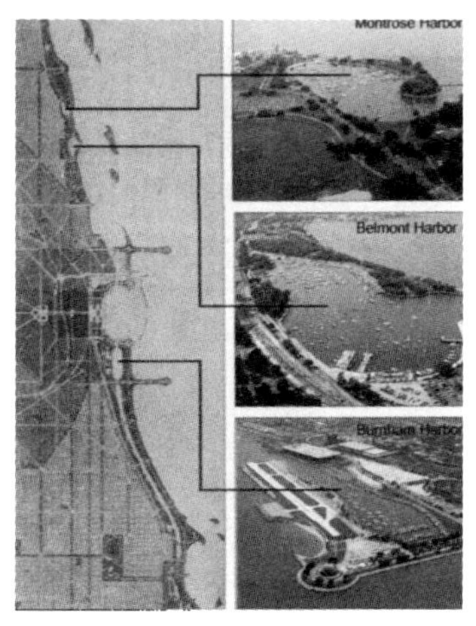

图2-8 芝加哥规划
上、下图片为：伯纳姆的芝加哥规划平面；规划湖滨绿地的实施
（图片引自：wikipedia.org）

规划在美国典型的网格状城市路网基础上提出，它的重要贡献是不仅通过"美化"重新塑造城市形象，还全面而合理地组织了芝加哥的交通系统。例如，首先延长了国会大道作为城市的中心轴线，垂直向增加了一条弓形弧状的林荫大道，并提出围绕此中心的第二绿化圈层；第二，围绕此弓形结构进行了大量的城市放射性道路的设置，并依次对城市干道进行拓宽和改造，分别与交通枢纽相连接，实现了快捷的交通体系（图2-8）。

另外，伯纳姆十分重视芝加哥作为一个港口城市的城市功能，尤其是在物资运输方面。他对"芝加哥河畔的道路进行了重新梳理，设计了滨河大道，对减少城市交通拥堵作用重大。滨河大道进行双层高差处理，上层高于普通交通平面，与同样需要进行抬高处理的街道衔接。"[1]

伯纳姆在滨河中心区构建了芝加哥中央商务区，但其不是采取通常的等距、均等地向外拓展的方式，而是使商业立面和沿湖岸线相一致，呈带状向北延伸。密歇根湖湖景的浩瀚和自然美丽使滨湖区独一无二，城市之美和

[1] 吴之凌、吕维娟：《解读1909年芝加哥规划》，国际城市规划，2008，第五卷，第三期。

自然景观相呼应，得到了很好的融合。该城市景观片段的实施，尽管有许多设想最终未能实现，但是已有规划带来的整体的意义远远超过单项工程的实施，它对之后的城市景观的整体空间效果起到很好的控制作用。

在芝加哥和其他城市美化运动中，伯纳姆提出的城市美化主张，还包括“保存巨大的城市公园、绿化地带、滨水区，以及建立综合区和街道景观系统来引导增长，以提高更多代人的城市生活，包括我们自己的。”[1]可以说，芝加哥规划是一项系统的城市规划，计划推行了近半个世纪，卓有成效。

[1]Daniel Baldwin Hess Transportation Beautiful : Did the City Beautiful Movement ImproveUrban Transportation.

伯纳姆希望通过这样一个全面的城市改造，最终“为一个和谐的社会创造物质性的前提”。尽管彼得·霍尔在提到这个规划时，表现出一定的顾虑，“它将社会目标和纯粹的美学手段混为一谈，这显然是上层和中上层市民所喜爱的秩序。”但最终不得不承认，“令人惊讶的是，这个规划在市民热心支持的推动下，到 1925 年已经完成相当的一部分。”[2]

[2]（美）彼得·霍尔著：《明日之城》，童明译，同济大学出版社，2009 年 11 月，第 202 页。

· 堪培拉规划

与多数城市美化运动不同的是，堪培拉规划表现出既不失整体秩序又对自然地理因素的尊重，以及和周边城市肌理的融合方面的适应性。1901 年澳大利亚新联邦政府决定在新南威尔士州以悉尼为中心，半径 100 英里（160.9344 千米）外寻找一个新的首都，1908 年确定堪培拉作为澳大利亚的首都用地。堪培拉处于悉尼与墨尔本之间，因为是新建的首都（墨尔本作为代首都直至 1927 年），所以有条件在规划方面建设得更加符合新政府的意愿。在随后由新政府组织的一个国际竞赛中，美国建筑师格里芬（Walter Burley Griffin）和他的妻子马霍尼的方案胜出。

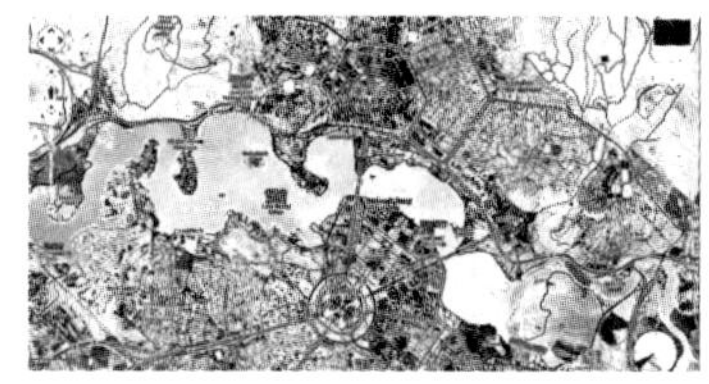

图 2-9 格里芬的堪培拉规划
上、下图片为：格里芬的堪培拉规划平面 1912 年；今天的城市肌理
（图片引自：上图 wikipedia.org；下图基于 Google 地图）

格里芬的规划方案具有城市美化运动的明显特征。这个方案图是格里芬 1912 年绘制的，如图 2-9 所示，我们能够看到清晰、明确的几何式格局的规划方式，主要的和次主要的中心地区以放射线和围合线交织的网路结构构成，并且相互之间通过干道连接（显然，这种格局受到田园城市的影响），但格里芬没有把这一形式生硬地强加于地形之上，而是敏锐地调节形式的局部形态以适应自然地形的固有奇特变化。它表明“作者如何能将自然特征——黑山、Ainslee 山、国会山、由河道改造的人工湖，以及通向各功能性焦点——政府、商业、教育、娱乐和居住等功能性的运动系统同时的兼收并蓄，成为他的设计的必不可少的基本要素。”[1]

另外一方面，这个规划的城市中心与郊区做出了完美融合，具有开创性的跃进。中心的放射性交通主干与住区相连，在住区层面上，规划表现出微观层次的细腻。从这点看，格里芬表达了自己田园城市的理想，并且把邻里单元的构想纳入其中。格里芬写道：“由常规交通道路分割形成的划分地块，不仅为每户家庭提供了合适的基地，而且也为更大的家庭构成了社会单元——邻里单元组群，它拥有一所或更多的为孩子服务的、便利的地区学校；它拥有当地的运动场、游戏场地、教堂、俱乐部；它拥有无需跨越交通道路，也无需受到商业街道干扰就可以到达的社会活动场所。这些家庭在进行特别聚会时，就可以把他们的家庭活动很好地引向在他们族群内部的地理中心。”[2] 可以说，格里芬通过他对城市的宏观理解和对生活与社会关系的解读，创造了丰富、细腻而有生命力的城市形态。

不过这个方案的执行却十分曲折，几经歪曲、停滞。1920 年格里芬放弃这项工作，直至 1957 年，威廉·霍尔福德从英国前来进行规划调整，继续沿用格里芬的方案。约 45 年后，格里芬的规划开始形成，在世纪转折之际，它卓有成效地完成了。和其他城市美化运动的城市相比，堪培拉在实际建设方面表现出一些由于历史因素造成的

[1]（美）埃德蒙·培根著：《城市设计》，黄富厢，朱琪译，中国建筑工业出版社，2003 年 8 月版，第 309 页。

[2] Commonwealth of Australia 1913 转引自（美）埃德蒙·培根著：《城市设计》，黄富厢，朱琪译，中国建筑工业出版社，2003 年 8 月版。

不同。例如，由于整个建设时间跨度如此巨大，主要建筑到 20 世纪 70 年代至 80 年代才建成，也不是格里芬本人贯穿执行设计的，而只保留了格里芬的规划格局。建筑风格也并没有像其他城市美化标榜的那样统一和表现出夸张的纪念性特征，而是更加遵从了国际现代主义的风格，建筑庄严、优雅，又显得很悠闲。建筑的松散关系模糊了城市轴线的生硬边界，使得轴线两侧的几何道路与周边的城市肌理相融合。但总体来看，格里芬的原始思想是如此强有力地影响着这个城市，使这个城市规划的整体存在至今，可以说堪培拉规划对城市形态和城市景观的有效控制方法对现时代也是贴切中肯的。

彼得·霍尔如此评价格里芬的这一规划："堪培拉实现了成为最后一个美化城市……对于一个经历漫长岁月都不能发展的城市而言，这是一个不小的成就。因此，它与一些城市美化的其他案例不同，它努力使自己变得亲切。"[1]

[1]（美）彼得·霍尔著：《明日之城》，童明译，同济大学出版社，2009 年 11 月，第 219 页。

[2] 同上，第 208 页。

· 新德里规划（一个极端案例）

城市美化运动随时间的发展也表现出高度的抽象性与符号化，这种符号化在 20 世纪初英国殖民统治的繁华中走向极致。这并非偶然：为了求得对不稳定统治地区的统治地位的加强，急切希望建造象征权威的可视符号，并且将他们的仆人限定在他们早已习惯了的生活方式之中。英国的殖民政府开始在地球的偏远一隅，建造速成的首都城市。

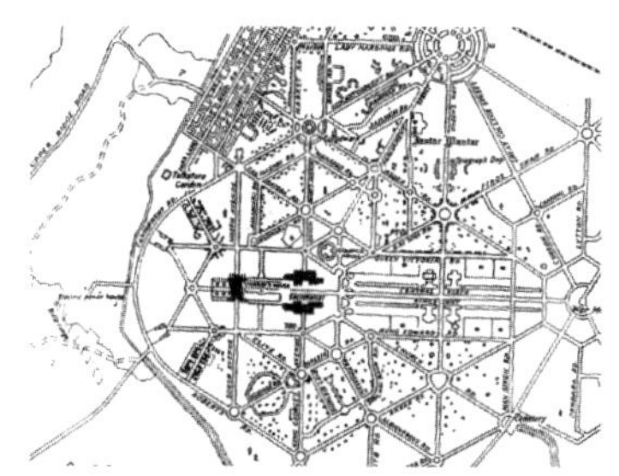

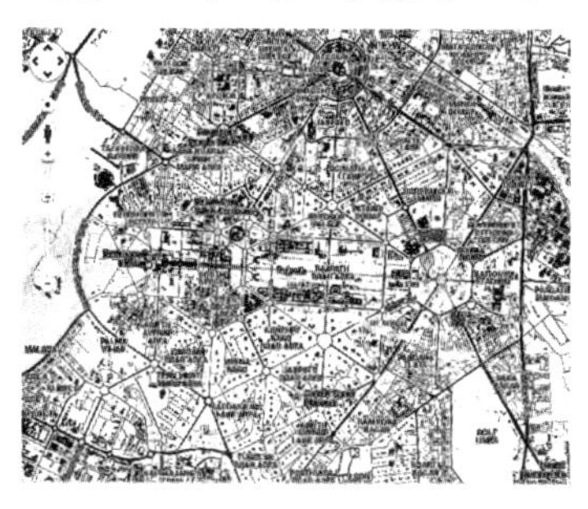

图 2-10　印度新德里
上、下图片为：印度新德里规划平面图；今天的城市肌理
（图片引自：上图 wikipedia.org；下图基于 Google 地图）

1913 年英国政府委托爱德华·勒琴斯完成印度首都新德里的规划任务。从规划图上，能够看出勒琴斯对规划几何形式的热衷：一条弧形的主干道贯穿南北，两条主要放射线按照经典的城市美化方式，成扇形展开。"这象征着统治印度帝国的拱门石"[2]（图 2-10）。

"秘书处大楼和战争纪念碑都有七条放射性道路，铁路总站圆形广场不少于十条，实际上所有主干道路均与连接这三个焦点的道路成30° 或60° 角，所有主要建筑都处在六角形的中心，电教边沿或者终点上。正如贝克在若干年后所认识到的，它与华盛顿的朗方规划有着不可思议的相似之处。”[1] 比较糟糕的是，这些放射线全然没有顾忌原有地貌的丰富性和城市肌理的多种可能。

[1]（美）彼得·霍尔著：《明日之城》，童明译，同济大学出版社，2009年11月，第209页。

另外，在这个规划背后，包含着强烈的种族隔离意识。“在六角形的网格中，住房根据令人费解的种族、职业等级和社会经济状况的公式进行布局。从总督开始，然后是司令官、执行委员会成员、高级官员，下至主管、雇工、扫地工和洗衣工，这是一个很注重分层的空间秩序，按照实际距离和空间规则被整合到城市的社会结构中去。”彼得·霍尔称此为“令人敬畏的统治力量的象征符号”。这种种族隔离意识下的城市规划将城市形态的空间划分当作社会控制的“工具”，其功能分离式的格局甚至比现代主义显现的还要清晰、严格，这忽略了城市作为社会交往和文化承载的本质价值。尽管这一规划的出现有其特定的历史因素，但这种“在思想上构建一种精致的社会结构，然后在地面上准确而具体地将它落实”的高度抽象的规划方式无疑是一种理性美学的极端表现。这一点完全不像其他城市美化所表现出的既强调理性秩序的美感，又强调启发式的尊重自发而自由的形式表达。

新德里规划是城市美化运动的一个极端案例。尽管这个规划在之后的若干年里被奇迹般地部分实现，但是，其无视当地城市有机生命的方式被之后的城市学者所诟病。

2.1.4 城市美化运动的衰落

“美化”所造成的误解可以说是城市美化运动在20世纪20年代以后开始走向衰落的一个主要原因。“城市美化”这个名称本身就很容易让人产生以偏概全，以点概面的理解。于是“注重外在的美，而缺少对实用性和社会性的关注”很容易成为城市美化运动的批评者指责该运动的主要集中点。1909 年 5 月，在华盛顿召开的第一届全美城市规划会议上，住房改革家本杰明·马什(Benjam in CM arsh) 率先对城市美化运动进行了抨击。他认为，城市美化运动主张的中轴线林荫大道、公园、政府大厦、市民活动中心等巨大公共工程确实很有魅力，但没有从本质上关注社会问题，“对穷人来说，他们只能偶尔从其肮脏压抑的环境逃离出来，去欣赏那建筑的完美，去体验那遥远之地的改进所带来的美学享受”。[1]

[1] William HWilson, The City Beautiful Movement, Baltim ore: The Johns HopkinsU niversity Press, 1989, p286.

内在方面，城市美化运动走向衰落是与政治、经济、社会和思想观念的转变有着深层次的联系。第一，其高度集权的操控方式在美国的民主法制内容中本身就容易引起民众的逆反与抵制，它被认为是“特权阶层为自己在真空中做的规划”。其次，城市美化运动的民主与利益分散之间的矛盾。只强调规模、高昂的地价、利益的多样性和破碎的领导权都起到了消极作用。第三，实施城市美化规划费用高昂，招致很多人反对。尤其是城市中心的费用。第四，城市理想主义者对城市美化运动的过高要求以及当时逐渐盛行的“讴歌大自然的郊区理想”，[2] 这些都使城市美化运动逐渐走向衰落。

[2] 孙群郎：《城市美化运动及其评价》刊于《社会科学战线》，2011 年，第 2 期。

2.2 对城市美化运动的批评

2.2.1 西方对城市美化运动的批评

· 主流的批评

当代批评家对城市美化运动的批判主要集中在20世纪60年代以后。这一时期综合的理性规划理论已经在欧美（尤其美国）十分成熟，但这种理论下建设的城市多表现出机械的功能主义特征，往往缺乏城市活力与人文精神。所以60年代随着后现代主义的兴起出现一轮反理性主义规划的潮流，其中最有代表性的是刘易斯·芒福德、彼得·霍尔和简·雅各布斯的城市理论。他们在表达对综合型规划不满的同时，将矛头指向城市美化运动。很显然，是希望从“根源”上否定现代主义规划。

普遍的批评焦点是认为城市美化运动只关注城市“美学”和改善城市环境，而未能解决潜在的社会问题。例如，刘易斯·芒福德写道：“城市美化运动建立了一个纯粹的视觉方式来规划……芝加哥世界博览会展示的仅仅是表面处理的城市顽疾。”批评观点使得观察人士认为，“比起快速城市化的更深层次的社会问题，城市美化运动更感兴趣的是在美学和改善表面外观。”批评者进一步指出，“城市美化的改进是为了吸引上层阶级。建筑整合和形式现在被视为愚蠢的欧洲口音和样式”，“这些计划反映了那些光顾市中心的商业精英，而不是公众的价值。”[1]

[1] Daniel Baldwin HessTransportation Beautiful: Did the City Beautiful Movement ImproveUrban Transportation Journal of Urban History 2006 32: 511

彼得·霍尔对城市美化运动表现出同样的批判态度（除了堪培拉规划），他写道：“在40多年的时间里，在各种不同的经济、社会、政治和文化环境中，城市美化表明了自身：作为财政资本主义的侍女、作为帝国主义的代理人、作为右派和左派个人独裁主义[2]的工具，正如那些标签至今所蕴含的意义。有些是合乎这一判断的，有些则是例外，这些现象的共同点就是，它们完全专注于雄伟和虚饰，专注于以建筑作为权力的象征；以及相应

[2] 彼得·霍尔将法西斯时期的大型公共设施建设也归纳为城市美化运动的极端再现。

的，几乎完全缺乏广泛的社会目标方面的规划兴趣。这是炫耀的规划，以建筑作为剧场，设计是为了引人注目，哗众取宠。”[1]

[1]（美）彼得·霍尔著：《明日之城》，童明译，同济大学出版社，2009年11月。

简·雅各布斯认为城市美化运动的目标是“建立城市标志性建筑，在整个城市美化运动中的全部概念和计划都与城市的运转机制无关，缺乏研究，缺乏尊重，城市成了牺牲品。”雅各布斯甚至讥讽道：“城市美化的目的是城市宏大，巴洛克街道系统的伟大方案被草拟出来，但它们基本上一事无成”。对穷人来说，他们只能偶尔“从其肮脏压抑的环境逃离出来，去欣赏那建筑的完美，去体验那遥远之地的改进所带来的美学享受。”并进一步提出“让我们把城市变得实用、现实、适宜居住、切合实际或任何东西，除了美丽”。[2]

[2] 孙群郎：《城市美化运动及其评价》刊于《社会科学战线》，2011年第2期。

· 方向的转变

到20世纪70年代后期，学者们对城市美化运动的看法有所变化。1974年，奥古斯塔·赫克斯彻（August Hechscher）出版了一部专著，对纽约城市公园作了中肯的评价。三年后，在《开敞空间：美国城市生活》一文中又表扬了几乎被人忘记的城市美化规划，并建议城市美化建筑特征能应用于当代。[3]

[3] William HWilson, The City Beautiful Movement, Baltimore: The Johns Hopkins University Press, 1989, p300.

1989年美国学者威廉·威尔逊（William HWilson）在研究了大量的城市美化运动的案例后，出版了《城市美化运动》一书，反驳规划历史学家对城市美化运动的批判。他认为城市美化运动是有积极意义的，认识到长远的综合规划，关注环境，运用立法，并在市政改革中应用新古典主义美学。威尔逊认为城市美化运动成果斐然。他写道：“城市美化运动是无辜的、积极的……它包含着对城市长久规划的需要，关注环境问题，为立法提供参考，将新古典主义建筑融入市政建设中等”，“也许城市美化运动者的热情正是在于试图在愿望和现实之间搭起一座桥梁……因此，最重要的是要记住城市美化倡导者所要达到的目的——在一个有序的社会中，各种阶层和有尊严的、合作的公民都能穿行于美丽的风景中。”[1]

[1] 陈恒，鲍红信：《城市美化与美化城市》，上海师范大学学报，2011 年，第 40 卷，第 2 期。

威廉·威尔逊指出，城市美化所主张的城市美学“在拥护者的头脑中，环境条件的作用从来没有远离城市中心。城市中心的美丽会反映该城市居民的精神需要，灵魂诱导秩序、平静，并使这种精神充斥在城市之中。并且，城市中心的美化，将加强居民城市生活的骄傲，唤醒城市中的与其他居民社区的关联”，“它表达了建立有益于所有公民的理想社区的希望”。所以，由“美化”所唤起的城市精神是该运动最重要也是最少被人提及的贡献。

威廉·威尔逊对美国的城市美化运动进行了迄今为止最为深入的研究，他对美国城市美化运动的思想体系进行了概括，认为包括以下十个方面：

“第一，城市美化运动是在现存的社会、政治、经济结构中解决城市问题，即将城市变为美丽、理性的实体。其倡导者信仰自由资本主义、工商业社会、私有财产思想。他们承认社会弊端，但他们试图通过平稳过渡的方式走向一个更好的城市世界。

第二，城市美化运动的改革者们认识到城市在审美和功能上的缺点。他们试图通过美丽的建筑和风景来保持 19 世纪城市的魅力。而且，他们希望改变美国城市中的普遍的丑陋和凌乱气氛。

第三，城市美化运动的倡导者是环境保护主义者。

第四，城市美化运动的领导者们坚持将美和实用结合起来。

第五，美和实用与效率密不可分，而效率则是进步主义时代的圭臬。

第六，城市美化运动的倡导者们崇尚专业知识，试图通过专业知识来解决城市问题，而反对用不恰当的和零散的方法来满足城市的需要。

第七，城市美化运动的倡导者具有非马克思主义的阶级意识。他们相信上层集团能从公共改进中受益，因为公共改进可以提高财产价值和改善生活环境。下层集团也同样受益匪浅，因为他们不能向富裕阶层那样到郊区生活，只能囿于城市环境中。

第八，城市美化运动的倡导者具有浓郁的乐观主义情绪，但也隐含着对阶级冲突的恐惧。

第九，城市美化运动可以说是'美国发现了欧洲'。欧洲城市与美国城市同样具有活力，但在美国人看来，欧洲城市更加清洁、有序、富于魅力、管理得当。

第十，也是最重要的一点，城市美化运动热诚地欢迎城市，拥抱城市生活。"[1]

[1] William HWilson, The City Beautiful Movement, Baltimore: The Johns HopkinsUniversity Press, p 78- 86.

威尔逊对城市美化运动在地理、美学、文化、环境和政治等诸多方面进行了较为全面而综合的研究，从而得出了比较中肯的评价。他认为城市美化运动是综合的、实践的和现实的，而不是表面的、形式的和理想主义的。虽然威尔逊没有完全解决一些围绕综合城市规划的模棱两可的问题或者现实与理想主义的冲突，但是他非常有效地回应了将城市美化运动简单地批判为"表面的和审美的"的观点。

但是，20 世纪八九十年代的城市设计思想，总体上延续了 60 年代以来的反现代主义情绪，进入更加"后现代主义"的阶段（本书第三章 3、4 将对此展开讨论）。所以，威廉·威尔逊对城市美化运动的辩护在当时并没有引起广泛的重视。

2.2.2 我国对城市美化运动的批评

国内学者对城市美化运动的研究比较少。总体上说，虽然一些学者承认城市美化运动对改善城市环境方面起到过积极作用，但多是轻描淡写，一言带过。同国外学界状况相同的是，多数的国内学者对城市美化运动持批判的态度。例如，我国学者杨峥嵘将各国的城市美化运动概括为两大共同特征：①倾向于纪念性和表面文章，将城市景观和建筑作为权力的象征；②为展示而规划，将城市景观和建筑作为表演的舞台。[1] 这种观点集中地批评城市美化运动因过于关注“美化”而忽略了人们真正的心理需要。北京大学俞孔坚教授更是对城市美化运动做了彻底的批判，并常常借此来批评国内一些城市的“城市美化”现象。他认为20世纪90年代初出现在中国大地上的“城市美化”，是在重蹈西方的覆辙。并将中国的城市美化现象称为“中国城市景观的歧途，是在暴发户与小农意识下的城市化妆。”[2] 俞孔坚教授把所有追求气派，追求宏大，强调几何的城市建设都归结为城市美化运动的意识表象，认为这是城市建设的错误方向并且由此给社会造成了极大的浪费。

[1] 杨峥嵘：《浅谈城市美化运动》，山西建筑2004年，第11期。

[2] 俞孔坚李迪华：《城市景观之路——与市长们交流》，中国建筑工业出版社，2003年1月。

国内学者的批判基本把城市美化运动理解为表面的、没有思想深度的、过度简单的形而上的行为，就像芒福德批判的“城市化妆”，是对城市美化运动的一种几乎彻底的否定。

2.2.3 客观认知与评价

城市美化运动并非有功无过，任何事物的发展本身就存在其两面性，何况城市这样如此复杂的系统的演进与更新。借用简·雅各布斯的话：“在城市建设和城市设计中，城市是个巨大的实验室，有试验也有错误，有失败也有成功”。我们不应该对城市美化运动进行一刀切式的评价，任何武断地判断都是有失偏颇的。

城市美化运动强调轴线、对称、中心放射式及几何形态的古典美学，尤其强调城市的物质空间的规整化和景观形象的完整良好是改善城市环境美学，是提高社会秩序及道德水平的主要途径。对于城市美化运动的倡导者来说，其本身是一种具有传统古典美学观点的现代城市规划运动，是站在整个城市的角度，一种长期计划的，具有远见的规划主张。其最终目的是希望通过创造城市物质空间的形象和秩序，在改善城市面貌、提升城市环境的同时，提高市民生活质量，促进社会和谐，消除社会邪恶等。

要指出的是，城市美化运动不仅强调“美化”，将自然与城市结合，建立公园与林荫大道，形成城市开放、连续而完整的城市公共景观。同时，城市美化运动同样重视城市的功能问题，加强基础设施建设（使基础设施也具有了景观性），满足人们商业和日常需要，以及建设相关的公共建筑等。所以说，城市美化运动所主张的“美化”，不是空洞的谈“美”的形式。城市美化运动是当时进步主义改革运动的一项重要内容，对推进城市健康发展起到了积极的作用。

城市美化强调有序的公共场所，适用于重要的城市建筑群落，分组的公共建筑物被认为不仅提高美学，而且改善了城市的功能沟通和生产力。城市美化亦凸显了城市的景观性，景观层次清晰的街道、大街和林荫大道，以理性模式组织和精心规划的狭长街景，这些都使城市呈现连续、完整而富于变化的城市景观。城市美化的很多道路是径直的、宽敞的、整齐的和没有分量等级的，并在集中位置上设置开放空间，并且辐射到很多街道使之相互连接。这一点对城市的层级结构及城市活力至关重要（这一点将在第三章中展开讨论）。

城市美化运动同样关注交通设施的建设，通过改善和安置城际轨道设施，并通过改善多样化的地面交通来连接与增强同城旅游的新终端。城市美化运动中构思城市流通网络的审美与功能框架，就城市规划演变而言是一个重要的，并且经常被忽视的贡献。

城市美化运动是现代城市形成进程中首次对城市进行的综合性的规划，可谓是规划史上的重大事件。它开启了现代主义综合规划的篇章，其主张的将现代主义理念与古典美学思想相结合的城市建设方式对今天的规划亦有积极的借鉴意义。对此，我们应该持批判继承的态度。客观地评价，城市美化运动所能做的只是从规划方面缓解恶化的城市环境，而不是解决城市中的全部社会问题。美本来就是形式的，若要求一场由中产阶级自发领导的社会运动实现一场政治革命才能实现的效果，未免过于苛求。

城市美化运动在19世纪末20世纪初对城市规划的影响是世界性的，广泛而深远，包括了当时中国的城市建设，这一点将在下节加以讨论。

国内学者的批判多数是针对城市美化运动的“纪念性”、“象征性”的规划手段而提出的，同一些国外学者的批评大同小异，目标亦是“城市美化是空洞的美”，其观点本身把重点放在了“表面”上，有失偏颇。国内学者俞孔坚教授结合国内城市化出现的问题借城市美化运动对其加以批评，虽有新意，但在具体类比关联上有诸多不恰当之处，这一点在本章第五节将结合“城市美化”对我国的城市建设的阶段影响作进一步讨论。

综上所述，我们需要从全局的角度客观地认识城市美化运动之于当代城市发展的意义。正如威尔逊所言：“后来的规划师可以随意贬低城市美化运动，但他们欠城市美化很多——他的综合规划概念。因此，最重要的是要记住城市美化倡导者所要达到的目的——在一个有序的社会中，各种阶层和有尊严的、合作的公民都能穿行于美丽的风景中。这是一个辉煌的理想，虽难以实现，但却永远令人向往。”[1]

[1] William HWilson: The City Beautiful Movement, Baltiore: The Johns HopkinsUniversity Press, p305.

2.3 南京规划——中国的城市美化运动

2.3.1 南京规划的美化思想

城市美化运动在20世纪初亦影响到中国的城市建设。1929年南京《首都计划》的制定，集中反映了“城市美化”的思想。

1927年，国民政府定都南京，随后定南京为特别市。为规划南京的未来发展，新政府成立了首都建设委员会，由孙科负责，开始着手国都规划建设。《首都计划》即是为满足新首都城市建设而制订的一份城市规划书。规划的主要任务由美国工程师古力治 (Ernest P Goodrich) 和墨菲 (Henry K. Murphy) 担纲，总体上讲是一部关于新南京城未来建设的从规划策略到图纸绘制以及城市管理的比较全面的规划书，内容包括城市人口预测、中央政治区选址、建筑样式及风格、交通、排水道等基础设施规划以及资金筹措、法案拟定等20多项内容。

整个设计不仅聘请西方专家来担纲，在规划方式、设计过程、城市管理等诸多方面都向西方先进城市学习，以欧美城市为模式样板。它是“中国近代以来第一个完整的现代城市总体规划文本，开启了中国近代城市规划实践的先河。在规划理论上，《首都计划》深受当时欧美盛行的城市美化、邻里单位以及卫星城市的思想影响，城市空间布局以‘同心圆式四面平均开展，渐成圆形之势’”。在总体规划上，采取西方功能主义城市布局方式，明确大的区块功能分区，各功能区域间相互连接与补充，避免使城市发展成“单中心”城市。同时也避免城市一部分过于繁荣、一部分又过于零乱的非均衡发展。在当时来看，这是非常有远见的城市规划方案。

重要的是，《首都计划》详细地制定了城市关于城市形象如何“美化”的方案。不仅通过规划控制城市的整体格局，在更具体的层面，《首都计划》对未来新建建筑风格也做了详细的规定。“关于此项房屋楼宇之建造，经过长久之研究，要以采用中国固有之形式最为宜，而公署及公共建筑物，尤当尽量采用。”并且尤其提到了通过建筑形式的表达来“发扬光大本国固有之文化也。”《首都计划》明确了建筑形式之选择：

“南京新建国都，此后房屋楼宇建筑，当必次第进行，其最关重要之部分，则有中央政治区、市行政区之公署，有新商业区之商店，有新住宅区之住宅，其他公共场所，如图书馆、博物馆、演讲堂，等等，将来亦须一一重新建造。关于此项房屋楼宇之建造，经过长久之研究，要以采用中国固有之形式最为宜，而公署及公共建筑物，尤当尽量采用。所以采用此项形式之故，其中最大理由，约有下列数项，兹分别论之。

其一，所以发扬光大本国固有之文化也——国都为全国文化荟萃之区，不能不藉此表现，一方以观外人之耳目，一方以策国民之兴奋也。

其二，颜色之配用最为悦目也——虽亦有彩色乱施，绝不协调，反现俗陋之象者，惟此非中国艺术固有之缺点，乃用之而不得其道者耳。若故再加研究，使各种色彩，无不调和，其美观必非外国建筑之所能及，殆可决也。

其三，光线、空气最为充足也——中国房屋，大抵筑有庭院，且各柱之间离地若干尺以上，皆可全部开窗，不失其整个之结构，故欲光线、空气供给之充分。

其四，具有伸缩之作用，利于分期建造也——中国房屋之内多留空地，尚因经济关系而暂建某一部分，或因需用关系而增建其他部分，皆可随意擘画，不失其整个之性质。

总之国都建筑，其应采用中国款式，无可疑义——所谓采用中国款式，并非尽将旧法一概移用，应采用其中最优之点，而一一加以改良，外国建筑物之优点，亦应多所参入。”[1]

——《首都计划》

[1]（民国）国都设计技术专员办事处编：《首都计划》，南京出版社，2006年9月版，P60-62。

图 2-11 南京规划中的新街口
上、下图片为：南京规划中的新街口方案；《首都计划》中的新街口建成图（图片引自：上图《首都计划》；下图网络）

《首都计划》在宏观上采纳欧美规划模式，微观上采用中国传统形式，在两个层面做到了很好的融合（图 2-11）。其中通过使用传统建筑风格的民族主义的外在表现形式，增强对传统文化的自信和国族认同。

在计划执行方面，《首都计划》同时指出“城市计划，若只求城市之美观，而不计市民负担之轻重，市内财政之盈拙，殊非得计”，“全部计划皆为百年而设，非供一时之用。”首都计划立足现实，面向未来，充分考虑城市建设的渐进过程，是具有可操作性的城市建设发展蓝图。

可见，《首都计划》是一份详尽完备的城市计划书。其同样注重美化背后的城市功能问题，例如对新城市交通的组织，使其更好地发挥在未来城市规划中的作用。在这方面《首都计划》借鉴了美国的管理经验。《首都计划》指出，“宜乘此时机，取美国之所定者，斟酌而损益之。订立南京交通管理法，再将其普通者布之全国”。[1]

[1] 关于汽车的使用，《首都计划》提出限时停车的要求，即汽车在商业区或其他繁华区域，“停留时间以不过一小时为限”，“最善之制，莫如使所有汽车，除最短促之时间者外，皆须离街道而停泊。”。在路权的分配上，必须考虑少数人与多数人的关系，“凡繁盛区域之道路，其两旁之路面至为贵重，应供一般人民之享用，不能为有汽车者所独占”，“盖有汽车者，不过市民之少数，既独占之以为用，是牺牲大多数人之权利，而益少数也”。(民国)国都设计技术专员办事处编：《首都计划》，南京出版社，2006 年版，第 113-115 页。

在当时中国动荡不安的时代背景下，《首都计划》不仅折射出西方城市的先进规划理念，也凝结了中国的民族精神，承载了对未来城市现代化理想的美好意愿。

2.3.2 南京规划与城市美化运动

从《首都计划》的时代背景、规划思想和实施手段来看，南京规划既是城市美化运动在近代中国城市的投影，抑或是说，南京规划就是中国的“城市美化运动”。

从时间上看，20 世纪 20 年代，城市美化运动在美国已经逐渐衰退，但其在其他地区的影响还在持续。以城市美化运动为起点的综合城市规划思想在当时是最先进的城市规划理念，《首都计划》组织者的文化背景和美国建筑师的参与都在根本上使《首都计划》从一开始就站在了较高的视野。

从当时参与规划制定的人员来看，墨菲和古力治都是美国人，对西方的城市规划理论融汇于心。而对墨菲本人来讲，当时正值西方现代城市思想在遥远的堪培拉和新德里改变着那里的土地，墨菲何尝不想在中国实现自己的城市梦想。1928 年美国记者罗威尔在报道墨菲将赴中国担纲南京规划时，把墨菲与 1791 年规划华盛顿的朗方相提并论。而对于有留美经历的孙科而言，无疑希望新首都建设既能够结合本国实际情况，又能够向世界城市看齐。所以他在《首都计划》的开篇提到："则经始之际，不能不先有一远大而完善之建设计划"，"故能本诸欧美科学之原则，而于吾国美术之优点，亦多所保存焉。"显然，在城市外在空间"美化"方面，仍有中国风格可采，这与城市美化运动强调的古典语言是完全契合的；而在城市科学化方面 [1]，则中国无之，只有参照西方。所以《首都计划》既借鉴了欧美城市规划理念，向先进城市学习，接受其成功经验，又结合自身的实际情况，融入传统文化与建筑风格。

城市美化运动中的现代城市规划理念和古典美学继承在《首都计划》中都有体现，这使南京规划具有了鲜明的城市美化运动的特征。

以城市美化运动思想为核心的规划理念在《首都计划》的制定中起到了重要的作用。很重要的原因是城市美化运动通过城市"美化"的形象建设来达到树立民族精神和新政权象征的方式与当时南京的历史背景十分契合。尤其在新的市政中心的规划建设方面，城市美化的系统理论无疑是最恰当的参照对象。

以当时的背景看，南京亦处在向现代城市转型的节点，传统城市的结构显然不能满足新时代的功能需求，需要融入西方现代城市理念方才合适。同时，新政府的成立又迫切地希望通过城市形象来增强民族自信与民族认同，这就使得选用中式建筑风格成为必然。虽然这一建筑风貌总体上是"复古"的，但其细节上的创新已经向现代性迈出了一大步。

[1] 文中具体描述："科学化之城市设计，关于人口某个时期内变动之趋势，必先从事于精审之研究，以为设计之标准。盖街道之如何开辟，港口之如何规划，电灯自来水之如何设备，疆界之如何划分，以及其他各端，无一不有关人口之数量。非先有详审之估算，则种种计划，将无以臻于切当而适用。"
西方 20 世纪二三十年代，正是现代建筑走向高潮的年代，柯布西耶出版《明日之城市》提出建设功能分区，增加城市绿化，丰富交通形式，以迎接汽车时代的到来。以及霍华德提出"田园城市"的理论，这些现代主义城市规划理论都在某些层面上影响着首都计划的制订。

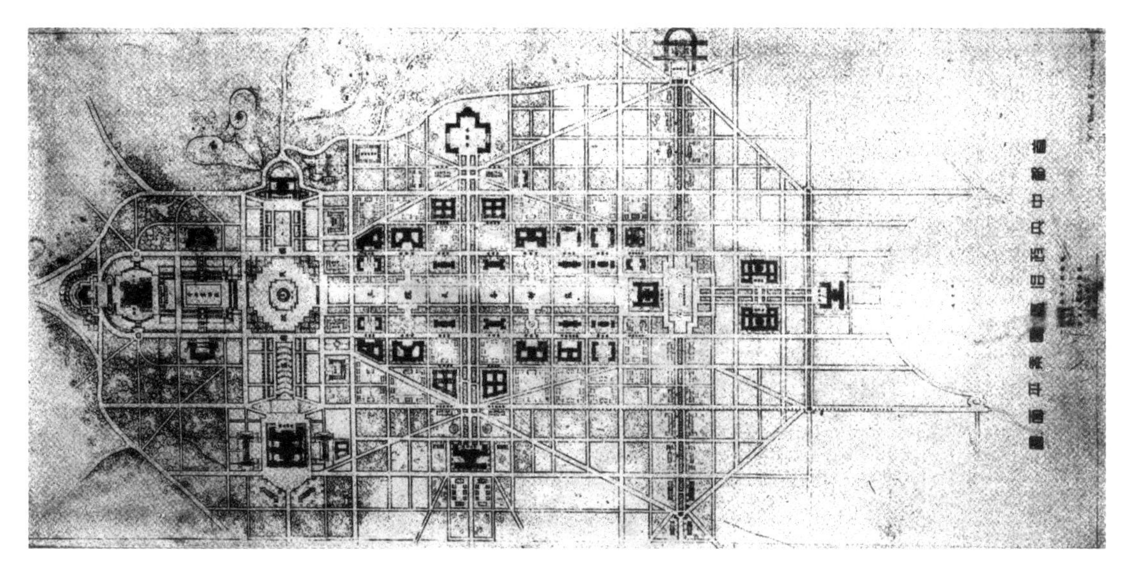

图 2-12 南京规划平面图
（图片引自:《首都计划》，可对比图 2-7 华盛顿规划平面图）

从规划总平面上不难看出，南京规划明显受到华盛顿规划的影响（图 2-12）。其东西向的轴线关系与成放射线的主干道布局；主要建筑沿轴线两侧对称布局；强调城市中心的对称性、象征性的空间秩序和城市景观的连续性；并且对林荫大道、公园等城市休闲空间亦有设置等，以此达到城市空间美化的张弛有度。

《首都计划》无疑是中国近现代城市发展史上的一个里程碑，也是 20 世纪世界范围内首都建设热潮中的一股力量。可以说，《首都计划》是自辛亥革命终结帝制之后，中国第一次试图按照西方现代理念打造理想都城。《首都计划》在“城市规划理念、规划制度等诸方面批判地借鉴了欧美模式，在中西古今问题的选择上，既有模仿又有一定意义上的创新。”[1] 总体上来说，首都计划是在大的规划形制上模仿西方城市，多采用了网格规划及放射线和对称性的平面布局，重要建筑沿轴线布置。而在建筑的风格确定上，以重视传统风格为依据进行“改良”，这些做法都与城市美化运动表现出惊人的相似性。可以说，“西式规划”加“中式建筑”构成了《首都计划》所主张的城市形态的基本格局和面貌。

[1] 郭世杰：民国《首都计划》的国际背景研究，2010 年。

《首都计划》虽然由于抗日战争的爆发，许多部分未能实现，但主要框架实施了 30% ~ 40%，形成了今天南京的主要城市格局。南京规划在实施中，尊重原有城市肌理，新规划轴线与明皇城对应，尽可能保留原有古城墙等，这些做法都使今天的南京城市既有清晰的城市结构，又有丰富的城市片段，使这个城市充满人文精神和历史魅力，为南京保留了具有民国特色的城市风貌。

表2－1 对比中国城市规划及建设过程中的城市美化现象

历史 背景	1929～1937年 民国时期 《首都计划》	1950～1959年 新中国建国初期 围绕梁陈方案展开	20世纪八九十年代 改革开放后 大景观为代表的城市美化工程	2008年～ 新世纪之初 奥运为代表的城市“事件”
社会背景	国际城市美化运动走向低潮；首都建设潮在持续； 国内战乱与军阀割据；新政府急需建设新首都形象以确定新政权的合法性	新中国成立，确定新政府机关所在地 新政权的象征性与传统的关系的讨论	由生产力落后的“封闭”城市逐渐向现代城市过渡	全球化背景下各领域的力量渗透，城市“事件”成为展现国家实力的平台
物质环境	老城基本完整，但破败不堪 基础设施十分落后	老城破坏严重，城墙基本完整 基础设施落后	人口膨胀，工业生产导致脏乱差的城市环境 快速的城市建设	城市建设进入现代化，硬件良好但普遍缺乏城市精神
文化背景	西方先进文化的影响 国家及民族精神的崇尚	梁陈代表下的理性规划 苏联的影响	形式“美化”与景观政治	城市形象成为国家名片 崇尚国家及民族精神
经济背景	战乱导致政府财政匮乏 开征城市不动产税	由农业城市向工业城市转型	新政策带来的经济大发展	经济实力大大增强
实施情况	政治因素及战争的原因导致计划的扭曲与停滞，但部分的实施奠定了今天的城市格局	政治性因素导致梁陈方案未能实现，实际实施显得分散而混乱	一定程度上“美化”了城市环境，但与城市文脉断裂的做法很快遭到批评	功能综合性的布局，在建成后成为新时期展现中国经济文化成就的新核心

2.4 中国现当代的城市美化

“美本身是形式的”，城市美是城市形态的外在物质化反映。但往往谈到城市美学问题时，又总不能纯粹地着落在形式上——此时社会因素常常发挥着更具决定性的作用，或者说更多的情况下城市“美”是和某种权力“象征”结合在一起的。这一点自古历来如是，例如中国古代城市规划基本都是体现了儒家的哲学思想，而儒家思想是关于“修身，齐家，治国，平天下”，是如何在混乱中建立秩序的理论，所以中国古代的城市规划都是建立在儒家治世哲学之上的。儒家治世哲学为城市规划提供了一个完全理性的理论基础:“居中不偏，不正不威”，以及“礼教尊卑”伦理秩序等，这些思想都直接影响着规划布局的“宫城居中”及古代城市建筑群的严整方正布局，其中也包括“身份”与“位置”相对应的关系等。所以，城市美学是很好地容纳权力象征性的载体（首先表现在空间上）。

“美化”与其背后的政治性因素始终交织在一起。实际上，自新中国建立后至21世纪初，随着城市化及现代社会文明的演进，“城市美化”所担任的“塑造政治身份”的作用始终在持续，虽然似乎不再一贯的严肃，但却在一直持续作用于我们的城市建设。在这个过程中，“城市美化”是再恰当不过的城市形象树立的组织者和建构者。虽然我国的现当代城市规划中并没有城市美化运动之说，但自新中国成立始至今日的城市建设发展中，能够看到“城市美化”现象在不同阶段的表现。

2.4.1 新中国建国初期新首都建设

新中国建国初期，面对新的行政中心的选址问题，曾发生过著名的关于“梁陈方案”[1] 的争论。梁陈方案的核心是在北京旧城西郊再建一座新城，作为新的行政区（图2-13）。梁陈方案体现在从更宏观的城市文化的延续角

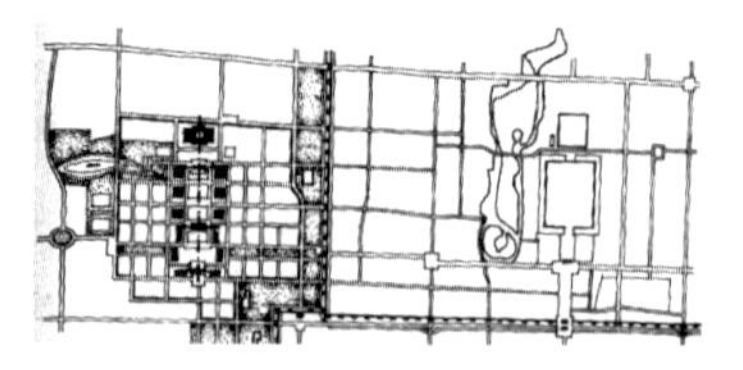

图 2-13　梁陈规划平面 1950 年

[1] 1950 年 2 月，梁思成先生和陈占祥先生共同提出《关于中央人民政府行政中心区位置的建设》文件。

度去考虑新城规划问题，这有利于“保持有历史价值的北京文物秩序”，在今天看来，是十分有远见的城市理想。[1] 并且，再开辟新行政中心的做法本身也有可能通过后期完备的设计形成理性的城市景观效果，并由此体现新的时代精神。但是，梁陈方案所主张的呈南北轴向布局的新城轴线与老城的代表权力的轴线是平行的，也没有在其他层面表达任何的权力延续的政治性含义。然而，当时正值一个新政权建立的格局下，北京作为以政治为中心的首都，所秉承的中轴线或者说“中心”只能有一个。由此，从大的时代背景看，梁陈方案自然会受到极大阻力而难以实现。

到 1952 年中央明确了将行政中心区放在旧城的决定。当时的都市计划委员会责成陈占祥和华揽洪 [2] 分别提出了两套方案。1953 年，梁思成奉命代表都市计划委员会向北京市人民代表汇报了甲、乙两个规划方案。在这次会议上，梁思成作了妥协。他接受了中央行政区在天安门附近建设的事实，也接受了“城市建设是为生产服务”的提法；在建筑高度上也退了一大步，不再坚持大部分房屋应该是两三层的。但是，他同时强调了必须进行整体通盘的计划与设计，在不得不接受基于中心区建设行政中心的事实面前，转而提出保持旧城中轴线的基础上延伸轴线概念，即向南延伸至南苑，向北至南沙滩附近。“这样的计划就更加强调了现有的伟大的南、北中轴线。”[3] 这被认为是“找出了既保护好旧城格局又发展原有规划思想的关键所在。”[4] 从当时的规划图来看（图 2-14），中轴线的延伸以及中央机关围绕故宫旧城布局的方式具有明显的政治性倾向。[5] 这一规划格局明确了未来北京城市的发展“方位”，也进一步加强了单中心的城市结构。

除了中央行政区继续沿原轴线定位，随之一条横向的东西轴线也被延伸开来，那就是长安街的进一步拓宽。“从 1955 年开始，长安街的扩建力度逐渐加大，拆除了西单路口以东的庆寿寺和寺院里的双塔，这样路面从

[1] 1970 年通过的《威尼斯宪章》，明确了把文物的环境纳入文物的保护范畴。这一思想开始在许多国家的城市规划中得以受到尊重；而这些思想精华，在 20 世纪 50 年代的“梁陈方案”中就已经提出了。却因为历史的原因未能实现。

[2] 华揽洪——华南圭之子，1912 年生于北京，16 岁赴法国留学。1936 年从法国公益工程大学毕业，考入巴黎美术学院建筑系。

[3] 梁思成著：《关于首都建设计划的初步意见》，转引自王军著：《城记》，三联书店，2003 年版，第 118 页。

[4] 李准：《“中轴线”赞——旧时新议京城规划之一》载于《北京规划建设》，1995 年第 3 期。

[5] 这一规划思想实际上是和当时苏联提出的规划意见是基本一致的，并被苏联专家巴拉金画入北京城市规划总体构图中。最终，中共北京市委成立了一个规划小组，聘请苏联专家指导，对两个方案进行修改综合，提出了总体规划。

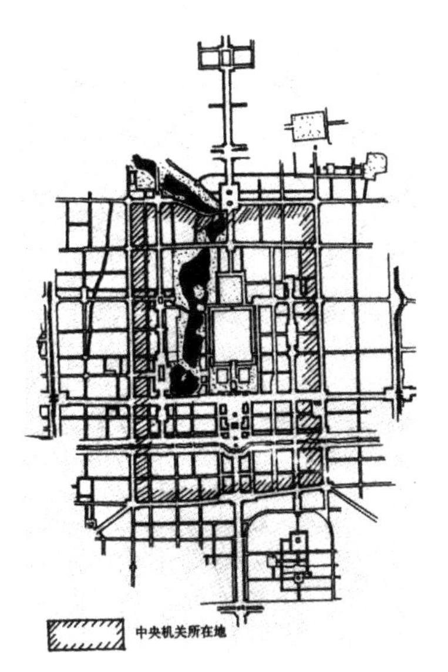

图 2-14：最终确定的行政中心位置规划 1953 年

12～24米，一下拓展到32～55米。20世纪60年代，‘百里长街’开始形成。为了迎接新中国成立十周年庆典，将南池子到南长街段扩展为宽80米的游行大道（到1999年，长安街全长约46公里，宽度也拓展到120米）”。[1] 长安街的拓宽使北京城市的“中心点”稍微地向南移动，确定在了天安门广场北侧国旗杆矗立的位置，而这个位置刚好是纵向与横向城市轴线的交会点。

[1] 引自：《长安街从十里到百里的完美延展》2009-09-19 新民网 news.xinmin.cn。

这一时期的城市建设在建筑方面，重要的行政办公建筑、博物馆、纪念堂等，都采用了传统复兴式风格。这其中最有代表性的就是“十大建筑”，其中包括了在天安门广场周边建造的人民大会堂、中国历史博物馆和中国革命博物馆等大型公共建筑。这些建筑大多采用了传统中式风格，也有部分采用了苏联风格。

以北京为例，在新中国成立的前30年里，新行政区规划、长安街的延长和国家重点公共建筑的建造等，都是清晰的“城市美化”现象，这些现象都紧密地围绕政治性因素展开，无论是规划方式还是建筑风格样式，综合来看，和西方20世纪初城市美化运动亦有相似之处。并且，和民国时期南京的《首都计划》相比，无论在城市设计的宏观意识方面，还是在实践建造的技术层面，都更多地融入了现代主义的内容。

2.4.2 20世纪80年代后城市化中的“美化”

1978年以后，随着改革开放带动的经济发展以及随之而来的快速城市化进程，现代主义思想冲击下的城市化迅速改变着大多数的城市面貌，以“大尺度”为特征的城市空间开始频频出现。尤其到90年代以后，我国的城市建设开始出现一些“片段式”的，一味求“大”的城市景观。像景观大道、大型礼仪和纪念广场，纪念性、符号性建筑，大型展览公园和各种公共场所的美化工程等，这些建设过程成为迅速改变城市形象的手段，其在

[1] 杨宇振：《矫饰的欢颜：全球流动空间中的中国城市美化》，国际城市规划，2010 年，第 33-43 页。

图 2-15 “大尺度”城市空间
上、下图片为：大连星海广场面积 176 万平方米；哈尔滨长江路景观大道
（图片引自：下图网络）

[2] 俞孔坚：《一个不散的幽灵——暴发户与小农意识下的城市化妆运动》，公共艺术，2009 年第一期。

起到一定的城市面貌改善的同时也存在一些诸如“政绩工程”、“文脉缺失”、“经济浪费”等问题。重庆大学杨宇振教授评价这种现象为：“在旧有城市建设的缓慢和快速城市化中对于‘城市美’形态的追求在社会转型中试图用城市、建筑或者景观形态来表达和建立新时期一种有别于过去的文化特征。”[1] 这对于处在转型时期的中国社会，或许是恢复城市中失去视觉美感的一种方式，但总体上说，过多缺乏整体规划的建设在城市文脉把握层面是缺失的，大多建设实施并未能与原有的城市肌理进行较好的融合。到 20 世纪 90 年代后期，这些城市建设开始受到广泛的学界批评（图 2-15）。

对于这种“美化”现象的批评，多数学者将其归结为西方城市美化运动在我国城市的再现，并借此对其进行了否定。如前文所述，主要以北大的俞孔坚教授为主要代表，他毫不留情地说：“20 世纪 90 年代开始出现于中国的城市美化运动，许多方面都与国际城市美化运动有惊人的相似之处。尽管社会制度有很大不同，但其产生的社会和经济背景、行为与症结都如出一辙。”还称其为“暴发户与小农意识下的城市化妆运动。”[2]

这里需要说明的是，这一时期的城市建设现象从表面看，的确在景观大道、纪念性等方面与西方城市美化运动十分相似，但是深层次分析，还是有其特有的社会原因，不能一味地借此批判城市美化运动。第一，这些现象几乎都是经济快速发展时期的城市局部建设的失衡，本质上并没有与城市整体与长远规划的层级相对接；第二，这些城市化进程中的一味追求“大”的建设本身是片面的和局部性的，几乎不考虑原有的城市肌理，与当时的城市结构既不匹配，也不相互融合；第三，其现象本身与城市美化运动相比，虽然都有期望改进城市景观环境的愿望，但其几乎是经济成就的“展示”和政治目标的“标榜”，没有丝毫的人文精神，也不考虑人对于尺度的心理需求，更没有城市美化运动所诉求的景观环境美学、促进城市交往和城市精神树立的广泛而合理的城市功能的综合需要。所以总体上说，这些现象仅具有“美化”的表面特征，与城市美化运动的综合规划观念还是有着深度的差异。不能完全地一概而论。而随着学术界的批判，这些不合理的城市现象也在20世纪90年代末以后逐渐消失。

2.4.3 新世纪初大事件推动下的城市美化

进入新世纪之后，随着全球化在各种领域的渗透，城市“事件”逐渐成为表现国家形象与成就的标尺。以我国为例，自2008年北京奥运会起，2010年上海世博会和广州亚运会，2011年西安园艺博览会和深圳大运会，2013年北京国际园林博览会，2014年南京青奥会等一系列重大“城市事件”轮番冲激下，再度掀起新一轮的城市建设与“美化”的高潮。

“在2009年底前优化提升城市绿地500公顷，新增立体绿化20万平方米，新增提升花坛花镜20万平方米等，为2010年上海世博会打造绿色市容市貌①。

亚运期间，广州将现‘一线花带、十里花堤、百道花廊、处处花境’的盛景②。

西安市第三轮大植绿正式启动。本轮植绿方案总投资8.52亿元……继续实施大树进古城战略，全市计划栽植大树1.5万棵③。

深圳为迎接第26届世界大学生运动会，从2009年起就开始提升市容环境……完成道路绿化升级改造任务520项④。”[1]

“园博会总面积267公顷，选址在北京丰台永定河畔……这里是‘一轴一带多园区’中的永定河绿色生态发展带的核心区。在原垃圾填埋场上建设一座生态环保的园博园，将修复永定河生态环境，打造北京生态修复新

[1] 转引自：林墨飞 唐建，《对中国“城市美化运动”的再反思》，城市规划汇刊，2012年。
①见2008年11月14日中国新闻网；
②见2009年7月14日《南方都市报》；
③见2010年11月13日《西安晚报》；
④见2011年8月12日《羊城晚报》，转引自林墨飞唐建《对中国城市美化运动的再反思》城市规划2012。

亮点和京西旅游的新景点。”⑤。

“今年南京将投资近16亿，整治老城范围内的全部主干道、重要次干道；老城与绕城公路间的进出城快速干道，共计10纵10横6射；对1200条未达标街巷(支路)，进行机动车道、非机动车道、人行道、路牙以及配套设施的整治……”⑥[1]

[1] ⑤引自 http://lxs.cncn.com；⑥引自《举办青奥会对南京城市的影响》，百度文库。

各承办城市通过这些“城市事件”，无一例外地快速而有效地提升了城市环境质量与城市形象的影响力，并进一步推动和促进了城市发展。无疑,“结合事件再造形象”成为全球化背景下的城市生存之道。在“城市美化”的事件背后，政治性依然起着重要的推动作用，台湾学者郭琼莹则将“通过城乡景观改造作为城市营销工具”的方式称为“景观政治”。[2] 具体以2008年北京奥运会为背景，我们来具体分析一个“事件”对城市格局的演化推动。其整个过程，政治性因素融入“美化”之中，同样具有明显的城市美化运动思想的影子。这个典型案例就是沿北京城市中轴线进行的奥林匹克公园的整体规划设计。

[2] 郭琼莹：《台湾的另一波无形空间革命——城乡风貌改造运动的意义与效益》，中国园林，2010。

从历史上看，虽然旧城中轴线的北端在20世纪50年代的规划中就被界定到了大屯与南沙滩一带，但实际在以后很长的时间内没有经过大的建设。之后到20世纪90年代初，北京规划委员会在研究奥林匹克公园选址时才进一步开始考虑北京北中轴线的延伸问题。但直到2001年7月13日，北京申奥成功，自此这条城市轴线才又一次被改变。从2002开始的方案招标（15个国家的87个方案参与竞标）到2008年，这个长约3公里的中轴景观在短短六年的时间里便建设完成了。

奥林匹克公园中心区占地面积315公顷，在空间上是城市传统中轴线的延伸，这被比喻为“中国千年历史文化的延续”。沿故宫中轴线，一条2.3公里长的“千年步道”向北延伸，直至公园的“山水”端头，大型体育场等公共建筑分布两侧，界定出这条新的轴线；“千年步道”上记载着从三皇五帝，至宋元明清各个历史时期的纪念性事件。北端的湖泊与轴线东侧的奥林匹克运河构成一条巨大的水龙，与北京古城区内中轴线西侧的水域——什刹海、中南海遥相呼应，形成非均衡对称的布局。[1]显然，“城市美化”在新时代中被赋予了新的精神，并再一次在这一轴线空间内以符号和象征的手法加以实现。

[1] 引自：《北京奥林匹克公园确定规划实施蓝本》，新华社，2002年07月28日，China.com.cn。

在城市空间上，与传统中轴线是一条摆满大型建筑的“实轴”不同，这条景观大道是一条空间上的“虚轴”，并没有在中轴线上放置高大建筑物。这条虚轴绵延数公里，与故宫的轴线对接，表现出一种对老城中心的“谦逊”的态度——这种将新城市景观与老城轴线关系在空间上对位，以求得一种新城与老城在时代精神上形成内在关联的做法，与法国的德芳斯新区建设如出一辙（图2-16，图2-17）。对比这条长约12公里的新景观轴线，其南端与景山距离约5公里，这个距离刚好和法国20世纪60年代建设德芳斯新区时，德芳斯距离凯旋门的距离相同；与德芳斯新区的另一相同点是这条“虚轴”的设置，为形成连续的城市景观，大型建筑都被设置在“虚轴”的两侧。显然，这是符合时代特征的，被设置在两侧的当代建筑形态各异，表现了当代背景下的多元化的审美观。它们与传统城市中心遥相呼应，通过轴线的空间联系，新旧城市的“美学”在不同的时空产生了交集。

图2-16 北京奥林匹克公园景观轴线

图2-17 巴黎德芳斯新区的轴线（图片引自：网络）

自此，北京的中轴线由原来的（传统中轴：从永定门至钟鼓楼）全长7.8公里，伸展到了（新中轴线：南至南苑，北至森林公园洼里地区）长20公里，贯穿了北京城市近800年的建设成就。沿着这条轴线，属于全世界的奥林匹克精神也在北京找寻到了时空的对接，这也无疑成为北京乃至中国向世界展现自身民族文化的窗口。

2.5 本章小结

本章通过对城市美化运动的背景、起因、实践等进行分析梳理，概括出城市美化运动的主要内容和规划理念。通过对比城市美化运动和同时期中国的南京规划，在横向上找到中国的城市规划发展过程中与“城市美化”的关联。同时，本章按时间线索比较了现当代中国城市化进程中的若干美化现象。这些美化现象说明了“城市美化”在中国的城市发展中的阶段性作用，映射出未来城市化进程中城市美化必然作为一种城市形态的构建方式长期存在。

城市美化运动已经在百年前尝试着将表现时代特征的现代主义精神，与古典审美语言相融合。城市美化运动将未来性与传统凝固在同一时空之中，这一点恰恰是当代城市站在全球背景下思考传统文化继承与发展的片段范本。所以，中国近几十年的城市建设现象中，不管成功或失败，总是与“城市美化”有着千丝万缕的关联。并且，这种联系会继续保持，若能够摆脱“形式主义”的空洞，基于深层次的理解和客观性的批判来认识“城市美化”，相信城市美化运动能够为当代城市美学研究和城市形态构建带来启示。

第三章　城市形态发展中的分形与美化

对于城市化进程中出现的种种问题，我们始终在寻找一种可借鉴的城市形态模式。今天看来，理想城市应该是健康的、令人愉悦的，它应该是一个充满活力的城市。当然，“城市活力”不是空洞地停留在纸面的一个词汇，而须实实在在地通过物质空间传达给生活在其中的每一个人。由此，人们不禁会问：什么样的城市是充满活力的？在普遍意义上回答是：一个充满活力的城市在形态上应该是复杂和丰富的，同时在整体结构层面的呈现上清晰而高效。对此，西方学者曾做过深入研究，本章将借助西方城市形态理论中的分形城市概念，以“分形梳理”为工具来解释城市美化运动所倡导的城市规划思想，并以此类比古代城市以及现代主义和后现代时期城市发展所展现出不同的城市形态及其美学特征，从而阐释“美化”在城市设计理论方面的当代意义。

3.1 分形梳理

3.1.1 分形

1975 年，美籍数学家伯努瓦·曼德勃罗 (B.B.Mandelbort) 提出了“分形”概念，意思是成碎片的、分裂的、不规则的，一般而言，分形概念是在有关破碎、断裂、分散的同时研究其内在的规律与秩序的理论。

由迭代函数产生的数学分形从非常简单的规律之中创造了复杂性。它不仅是关于无序形态的理论，更是关于概率的有序模式的理论。在对分形几何学的介绍中，曼德勃罗以下列措辞描述了它的重要性：“云层不是球形的，山脉不是锥形的，海岸线不是环形的，树皮不是光滑的，闪电并非直线运动……自然界不仅展示了高度的复杂性，同时展示了其不同层面……这些模式的存在要求我们研究欧几里得认为‘无定形’且不予考虑的形态，要求我们对‘非定形’的形态进行调查研究。”[1]

分形理论的启示是能够透过不规则的形态外观去辨识其内在秩序，即事物可通过内在原动力来推动其局部形态的不断复制与增长，最终形成复杂的整体，这是一个由局部至整体的“自下而上”的过程，揭示了透过局部认识整体的方式。这些局部和整体间以某种方式相似的形体称为“分形”形态。

曼德勃罗的分形（包括冯·科克的雪花分形，图 3-1）表现出数学分形的严格的对称性和几何性，并且能够从最初的基本形态不断重复直至无限小的尺度。虽然自然界中几乎难以存在如此严格的分形，但是分形揭示了自然界存在的如云朵、闪电、山脉、海岸线，以及雪花、树叶等自然形态的高度复杂性。曼德勃罗常常用“粗糙”[2]（roughness）一词解释自然界的有规则而不稳定的现象。分形是大自然的优化结构，分形形体具有形态各部分间的连续性，能够最为有效地利用地理空间，并且通过自相似性的结构组织形成独特的美学特征。

[1]（法）Serge Salat 著：《城市与形态》，陆阳、张艳译，中国建筑工业出版，2012 年，第 66 页。

[2] 曼德勃罗认为分形思想可用于构造实际可行的模型，来模拟真实世界中的很多“粗糙”的现象。自然界很少有形态具有完全“光滑”的表面。

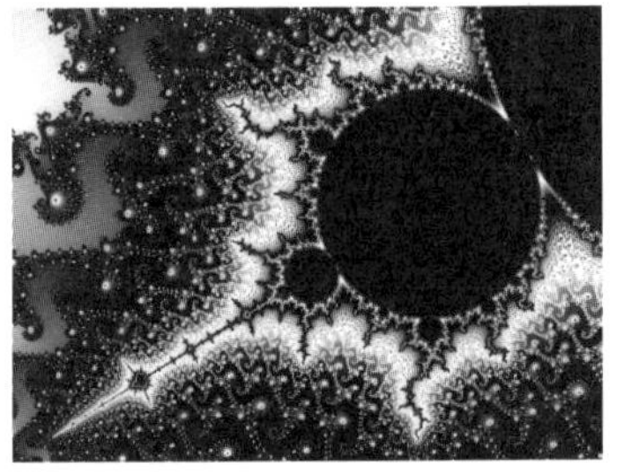

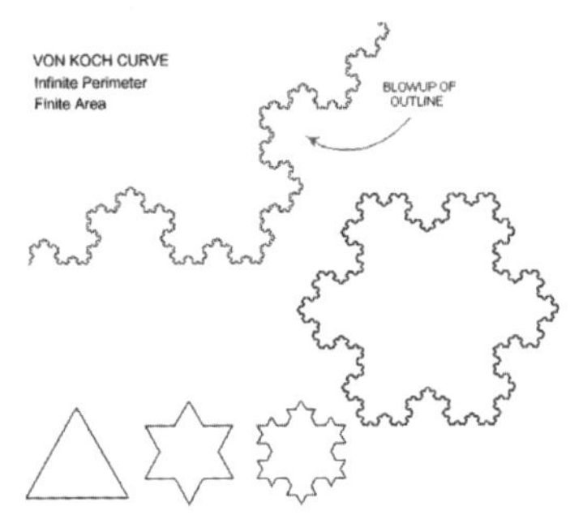

图 3-1 分形
上、下图片为：伯努瓦·曼德勃罗的分形图示；冯•科克的雪花分形
（图片引自：网络，参见彩图）

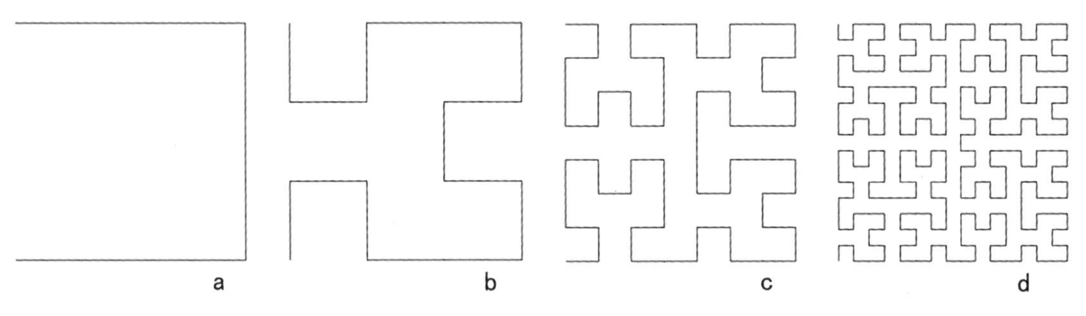

图 3-2 希尔伯特曲线（又称为填充曲线）的分形结构

[1] 引自：维基百科 wikipedia.org。

实际上，在曼德勃罗提出“分形”概念之前，就曾有其他数学家对其中引进的一些数学对象做过描述：它们被认为是稀有的、奇特的，与彼时存在的学术领域几乎没什么联系，且具有非自然、非本能的特性。[1] 例如，德国数学家大卫·希尔伯特（David Hilbert）1891 年提出一种基于平面正方形的分形曲线，叫做希尔伯特曲线（图 3-2）。希尔伯特曲线的迭代可以在一个有限正方形内无限展开，逐渐填满整个空间。理论上说，希尔伯特曲线的迭代过程是无限层级的：其无限展开穿过平面上的每一点，但连续而又不自身相交——由此产生了模糊，一个类似于“面”的形态。希尔伯特曲线表达了一种从整体到局部微观的连续结构，一种由整体至局部的相同结构的复制过程。这个过程呈现在确定边界内起到“填充”作用。曼德勃罗前无古人地分析了这些现象的共同性质——比如自相似性、尺度不变性等——将它们聚为同类并抽象为可用的基本工具，从而大大拓宽了科学理论对“粗糙”的真实世界的应用。

[2]（美）萨林加罗斯著：《城市结构原理》，阳建强等译，中国建筑工业出版社，2011 年版，第 126 页。

总体上看，分形表现出两个特征：一是在所有尺度上都有结构；二是有自身相似性。[2] 分形在不同尺度层级上的自相似性的，也就是将局部形态和整体形态的相似作为一种内在规律，启发人们以一种新的视角认识事物，当然这也包括城市。分形启发人们通过认识部分来认识整体，揭示了介于部分与整体与之间形态的连续性，展现出世界普遍联系和统一的图景。

分形使我们开始了解有生命和无生命的事物如何以复杂

的方式组成连贯的整体。从自然界的分形结构抽象到几何分形，其揭露了物质结构形态的一条“隐藏规则”，在不同尺度上揭示了复杂性层面中的内部空间结构和组织，而这些通过普通几何学的层层分析是无法发现的。

3.1.2 分形城市

人们在视觉上对秩序的需要引导着我们将某些子单元设计成具有彼此共同的相似性。令人惊奇的是，大自然同样也会制造出彼此相似的子单元。

——萨林加罗斯

“分形”使我们能够为城市形态向分形结构的转型建立解释模式，分形城市是利用分形理论来研究解读城市形态的一种方式。分形城市展现出城市形态在发展规律上的理性组织以及和自然形态的同一性。

城市和城市体系是复杂的空间系统，而分形是探索复杂性的有效工具。运用分形思想探索城市形态是当代城市规划理论者常用的一种方式。分形城市对于解释城市的整体结构与自身的复杂性的关联很有帮助。对于研究城市形态学，最为关键的一个问题是：“城市最重要的尺度是什么？”分形城市表明：在城市中并没有一个占主要地位的尺度，因为城市中存在着复杂的层级制度。分形城市是从更抽象的角度讨论城市元素的尺度及多样性问题。这些元素可能包括从房屋立面肌理到居住社区的任何事物。也正是这些城市元素的多样性与连续性，构成了城市的变化与复杂。恰当的尺度及多样性是形成城市活力的重要因素。

在探讨城市的复杂性及活力方面，萨林加罗斯认为：“所有生机勃勃的城市都具有一个共同的必要因素，那就是城市组织不但高度复杂，而且整齐有序。”[1] 所有要素

[1](美)萨林加罗斯著：《城市结构原理》，阳建强等译，中国建筑工业出版社，2011年版，第77页。

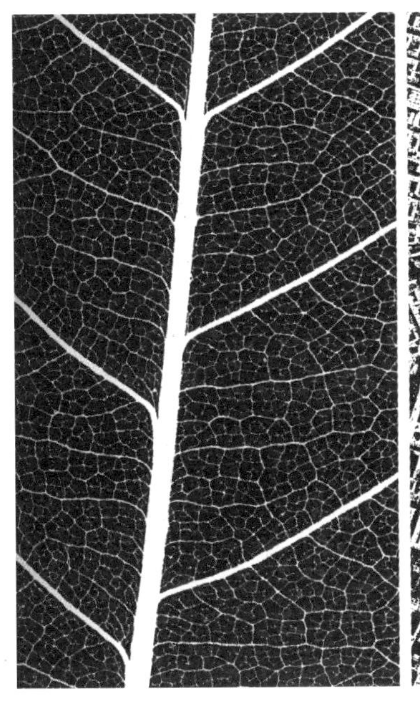

图 3-3 城市的连续性与自相似性
左、中、右图片为：叶子局部；巴黎 VIVIENNE 地区，中间为豪斯曼大街；北京大栅栏地区
（图片引自：左图网络；中图、右图基于 Google 地图）

在几何层面上加以整合，并且形成了连贯性，从而塑造了明确清晰的城市形态学。分形城市从城市形态学的角度，形象地构建了解读城市复杂形态的方式，使我们能够从纷繁的城市结构中提出清晰的结构脉络，对研究城市形态及其承载的城市活力提供了形式上的工具。

分形城市的“肌理”表现出在不同尺度层级上的结构相似性，除此之外，另一个重要特征是，这些不同尺度层级的结构是相互连续的。历史上的古城就像树叶——它们形状复杂，且所有尺度上均相互连接。无论如何放大进行观察，这些结构都呈现出同样的复杂程度和连接程度，我们称其为“尺度不变的结构”。[1] 所以，通常我们会发现，分形城市所展现的城市的多尺度层级的连续性与形态上的自相似，恰恰是传统城市所具备的（图 3-3）。

从更具体的城市“风格”上看，无论是巴洛克风格的都灵或是哥特风情的威尼斯，多重折叠的城市表面复杂多变，这给充满好奇心的行人带来无限的惊喜。具有自相似性的重复性结构按照一定的比例组织原则形成城市的

[1]（法）Serge Salat 著：《城市与形态》，陆阳 张艳译，中国建筑工业出版，2012 年 9 月版，第 25 页。

复杂而又连续完整的形式表达，这具有明晰的分形特征（图 3-4）。相比之下，中世纪时期的罗马、托莱多（Toledo 西班牙古城）所能看见的极不规则的城市结构表面上似乎杂乱无章，事实上，它们在分形分析的基础上展现出包含高度复杂性的历史悠久的分层排列，这些复杂性往往由连绵几个世纪的无休止的回流造成。[1] 所以，不规则并不意味着无序或混乱，分形为我们解析了城市形态的复杂结构的内在的有序关联。

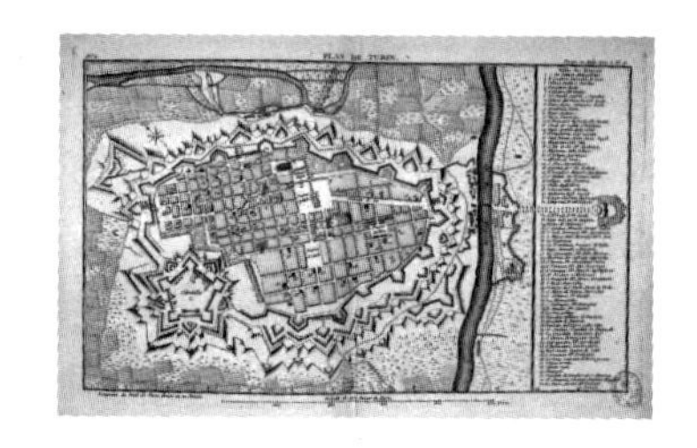

图 3-4　典型巴洛克城市（都灵）规划平面、建筑立面及装饰图样
（图片引自：http://gallica.bnf.fr）

[1]（法）Serge Salat 著：《城市与形态》，陆阳 张艳译，中国建筑工业出版，2012 年 9 月版，第 66 页。

综上所述，分形城市从形态上将城市复杂结构条理化，在研究城市形态美学时，我们通过分形城市能够得出如下结论：首先，分形城市“自下而上”地“生长”（自组织）为城市形态的丰富与变化提供了机制上的可能；其次，分形城市是跨越各个尺度层级的网状连接结构，这个“尺度不变的结构”既提供了城市空间的连接，又提供了城市形态美在视线上的连续性的可能；最后，分形城市以分形形态的“自身相似性”构建城市形象的方式，使城市形象展现出既有细节，又具完整性和特色的城市面貌。

3.1.3 分形梳理

· 分形梳理的概念

分形城市在解析城市形态时，呈现一种由局部到整体的自下而上的生长方式，这和自然界事物的生长或发展的内在规律是一致的，所以分形城市总是具有一种自然美学的烙印。“规划”方式出现以前，古代城市就是以一种结构约束中的自发生长的方式扩展，地域、血缘、族群等因素都会成为城市发展的内在约束与驱动，这些城市往往呈现结构自由、空间紧凑、生长缓慢的特性。但是，随着人类的进步，城市越来越表现出征服自然的一面，尤其当自发的城市形态难以适应社会发展时，其在形态上就表现出从内在结构到外在形式上对“规划”的自上而下的控制的需求，以进一步维持城市的健康运转，和形成整体而理想的城市景观。

面对当代城市的复杂性，单纯依靠自下而上的自发生长，或单纯以自上而下的规划来干预城市发展都是不合时宜的。对于实现可持续的城市活力而言，“高度复杂”和“整齐有序”同等重要。“分形梳理”的概念便是在这一背景下提出。“分形”是一种自下而上的局部至整体的生长模式，而“梳理”则呈现自上而下的整体控制的组织特征。分形的运用，使人们对局部和整体的关系的认识由线性关联过渡到非线性关联的层次，结合“梳理”的自上而下的“整体控制”，揭示了整体与局部之间的多维度、多层级、多视角的全面的整体观。“梳理”立足于整体，强调局部依赖于整体的关系，在过程中综合考虑整体与局部的协调关系。这里的梳理具有规划所涵盖的长远性和全局性的城市计划，也具有在相似肌理特征的城市局部中进行自上而下的形态“整理”的过程。分形梳理试图在原有两种城市形态构建方式（自下而上的自发生长和自上而下的规划）之间探索第三种方式的可能。

如果将分形城市所呈现的城市形态——如前文所述，把它抽象为一片树叶——的“生长”过程逆向来看，其由大尺度向小尺度的“分形”过程同样成立，这更有利于我们从宏观上理解一片树叶的“形状”（希尔伯特曲线从分形的角度说明了这一点）。显然，对于我们观察一般事物来说，我们更希望首先从整体上把握这一形态。所以，在分形梳理的概念中，不再只强调分形城市的由下至上的特征——但这并不会影响分形城市所起到的城市形态的“模型”作用，可以这样理解，分形城市的价值本身不仅在于由小尺度向大尺度生长的过程，更重要的在于其形成的多尺度层级的连续的、匀质的、有自相似性的网状结构。

分形城市的形态结构决定了其功能上的均质、混合，而这也是形成城市活力的重要因素。梳理的过程也需要为城市功能的更易、扩展提供引导。

可以说，“分形梳理”更开放地借用了分形城市的形态模型，分形梳理将分形城市的模型看作自下而上和自上而下的两个方向共同作用的结果，并且这个过程中的叠加、断裂、拼贴，以及时间作用的不确定因素受到重视。

· 分形梳理概念下的城市形态特征

我们的城市现实是：“当我们在分形和城市之间类比的时候，不应走得太远。城市几乎不会从严格的对称性和数学分形的结构中获益。”[1] 所以，当运用分形梳理时，要认识到实际的城市形态的分形远不如想象的那样完整，其常呈现部分叠加、断裂、拼贴的特征，但这些特征又不能够破坏城市的整体性。综上所述，从实际意义上的城市肌理观察，分形梳理的城市形态应该具有如下的特征：

[1]（美）萨林加罗斯著：《城市结构原理》，阳建强等译，中国建筑工业出版社，2011年版，第126页。

首先，必须将城市作为一个整体，并恰当处理整体与局部间的组织关系。分形梳理即强调对城市整体结构的“控制”（通过“规划”手段实现），形成对分形城市形态的整体网路结构在形态发展方面的预判，又鼓励城市局部形态的自发延展，包括建筑的更易、填充，使城市形态在随时间的演进中，局部形态的发展始终与整体城市形态相和谐。

其次，城市形态应该存在尽可能多的尺度层级，并且通过形态的自相似性在这些尺度层级间建立联系。城市内部尺度层级丰富，且大尺度与小尺度兼顾均衡并相互组织。较多的尺度层级能够使城市空间更富于变化，并且满足不同层级的城市功能的需要。“自相似”性使城市形态在“视线”上始终保持连续与完整，这些是城市具有分形结构的重要因素。

图 3-5　树叶形态
由上至下依次为：常态分形结构；可能出现的“叠加”；“断裂”；“拼贴”

第三，允许尺度层级间的非逻辑“叠加”。不同层级（尺度不同）的城市结构承载着不同的城市功能，而不同社会及经济结构下的城市其功能也不同。随着社会的发展这一结构形态始终是在变化中的。多尺度层级的城市结构关系在遵从“递进”的同时，呈现“叠加”关系，并且常常是非逻辑的“叠加”。这种叠加具有不同的尺度特征，只要处理好相互边界，同样能呈现丰富的城市空间效果。

第四，表述的连续性和恰当处呈现“断裂”。树叶状的匀质分形，其局部的丰富性很容易被不断“重复的局部”所抵消。所以，“局部”之间应该有适当的“断裂”，或者某些局部表现出独自的封闭状态。而城市中的自然地域形态，如山脉、河流，或某些历史遗存的保护，也常常使城市的分形产生局部“断裂”的特征。“断裂”在一定程度上划分了城市区域，使不同区域可能呈现不同的分形特征。但仍旧应该避免在分形的连续结构中出现“树”形结构（一般说树形结构不属于分形结构）。

第五点，分形的“形”之间的相似度在不同区域间可以适当的降低，以求得区域之间的变化与总体的丰富。需要强调的是，内部相邻的单元仍然应该求得相互的关联与统一，且低一级的层次形态应该符合高一级的层次形态。这时，区域间就可能呈现“拼贴”的状态。

所以，分形梳理方式理解的分形城市在构建无尺度差别的层级关系时，除了从整体上强调层级间的递进性、连续性以及形似性，还要认识到城市尺度间的“叠加”、区域间“断裂”和“拼贴”的必要性。毕竟，城市永远不会像一片树叶一样呈现近乎完美的形状（图 3-5）。并且，这一从城市局部去认识与组织城市形态的生长机制是建立在始终将城市作为一个整体的基础上的。“梳理”的目的是构建城市的整体性，其最高原则是使城市各尺度层级的生长获得相互的平衡，避免不和谐因素，最终目标是城市的完整。或者说，城市的每一次增长都是加强城市完整，而不应该是破坏这种完整性。与分形城市形态结合，可以这样理解："分形"过程是从局部开始的形态复制及增长过程，但其内在规律是通过自相似与连续结构的生长使城市形态趋于整体；而"梳理"是对这种整体性的预判、控制，以及修补和补充的过程。

3.1.4 分形梳理与城市美化运动

· 奥斯曼巴黎规划中的分形

城市美化运动虽然没有在城市形态构建方面的系统理论，但其通过强调创造城市物质空间的形态美学以达到社会进步的目的，其清晰明确的城市建设目标及在不同地域历行数十载的建设过程的实践积累，使我们仍能够审视辉煌成果背后的城市理念。这些理念以今天的城市形态解读方式看，有其有价值的一面。

对于奥斯曼的巴黎规划与分形城市，萨林加罗斯在他的《城市结构原理中》提到："奥斯曼对巴黎城市规划的干预，是可以用分形尺度来解释的。当中世纪巴黎的发展超过了一定规模，它的狭窄的街道已经不能满足交通需要，增加新的、大尺度的构造就变得十分重要。因此，有必要消除一些城市结构以便引入更长、更宽的街道。"[1]

从总体城市结构看，奥斯曼的巴黎规划给老巴黎城"叠加"了一个更大尺度的交通网络，以使这个城市能满足新资产阶级的空间要求，巴黎表达出一种更加"开放"的空间特征（图 3-6）。并且，奥斯曼注意到了不同尺度层级间城市空间的融合，所以在奥斯曼改造完成后，巴黎呈现一种新的更符合时代特征的分形城市形态。

然而在 20 世纪，奥斯曼这些大尺度的城市干预手段（包括广场和公园等）被人们误解了，并常常受到指责：这

[1]（美）萨林加罗斯著：《城市结构原理》，阳建强等译，中国建筑工业出版社，2011 年版，第 134 页。

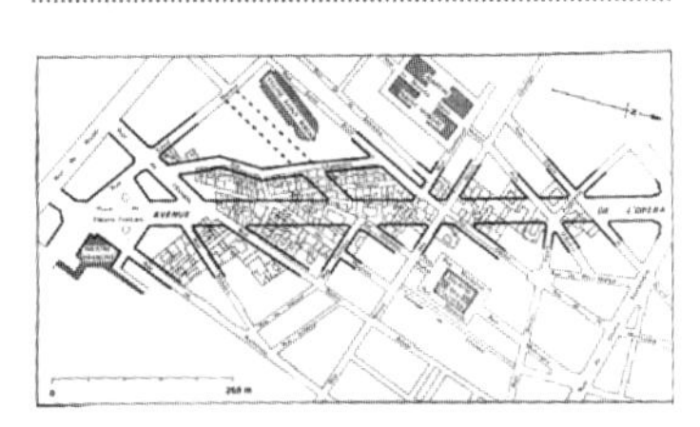

图 3-6　奥斯曼巴黎规划
上、下图片为：G' GPEPA AVENU 大街扩建；"叠加"的老巴黎城市肌理

种做法破坏了原有的城市肌理。实际上，人们只强调了其“破坏”的一面，而忽略了“创造”性的一面。从这种城市尺度“增长”的角度看，任何一个城市在其扩张超过某个界限时，它都将需要一个更大的空间对原有肌理进行“整合”，以求得在新的功能需求下的空间合理性。这种“整合”在某种程度上也是一种对城市结构的“梳理”过程，帮助紊乱的城市结构重新建立秩序。这些做法在奥斯曼规划以及19世纪大型公园取代原有城市结构的例子中都能找到。

· 城市美化运动中的分形梳理

对于分形过程，虽然萨林加罗斯认为：“任何人造或自然物体都是由小的单元互相配合并组合成一个整体。”[1]但是毫无疑问，在城市中大尺度的空间结构更利于“控制”形成城市的整体形态以及城市中心意向。所以，我们必须这样理解，尤其对于现代主义出现后的城市：既需要小尺度不断生成，逐渐进化，最终融入大尺度；同时又需要大尺度对小尺度的生成的规范与引导。对城市形态而言，这两个方面几乎是同时存在的。这是一个双向的尺度层级的演进过程。

[1] 引自：《城市结构原理》，第61页。并且，萨林加罗斯借用希列尔（Hillier 1996年）和他的同事用电脑模拟出的城市网络孕育过程，指出其中一个结论是：城市空间结构是历史上小尺度的要素不断增加变化所形成的产物，而通常这种变化是在事先没有规划的情况下发生。最终产生的图形既不符合几何规律，也不具备功能简约性。城市设计在当地有序的体系中自我形成。

传统城市的演进大多具有单向的特征，即都是由下至上的形态演进方式；而多数现代主义城市也一味地呈现自上而下的规划模式。从城市美化运动的城市平面形态来看，城市美化运动的放射线构成让我们觉得其表现出明显的自上而下的“梳理”过程：先确定放射线或轴线以及节点在城市空间中的位置关系，再沿主街道两边摆放建筑，然后依次处理景观、建筑立面细节或标志物等。由此会产生一个疑问，表面看这种规划方式和现代主义（从柯布西耶的《光辉城市》可以看出）的规划方式具有相像之处。而为什么现代主义城市在之后表现出如此的枯燥与单调，而城市美化运动下的城市在今天依然有魅力。或许存在这样的可能：从历史的城市格局演进来看，从古典城市到城市美化运动时期，再向现代主义转变的过程，基本是一个由“紊乱”（传统秩序在受到工业化冲击之后的紊乱）向“秩序”转变的过程。在这个过程中，城市美化运动刚好处在两者之间，同时具有这两者的特征。这表现在城市美化运动选择了古典美学作为形式表达的模板，其在装饰手法、建筑范式、公园与大道景观等方面都源自古典美学；同时，其大规划层面的直线与几何、抽象的街道空间特征，又具有现代性的一面。这种做法使城市美化运动在小尺度的层面具有了与原有城市肌理对接的前提——新建的建筑比老建筑更宏伟，而且在局部形态上与老建筑实现了“缝合”——最终，古典审美的内在逻辑性使两者能够融合到一起（局部，或者某条轴线上的融合）。从这个角度看，城市美化运动既具有大尺度的由上至下的梳理过程，又具有由下至上的分形特点。

另一方面，从城市美化运动所表现的城市整体网路结构来看，其所呈现的分形特征是由“点”到“线”的过程，即先明确重要的城市节点，再以此为端点进行网路的连接，并最终互相连续形成完整的城市网路。这些“点”和“线”之间不存在严格的层级关系，宽窄、长短不一的道路形成不同的连续方向，这些划分不会形成区域的封闭，而是通过“点”和“线”的连接，区域功能间更加开放匀质，最终形成连续完整的城市空间。

最后，城市美化运动的清晰结构“抵抗”了时间的侵蚀，并且随着时间的演进城市细节更加丰富。从华盛顿、芝加哥等大型城市看，城市美化运动往往历经数十年或上百年，局部规划调整或新建筑不断涌现（并代替旧建筑），分形模式下的形态延续与早期大尺度的梳理“控制”一直存在，使城市形态逐步饱满，形成了今天所看到的丰富盎然而又井然有序的城市景观。

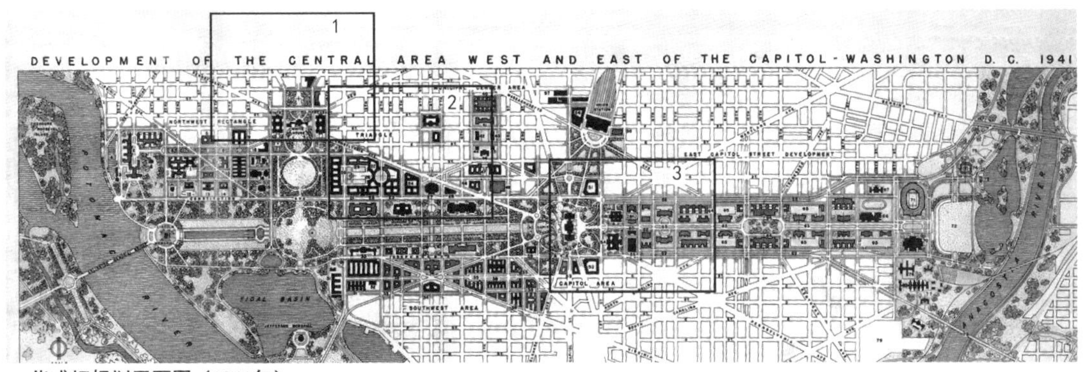

a 华盛顿规划平面图（1941年）

b 今天的城市肌理及城市美化运动的放射、轴线典型形态结构（基于Google 地图）

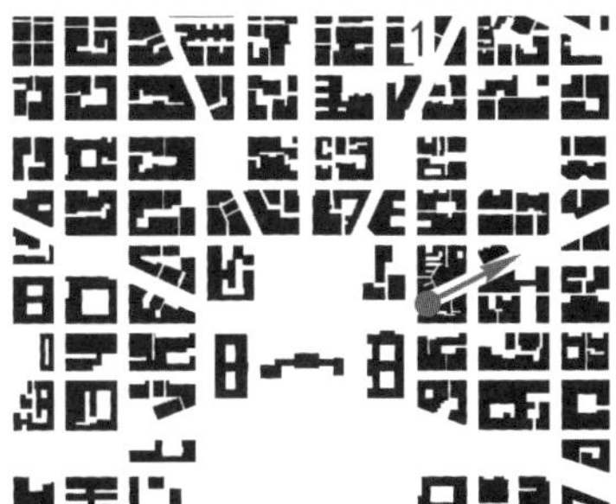

c 呈现分形特征的城市肌理（红色部分为原规划的公共建筑，红色方框内公共建筑虽未实现，但仍保留了原有城市结构）

New York Ave NW, Washington

12th St NW, Washington

East Capitol St NE, Washington

d 主要街区视角（C图桔色箭头标注方位）

图 3-7 华盛顿城市形态分析图
（图片引自：图 b、图 d 基于 Google 地图，参见彩图）

以分形梳理来观察实际的城市案例，一定层面上验证了以上观点，包括上节提出的分形梳理概念下城市形态的四点特征。以华盛顿城市规划分析，其城市形态在城市美化运动形成的基础后，随时间演进愈发地体现出分形梳理对城市形态建构的作用。

此版规划图纸是在城市美化运动时期华盛顿规划（图 2-7）基础上的进一步细化与调整，其在城市形态构建原则上基本延续了城市美化运动的做法（图 3-7 a）。从图面可以看出，此规划在保持原城市中心的轴线、放射线的整体网路基础上，在若干节点增加了新的次轴线与放射线结构，新增加的道路系统及建筑进一步分割、连接、强化了原有城市结构，网路的逐层叠加增强了城市的分形特征。城市美化运动时期的网路结构被进一步强化，城市形态的美学基础得以延续。

从三个局部形态（图 3-7 b）的提取中可看出，各尺度层级的网路结构的“轴线”、“放射”等特征通过自相似的“重复”得到延展，并很好地与“方格网”底图尺度相融合，再延伸至更细密的街巷，形成完整连续的城市分形网路。不同尺度层级的形态“叠加”，与中央绿地公园，东西侧自然地貌的局部“断裂”特征在图纸十分明显。

建筑在形态上的细部处理在城市街区空间的秩序形成中发挥了重要作用（图 3-7 c）。建筑形态即赋予变化，又衬托出城市街区空间的连续关系。并且，其形态尺度的连续性（通过严格的法规控制建筑高度，甚至立面风格）使城市肌理呈现有机、连续、完整的形态特征。并且这些形态关系更多地依赖于“视线”上的连续，而不是城市功能——红色多为政府主导的公共建筑（包括政府各职能办公大楼、博物馆、美术馆、工会组织等），黑色基本为商业建筑、银行、公寓等。这使城市的街道最终能够形成连续而又细节丰富，并充满城市特色的城市公共景观（图 3-7 d）。

分形梳理的形态构建方式为城市形态的演进留有“余

地”。如图 3-7 c 中红色方框区域原规划的公共建筑最终并未实现，但原城市的网路结构得以保留，并缩窄了街道宽度，以和小尺度的建筑体量相协调。最终，这片区域的城市肌理与西侧大型公共建筑的城市肌理呈现“拼贴”的效果，但原有路网的紧密连续与建筑风格上的关联使得这两个区域呈现“缝合”的边缘，在城市景观的“视线”上得到了很好的融合。

综上所述，分形梳理可作为城市美化运动的城市形态解读方式。在特定的历史时期和时代背景下，城市美化运动既具有现代性的一面又具有传统城市的特征，产生了特有的城市形态审美。

进一步以分形梳理来分析对比不同时期城市形态的异同，能够逐步加深对城市美化运动在城市形态上的理解和独特贡献。总体上说，以城市美化运动为原点，“分形梳理”既可以作为城市形态的认知工具又可以作为城市形态的组织工具。最终，分形梳理自身就可能以一种更实用有效的城市设计方式存在，以对未来城市设计产生指导意义。

对研究城市形态而言，要进一步理解分形城市的形态演进，首先需要向古代城市学习。

3.2 古代城市形态美学与分形

3.2.1 古代意大利城市

多数古代城市的形成是自下而上的自主发展模式，这种生长方式下的城市空间有时表现出“几何”的对称形态，有时则呈现“有机”的一面。城市的社会属性决定了外在形态的表达，古代城市也不例外。因此，分形特征的古代城市，其形态的多样性表达是和其内在的宗教因素、政治权利以及文化驱动紧密相关的。

“就自主发展的城市形态而言，城市总体就是一件艺术品。它必须要能保留住世世代代居住其中的人们的想象力。”

—— Serge Salat《城市与形态》

16 ~ 17 世纪欧洲自然科学的发展，孕育了以笛卡尔为代表的唯理论。唯理论强调绝对理性方法在认识世界中的重要作用，认为只有通过逻辑、推理、几何得到知识才是正确的。这些认知方式确立了艺术中最重要的原则：“它们的结构要像数学一样清晰和明确，合乎逻辑。”[1] 这些思想为古典主义文化、艺术和美学的发展提供了深刻的哲学基础。其中追求抽象的对称性、强调轴线和主从关系的协调、寻求几何结构和数学关系以及纯粹比例与构图等内容，逐渐成为古典主义建筑和城市设计中越来越突出的主题。

[1] 刘海燕、吕文明：《凡尔赛中轴艺术及城市影响》，中外建筑，2009 年 2 月，www.cnki.net。

[2] 同上。

“古典主义城市规划主张的唯理主义的完全理性的规划模式不但要求构图简洁、几何性强、轴线明确、主次有序，而且力求彰显壮阔的城市氛围，强调秩序、理性、统一、服从，以体现政权的稳固和强大，因而具有明显的政治含义和象征功能。”[2] 这些原则集中体现在一些 16 世纪的城镇建设中，如古代威尼斯共和国的新城帕尔马·诺瓦（Palma Nuova，属今意大利弗留利—威尼斯—朱利亚大区），这个新城的星形平面图（图 3-8）表现出

图 3-8　帕尔马·诺瓦城

一种极致的古典美学，我们能够从这个几何构图的城市结构中感受到被严肃界定的等级制度和城市功能。如柯布西耶所论断的：帕尔马·诺瓦属于“思维强权支配平民的黄金时刻”。[1] 英国学者莫里斯（Morris）在《城市形态史》一书中也指出：“所谓规划的政治对城镇形态曾有过决定性的影响。”[2]

古代城市中思维强权的政治因素对城市空间形态形成起到的重要影响，一方面使城市空间按照统一步骤进行建设，从而能够形成统一和规整的城市形象，保证城市的有序发展和在城市美学上的形式继承；另一方面，这一过程又产生负面影响，政治性的强制干预，使得城市景观单调而缺乏有机结构。不过总体上看，古代城市的地域主义和文化发展对城市形态起到自我“调节”的作用，即通常只在城市“中心”表现出几何性与权利象征的空间形态，而围绕中心则呈现更加有机的自由的空间结构。由此可见，古代城市自诞生、发展以来，就表现出明确而严密的自身文化与地域逻辑性，这也是古代城市呈现有序而复杂的形态的内在因素。以意大利罗马为例，古罗马城市在这一层面展现出古代城市典型的复杂性。

17～18世纪罗马的城市建设把唯理主义的城市理想推向高潮。维特鲁维的《建筑十书》则将这种唯理主义支配下的城市进行了从艺术到技术层面的详尽描述，记录了古罗马城市及建筑的建设成就。[3] 但与帕尔马·诺瓦有所不同的是，古罗马在遵从唯理主义强调的秩序、理性、统一的同时，将个人主义和主张快乐（情欲、欲望）、功利和非理性主义纳入其中，从斯多葛派[4] 到宗教唯心主义推崇人是万物的尺度，主张真理就是主观感觉，这些思想造就了古罗马理性、秩序的同时又充满了变化和魅力的城市。从乔凡尼·巴蒂斯塔·诺利绘制的《罗马总体规划》（1748年，图3-9），以及同时期的若干铜板印制的图纸，可以发现彼时的罗马城市肌理复杂而丰富。有沿教堂展开的放射状轴线，且各轴线相互连接或交错，形成次一级的节点；局部城市肌理的建筑组织方面，建

[1]（美）科尔森著：《大规划——城市设计的魅惑和荒诞》，游宏滔、饶传坤、王士兰译，中国建筑工业出版社，2006年2月版，第6页。

[2] 陈天：《城市设计的整合性思维》，天津大学建筑学院博士论文，2007年5月。

[3]《建筑十书》的内容涉及城市规划、建筑设计原理、构图原则、建筑形制、建筑材料及市政设施等多方面的内容，十分系统和全面。

[4] 斯多葛学派是希腊化时代一个影响极大的思想派别。学派创始人芝诺（Zeno）被认为是自然法理论的真正奠基者。

图3-9 巴蒂斯塔绘制的《罗马总体规划》局部

筑自身保持着完整对称性的古典美学，同时相互之间又构成近乎偶然的轴线交错，复杂而又有序；街道与建筑之间同样表现出丰富多变的细节，这种细节一直延续到建筑的立面与内部。

乔凡尼·巴蒂斯塔诺利的大量图纸不仅描绘了罗马的街道、广场和公共城市空间，还包括对建筑立面和室内的绘制，展现了一座伟大的都市在其显耀时期的生动画面。

当时的古罗马城市很好地反映了城市的分形特征，不同地点街区与不同功能区块间表现出明显不同的分形特征。从城市的尺度上，能够清晰地看到城市的主体结构；而从街区尺度上，又存在自然生长的内部机制。街区空间与建筑相互映衬，似乎每一个建筑立面都与它的周边发生着联系，城市表面看似凌乱的背后流露出一种整体的、内在的有机秩序。在形式美学方面，传递出构图简洁、轴线明确、主次有序，追求完整而统一效果的城市理想。

3.2.2 古代中国城市

在地球表面上，人类最伟大的单项工程可能就是北京城了。这个中国城市是作为封建帝王的住所而设计的，企图表示这里乃是宇宙的中心。整个城市深深沉浸在礼仪规范和宗教仪式之中……它的（平面）设计是如此之杰出，这就为今天的城市（建设）提供了丰富的思想宝库。[1]

——埃德蒙·培根

[1] 美国城市规划学者埃德蒙•培根在《城市设计》一书中对北京发出这样的礼赞。

中国古代城市在形态美学上的观念传承已久，并且至今影响着城市的建设。“美”从根源上与城市形态的演进不可分割。

中国的传统古典美学倾向于用抽象的“意象”或“意境”作为基本的审美范畴，而从不把清晰地表述某种物质形

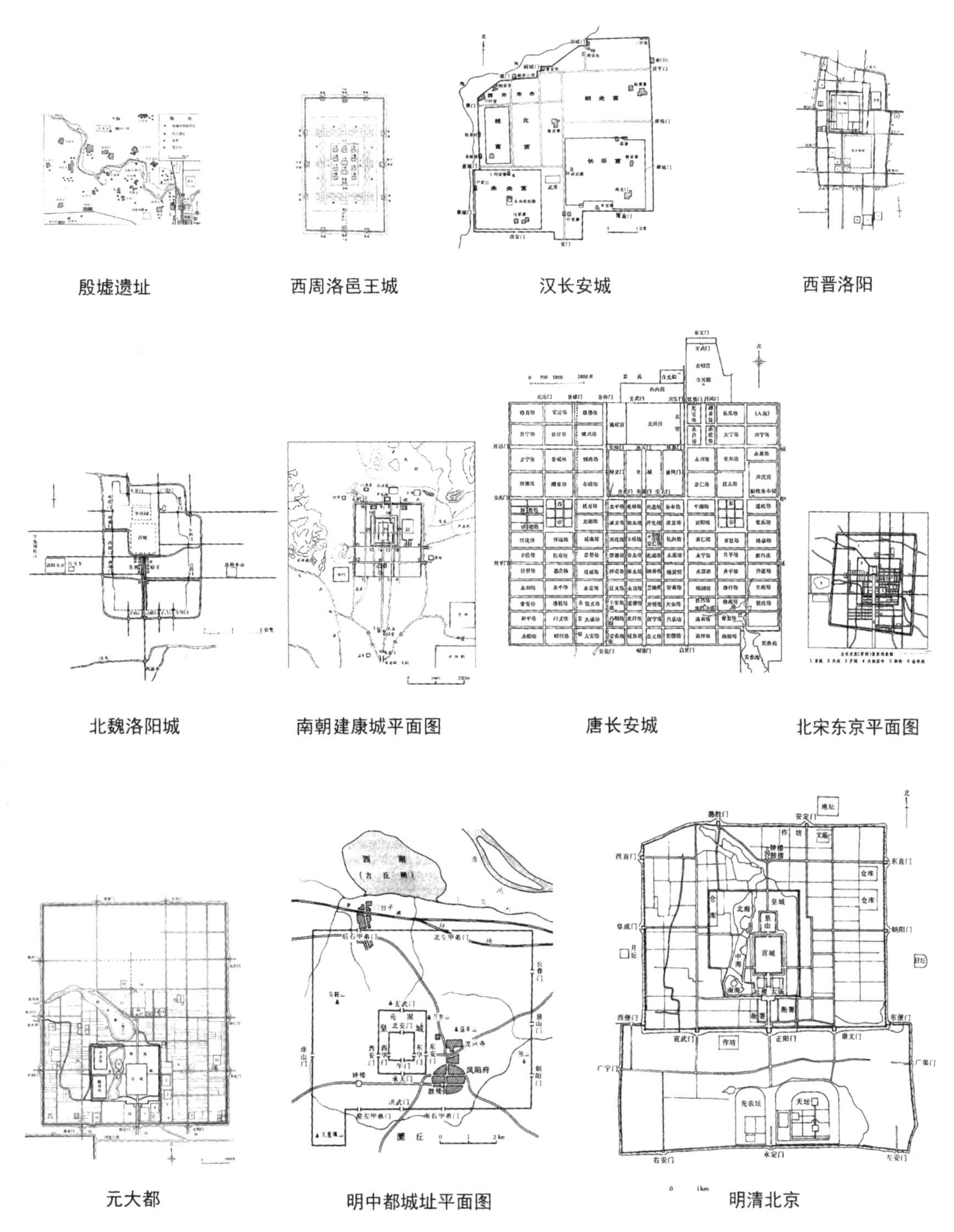

图 3-10　西周至清末的历代城市格局，比例相同

象作为美的形式表述。从城市角度，中国古代城市建设思想中也很难找到直接描述城市美学的文字。但这并不是说中国古代城市在结构上是模糊的，恰恰相反，中国

古代城市的建设在结构上完整清晰地达到一种极致的近乎完美的程度。这种结构表现在从平面到空间逻辑的多层面的容纳。从中国古代城市规划的特点看，追求轴线与对称是最为显著的一个特点，无论从城市还是从建筑角度去看，中国传统城市都清晰地表现出这一特征。

在我国古代城市规划理论中最具影响的著作《周礼·考工记》中，就已提出关于我国城市的基本规划思想和城市格局。书中言："匠人营国，方九里，旁三门。国中九经九纬，经涂九轨，左祖右社，面朝后市，市朝一夫。"等一系列理论。这些理论集中地反映出在"城"这样一个中心对称的抽象符号图形中，其内在的结构主从，网路关联和功能分配的关系。作为古代城市的一个重要特征，这种方格网街道系统往往纵横交错，区划整齐。同时，这一网格系统不仅组织了交通关系，而且按方位安排了功能区块。这个几何化的、简单而暗含丰富的城市模型表达出最直接的语义——轴线作为一种统治象征的力量穿越城市中心，对称则进一步强化了周边的空间属性。其城市结构划分与功能区分代表着明确的社会关系和秩序，而社会关系又反作用于城市的空间建构，这是城市结构形成和外在表现的内在规律。

自《考工记》记载的西周洛邑王城，中国古代城市以宫殿为中心的轴线格局就大体形成了。这种城市布局的巨大精神象征性一直影响着中国古代城市的建设。我国较多大城市，特别是政治性城市都是按照这种理论布局修建的。从西周至清末的历代城市格局看，这种封闭的网格式的城市格局犹如一种精神"符号"延续了数千年的时间（图 3-10）。而中国古代城市美学则紧紧围绕这个"符号"展开，并作为一种文化传承延续至今。

相比《周礼·考工记》一书中阐述的城市轴线或对称、网格等符号特征所表现出的理性，中国传统的城市规划理论中也有感性和讲求实际与功能性的一面，这些思想集中反映在《管子》一书和后世的一些有关城市风水的理

[1] 引自:《中国城市规划》,百度文库,《互联网文档资源》,(2012年)http://www.wenku.baidu.com。

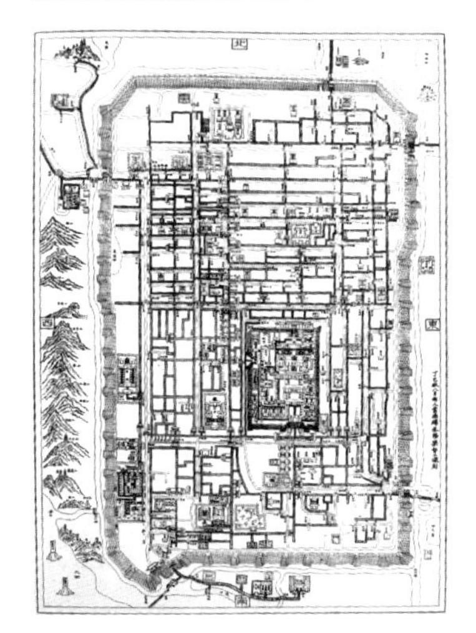

图 3-11 平江古城图

图 3-12 江西豸峰村

论中。《管子》在城市规划的很多方面对《考工记》进行了否定:主张从实际出发,尊重地缘环境。要“因天才,就地利”,不重形式,不为宗法与礼制所约束。所以,“城廓不必中规矩,道路不必中准绳。”[1]最终,这两种截然不同的城市美学理念都作用于中国古代城市的发展,并使古代城市呈现秩序中的复杂与多变的城市形态。

例如看平江古城图,其平面关系虽然大致遵循传统城市的基本格局,但细部变化上却灵活多变。如图3-11所示,宋朝时平江虽有外城和子城两层城墙,但却未完全相互对应于同一轴线(而仅有在南门以内沿府衙能够找到一条不长的轴线);各城门也不相对应;内部的网格街区也无穿城的直街,街道的变化上也十分丰富(这和里坊制度的废除也有着直接的关系)。从图面看,街道均取南北或东西正方向,呈丁字或十字相交。北半部为居住区,采取街南北向与巷东西向的布置。街巷多与河并行,组成水陆交通网。街之河多居中,路在两旁;巷之河在南,路在河北,故住宅多面街背河,城墙也随河道走向而自然弯曲。这种既与自然环境结合又十分注重功能的布局形式形成了独特的城市格局。而江西豸峰村作为一种严格而又不确定的规划,风水则涉及了城市整体规划、城市各部分之间的关系以及城市的空间布局等。这个村落的规划图中所有的山、水、墓地和重要建筑的名称均有吉祥如意之意(图3-12)。

由此可见,《管子》和“风水”理论在一些非政治或小型城市的规划中更容易发挥作用。当然,总体上看,《考工记》和《管子》这两种规划思想并不是截然分开的,从平江图中也能够看出这两种规划思想的复杂交织。这种交织,就好比在儒家思想基础上,又体现了“人法地,地法天,天法道,道法自然”的道家思想,这两种思想的交织也启发了我们今天对待都市营造的理念思考,同样要注重理性秩序和自然美学的融合兼备。

从城市美学的角度看，中心、轴线、对称等理性美学价值观在彰显核心和永恒的美学价值理念时，是有限的。理性美学是作为“人造物”的城市形态规律，也是自然的秩序表达，而此时城市也成了自然的一部分。

3.2.3 形态的对比

从分形形态学上看，中国古代城市在由城市到建筑及更微观尺度层面上与 17 世纪的罗马城市结构相比，具有一定的相似性。这些相似性都表达出传统城市在整体性和局部的丰富、变化方面如何取得平衡的高超智慧。

中国古代城市经过数千年的发展，至清代（17 世纪）形成一个十分完备的体系。这一时期“样式雷”家族绘制了大量图纸和“烫样”，对北京皇家建筑与城市进行了规划和建设。这些系统性的“描绘”形成了中国传统皇家宫殿和官式建筑的模型与范本，是今天研究中国古代城市模型的重要依据。除了皇家都城，为了更具广泛性，同时联系对比一些非政治性城市的城市格局，如前文提到的平江图等（此部分可参照上节），由此，可大致得出中国古代城市“模型”的一些基本美学特征。在城市总图上，这些平面都表现出沿纵向轴线布局和以正交网格为底图的结构特征。中国传统文化形成的对称、中心式、方格形的形式特征，出现在从城市，到街区，再到院落的所有尺度层级。当然，到建筑与室内尺度层面，古典元素的比例就呈现得更加亲切，更加贴近人自身的尺度。区域片段在城市边缘或自然地理的影响下，也会随自然的地理环境呈现一定的扭曲趋势（图 3-13）。总体来看，中国古代城市的这些特征和古罗马城市相比，有几个方面的相似性：

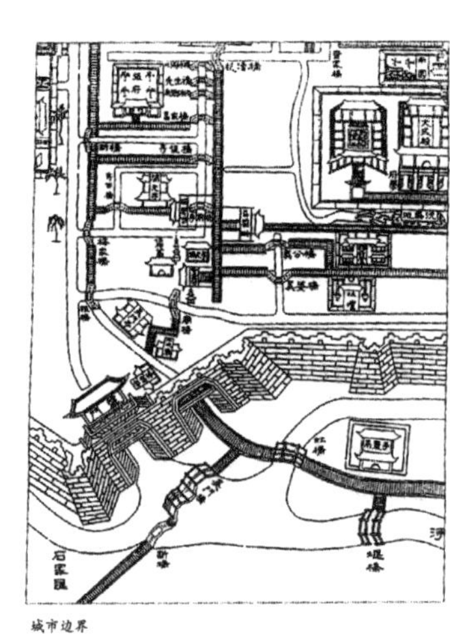

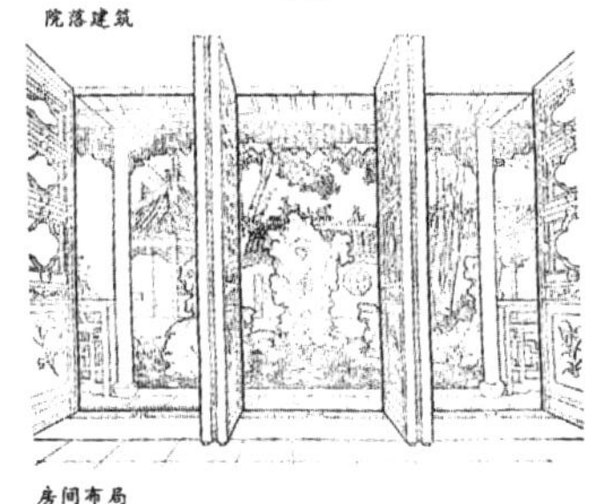

图 3-13　平江图局部—院落—室内

一方面看：在城市的整体性上，中国古代城市的“方”和轴线的符号性包括了从形式到地理、天文以及哲学层面的信息。这些信息在物质空间和城市精神层面转化成

[1] 引自：《故宫皇家设计师家族—样式雷》，http://www.qjtrip.com。

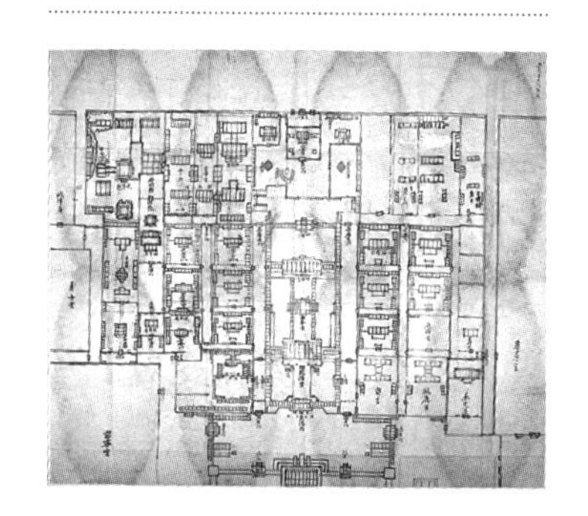

图 3-14 乾清宫大内全图

图 3-15 17 世纪罗马城市图景

为一种民族文化传承的符号。这是中国传统城市美学的最根本特征。无论是政治城市还是非政治性城市，城市的整体结构都表现为一种由中心向四周正交生长的清晰脉络结构（图 3-14）。从样式雷的图纸上不难阅读，建筑的模数化与"形制"增强了这个脉络的清晰性，一条纵向的轴线贯穿其中。而在古罗马城市景象中，最强有力的轴线同样存在（图 3-15）。画面中央 Sacra 大街如此笔直宽阔，市政中心与斗兽场布置在轴线的一端与中心。同时，一条横向的轴线与之相交，连接了两端的城市节点。周边相对自由的城市片段由此展开。

另一方面：从城市的局部结构上，两种城市模型都表现出独特的丰富性。"雷发达在进行清宫设计时，不墨守成规，即在中线上的建筑物保持严格对称，又对主轴两侧轴线上的各建筑物采用大致对称，而显灵活变动的新格局。"[1] 平江图中，变化而有序的街道系统更是显现出一种复杂有序的结构美学。北部的住宅区域和南部多寺庙、集市的公共建筑的布局结构既不同又有机相连。相比，古罗马城市图同样让人惊讶，道路网络线条清晰，直线与曲线相互交织，城市空间表现得极具活力。沿街道建筑密集排列且风格多样，是典型的巴洛克城市的理想模型。特别要注意的是，建筑的排列关系、尺度对于形成两个各具特色的城市模型都至关重要。从建筑的尺度关系看，两者都表现出多层次的连续，相邻的建筑之间很容易在视觉上感受到尺度的关联性，这也使得东西方古代城市在鸟瞰的肌理上具有尺度关系上的相似。

在这几幅图中，建筑和街道以正负形的关系始终紧密的结合。稍显不同的是中国传统街道是由建筑定位后的附属空间，而古罗马城市的街道如此清晰连续，使得街道空间的"重要性"超过了建筑。

这种结构复杂而又层次清晰的城市模型使得古代城市表达出一种具有极具向心性的城市魅力。它们都展示出一种结构完整、功能多样，丰富且多样化的城市风格。今天这些城市作为一种遗迹，以“一件艺术品”的形态向我们展示了古代城市建设的精妙智慧。

3.2.4 古代城市的分形

历史上的古城犹如一片“树叶”，在形态上表现出明显的分形特征——它们层级丰富，形状复杂，且在所有尺度上均相互连接。这种“尺度不变的结构”，无论我们如何放大进行观察，其都呈现同样的复杂程度和形态相似性。透过这些特征我们具体地观察历史古城的空间结构形态关系，会发现：古城的空间结构，总是会随着时间的流逝形成了一种层级式、多重连接的结构。这种结构把城市空间的历史肌理有机编织在一起。“结构中有狭小的街道，这些街道与宽一些的街道连接，后者再与更宽阔的大道相连。这种层级结构产生于如城市一般极不均衡的开放系统，为应对穿梭其间的各种流的运动而自然发展形成。”[1] 除了街道表现出的空间结构的开放关系，我们向更“微观”的建筑的尺度观察，类似分形的结构会延续到限制城市空间的立面要素，转而进入室内空间，柱廊、门洞、窗口，檐口和墙面的装饰等，所有这些要素都围绕一个基本形态在“生长”，最终形成古典城市美学的复杂而有序的形态。

无论观察中国古代城市、古罗马城市，还是古伊斯兰城市、巴洛克风格城市等，它们都呈现相似的美学规律，即对称、平衡、比例、完整、协调等——几乎所有的古代城市都是以此作为城市形态的基本构建原理。这些努力的最高目标是“和谐”。“一种针对构建的共同语言形态，是一种可以将部分统一起来的强大工具。整合起来的各个部分相互呼应……在城市中，当城市场所获得了与各个要素之间的对应性时，当人们感到这些不同部分之间在进行对话、在交流应答时，便产生了和谐。就是产生和谐之后，我们被吸引到这个地方。”[2] 和谐理

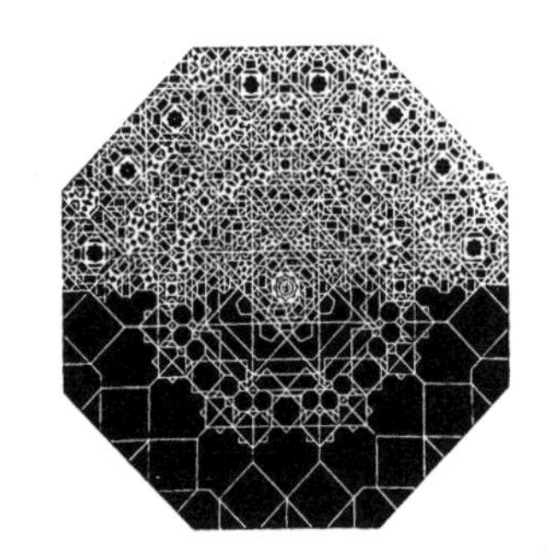

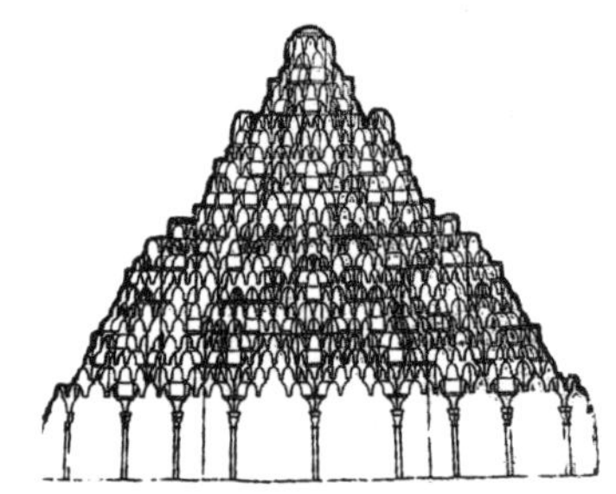

图 3-16　阿尔汉布拉宫
上、下图片为：阿尔汉布拉宫，伊斯兰建筑的三维分形叠加其布局展示出一种类似数学分形式的精确结构；阿尔汉布拉宫内部

[1](法) Serge Salat 著：《城市与形态》，中国建筑工业出版，2012 年 9 月版，第 26 页。

[2]Henri Gaudin，转引自：《城市与形态》，中国建筑工业出版，2012 年 9 月版，第 346 页。

念成为古代城市设计美学思想范畴的主要内容。从古希腊、古罗马时代开始，和谐理念得到发展，整体性、统一性和对自然的尊重构成了古代人的城市美学观念。

古代城市的分形结构大多数是由建筑尺度为基本“单元体”开始的（图 3-16，阿尔汉布拉宫表现出的分形特征），逐步地形成街道，再蔓延交织成城市网络。这基本是一个随着时间演进不断进行的自我复制和调整过程，最终逐渐形成城市形态空间的整体。其自局部至整体的形成过程决定了古代城市分形特征十分明显，并且其城市形态空间肌理中也表现出明晰的“自相似性”。“城市空间形态中的单元体的形成是在一定的社会、经济、自然、文化、习俗等多种因素相互叠加、长期作用下而形成的，相似的社会、经济、自然、文化、习俗等，使得城市功能、空间布局、形态特征等都具有了基本一致的要求，反映在街道构成、建筑形态、城市空间，甚至细节装饰等都表现出趋同化的现象，从而使城市形态表现出明显的自相似性。”[1]

古代城市的分形特征使其在历史和时间的进程中呈现很好的延续性：有时被削弱，有时被增强或被附加新的肌理出现，但几乎难以被“清除”。如图 3-17 所示，是一个规划工整的罗马时期城市分解为伊斯兰教城市的过程。由上至下：坚实的罗马城市框架，由宏大的公共广场和露天剧场而得到巩固；在伊斯兰教统治下，新伊斯兰人口占用这些公共古迹作私人用途，居民在原来的开阔地上建造住宅，街道间的通路开始跳出正交的道路格局；经过不断的侵蚀，城市只保留了极少的公共空间，弯曲狭窄的巷道均匀密布，并且也出现了一些死胡同，连续性的局部断裂使得城市的分形特征在尺度上更加细碎，但并没有消失——始终能够隐约看到原始布局，并且分解的过程也增加了一定的新的连接方式。当然，在这个分形形态的转换过程中，无规划自发扩张的很多缺点也被暴露出来。

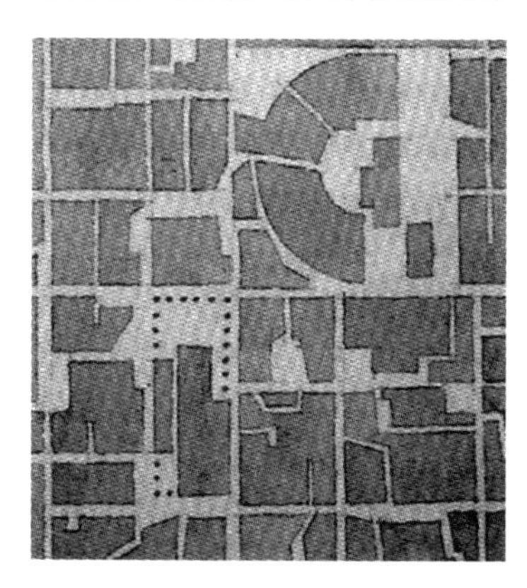

图 3-17　罗马城市构架逐渐改造成伊斯兰城市

[1] 陈天：《城市设计的整合性思维》，天津大学建筑学院，博士论文，2007 年 5 月。

中国古代城市里坊制度的瓦解过程同样呈现一种分形过程。里坊制的方格网框架在街区划分与管理制度上，原本是十分严苛的。中国从战国到北宋初年一直实行严格的里坊制度，这一制度本身是不利于商业与城市发展的，直到宋以后，里坊制度才逐渐走向崩溃。街区的连通与均质突破了纯粹功能性的区域划分模式，给方形网格的城市增添了活力，带来了新的可能。里坊制度的瓦解首先使“墙”在“坊”的空间尺度层级被打开，城市空间中“街”的连续界面更加完整，形成了新的公共空间，为城市空间增加了新的层级，城市的分形特征更加明显（图 3-18）。

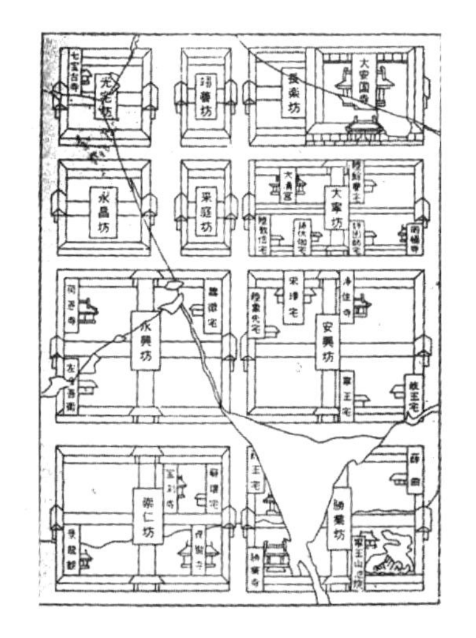

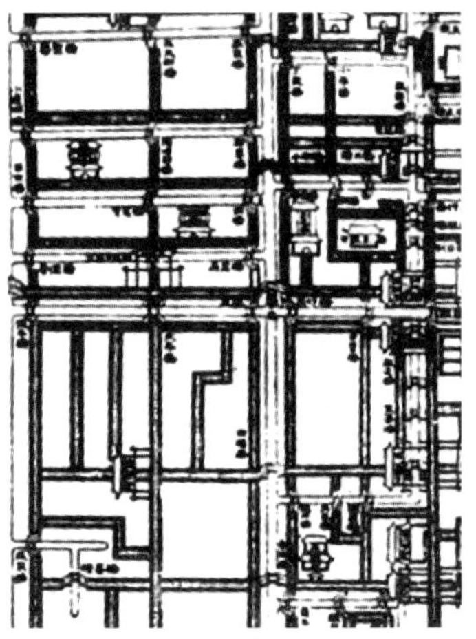

图 3-18　里坊制度的瓦解
上、下图片为：唐长安里坊制时期街区关系；南宋平江城局部街区，此时里坊制已近瓦解

3.3 现代主义城市与分形梳理

3.3.1 从奥斯曼到霍华德

“秩序”即是理性美学的基础，也是自然界事物发展的普遍规律。分形城市本身具有把城市发展看作生物体有机生长的过程，“分形梳理”则更强调城市发展过程的理性和秩序的一面，理性和秩序使城市发展趋于整合性，显现特有的结构和整体魅力。从城市形态美学看，现代主义早期的城市实践与研究，始终渗透着这些思想。例如从奥斯曼到霍华德，这些理论家和城市实践者也始终不断探索着建造理想城市的方式。

奥斯曼的巴洛克式的城市规划模式“为巴黎勾勒了放射线的城市结构，打造了巴黎的城市外观，取代了中世纪的城市面貌，成就了今天如梦如幻的巴黎”。奥斯曼的都市空间概念无疑相当大胆和新颖。他并不是要兴建“与各地毫无关联也毫无纽带的大道通衢”，相反，他希望能有一个“通盘的计划，能够周详而恰当地调和各地多样的环境。”[1] 显然，奥斯曼将城市空间结构坚定地视为一个整体，从不同的层级尺度，新建的和旧的街道，各个不同功能区域之间都应互相支持以形成可运作的整体。为了这种整体性，奥斯曼可以牺牲一些局部的不协调：

建筑在此时让位于城市。例如，他坚持必须重新设计新商业法院——法院圆顶被移到建筑物侧边，从塞瓦斯托波尔大道看去，刚好与法院附设监狱的塔楼构成对称（图 3-19）——为了巴黎整体的对称而牺牲了建筑的对称。[2] 奥斯曼的城市整体观念始终坚定有力，其自上而下的控制和自下而上的调整所展现的整体性，使城市空间具有“景观城市”的价值。他的规划改变了古典城市的外貌及社会景观，也给巴黎带来了新的现代主义文化。

另一个西方近代更加全面、系统的构建理想城市形态的是霍华德和他的《明日之田园城市》。霍华德总结了公共卫生运动、环境保护运动和城市美化运动三大运动的

[1]（美）大卫·哈维著：《巴黎城记》，黄煜文译，广西师范大学出版社，2010 年 1 月，第 120 页。

[2] 同上，第 115 页。

图 3-19 奥斯曼对商业法院的修改（图片引自：《巴黎城记》P115）

经验教训后，提出田园城市的构想——从空间模式、社会目标和管理组织三个层面构建了理想的明日之城市的面貌及生活在城市中的人之间的社会结构。其中包含了空间层面的规划以及其社会城市的构想。霍华德在《明日的田园城市》中对“社会城市”的构想旨在构建一种兼顾城市与乡村优点的“城镇群”——一个分散链接的区域综合体。更重要的是，基于对城市协调和城市统一结构的认知，在田园城市中，霍华德强调了城市发展的决定权必须由代表公众利益的权威机构控制，并以此形成对城市空间整体和秩序控制的社会基础。对此，芒福德在《城市发展史》中认为，田园城市的伟大归结起来就是与经典城市自由主义的对立：

只有当权威机构拥有组合、划分土地的权利，并据此规划城市、控制建设时序、提供必要的服务时，城市发展才能获得最好的效果。然而，现实中城市发展机构很快被私人投资商掌握，包括投机者和自住所有者都介入了私人建筑业，而无论私人房地产业、私人商业主多么深谋远虑和具有公众意识，在其处理个体建筑物、商业网点、个人住房方面都不可能营造出一个和谐的有意义的整体城市。只有当私人业主毫无规则地极限建造造成巨大的混乱，并发展成为严重的社会问题后，城市管理者才意识到他们原本有责任为所有居民都创造良好的生活条件。[1]

芒福德对田园城市的赞赏似乎可以侧面印证奥斯曼强权政治对规划的有效作用，但事实恰恰相反，在芒福德看来，“奥斯曼集权式的从上治下的强权式的规划是形而上和不切实际的”，“巴洛克规划用行政命令手段来取得外表上的美观，实在是非常的华而不实。”[2]但另一方面，芒福德针对这些特定的总体规划者的责难并没有从根本上否定整体规划的实际重大意义。实际上，他在另一些书中更为热情地赞美了目的明确、结构清晰的社区规划，并将其和历史上著名的政权加以类比（比如希腊城邦、中世纪社会、新英格兰殖民地等），而这些政权都热衷于总体规划并且实施对个人自由的种种限制。

[1]（美）刘易斯·芒福德著：《城市发展史》，中国建筑工业出版社，2005年9月版，第521页。

[2] 同上，第418页。

芒福德不得不承认，“巴洛克美学的大胆冒险，它完全无视历史上遗留下来的现实情况，有时却能解决问题。”他称赞莱舍比（W.R.Lethaby）面对散乱的伦敦市中心区，提出的黄金色弓形规划——“弯曲的泰晤士河组成这个弓的弧形，弓的一端是圣保罗教堂，另一端是威斯敏斯特教堂，弓上的箭是一条新开辟的大道，这条大道飞跃滑铁卢大桥，直插伦敦的心脏，指向不列颠博物馆”。芒福德赞扬了这个大胆的切断原本城市混乱的方法，认为莱舍比“应用这个方法创造性地从城市混乱中切开去，几乎像外科大夫从溃烂化脓的伤口中切去死亡的组织。”[1]

[1]（美）刘易斯·芒福德著：《城市发展史》，中国建筑工业出版社，2005年9月版，第419页。

没有人希望看到支离破碎、混乱无序的街区，也没有一种方式能够让理想的城市形态一蹴而就或者完全自发式的形成。奥斯曼和霍华德的城市规划模式在追求城市结构的完整性与内部功能相互间和谐的同时，自身目标是趋于塑造城市的完整和连续。并且这种目标同样激励着之后的很多对城市形态持整体观念的规划师，它甚至影响到整个现代主义城市规划——从伯纳姆的芝加哥规划和朗方的华盛顿规划开始。无论后人对这种规划思想持怎样的批判态度，它都让我们看到，强调理性和秩序整体的规划模式是避免城市混乱与格局失控的基本先决因素，它既是一剂治病药，也是一剂预防药。“美”的城市空间一定是清晰有序的，视线连贯的，理性和秩序是城市形态美学的基本内在。

3.3.2 现代主义城市与分形

“正方形对于我们就如同十字形对于早期的基督徒一样重要。”

——特奥·范·杜伊斯堡（荷兰风格派运动和包豪斯成员）

20 世纪初，在欧洲和美国的文化与艺术现象中，现代主义者开始表现出强烈的摆脱历史羁绊的欲望，“反传统”已经成为一种重要的驱动力。在这个过程中，现代主义城市经历了其价值观的转变，即从传统的文脉延续与有机生长转变到一种完全抽象的形态理解。

随之，人们开始普遍地相信社会的进步有赖于推理和科学。基于“纯粹”的推理为首要原则的“科学”方法，按照新的逻辑重新构筑事物，能够帮助人们让这个世界变得更加美好。[1] 于是摒弃传统，建立新秩序成为现代主义的核心内容。这种重构事物的现代主义倾向同样呈现在建筑与城市领域内，对建筑风格和城市美学都产生重要影响。这主要表现在两个方面：第一，在建筑层面，现代主义除了保留基本的结构构件外，去除了所有的装饰。当然，这些装饰所包含的文化性、民族性及地域性的特征与信息被一并去除了，而这些特征与信息恰恰是古典文化的核心内容。第二，在城市层面，现代主义者希望创造一种秩序井然的城市形式，这种形式可以看作是现代主义建筑简朴的形式美的构图延伸。同样的，这种城市规划是一种“机械主义的综合”，是一种新建或重建城市部分的欲望冲动，一种完全自上而下的功能分离式“规划”。

具体来说，在现代主义建筑与城市建造原则的确立上，柯布西耶将综合规划推向极致。他认为：在机械时代的背景下，只有通过彻底地拆除老城区，建立符合机械时代背景的新城区，才能从根本上解决老城区的疾病、交通、卫生等问题。在《光辉城市》里，柯布西耶阐释了一种理想形态城市模型的基本规则 。[2] 这种看似从乌托邦式的框架中脱身而出的城市形态，从系统整体到每一个环节都被柯布西耶深入细致地加以分析研究，让人觉得一切都是“合乎逻辑的和完美的”。如他本人所说：“对于我来说，这是拥抱生活的唯一方式。”[3] 光辉城市在理论上对城市空间进行了一次前所未有的“规范”与“简化”，它试图实现一个长久的目标：通过规划达到建筑师对城市的完全控制（图 3-20）。

[1] 这种反传统主义倾向也是根源于18世纪欧洲的启蒙运动，并以美国革命和法国革命赋予其政治上的表现形式。引自：（英）泰勒著，《1945年后西方城市规划理论的流变》，李白玉，陈贞译，中国建筑工业出版社，2006年6版，第72页。

[2] 柯布西耶提到可构建现代城市的一些基本要素，比如，严格地按照功能分区来组织城市结构；将居住单元集中在有限的超高层建筑里，以留出更多的空地作为休闲公园提供给市民；汽车被限定在架起的高速公路上，地面空间留给行人；新的公共外部空间使得传统的街道与庭院消失；阳光和新鲜的空气进入城市，保证了市民能够健康的生活。

[3]（法）勒·柯布西耶著：《光辉城市》，金秋野，王又佳译，中国建筑工业出版社，2011年版，第152页。

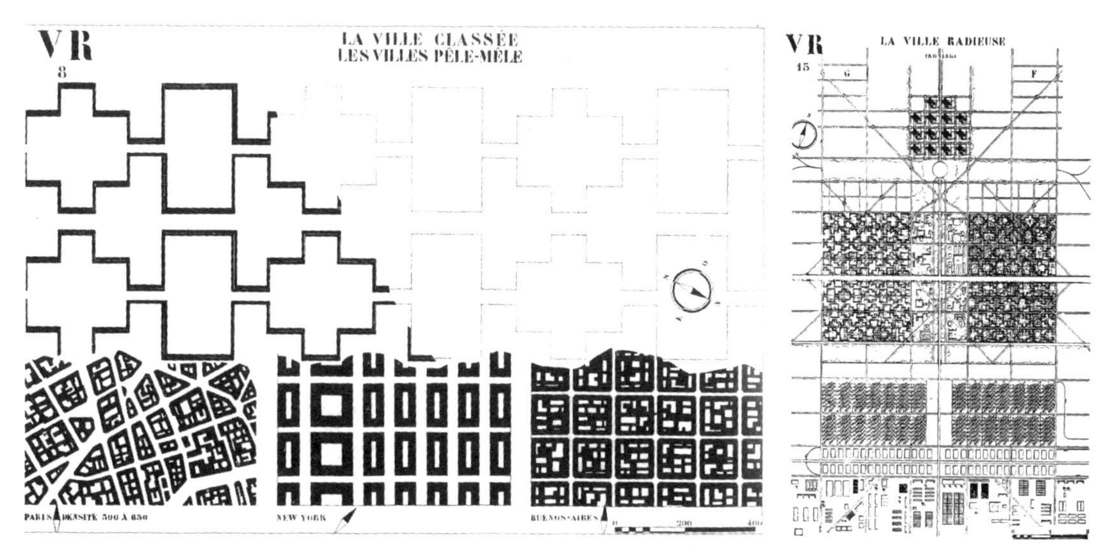

图 3-20 光辉城市

左、右图片为：这张图直接说明了光辉城市通过引入 1000 人 / 公顷的人口密度，对城市肌理造成的巨大改变。此图中，巴黎、纽约、布宜诺斯艾利斯和光辉城市的底图都采用相同的比例；光辉城市分区示意图——纯粹的分区功能主义（图片引自：右图《光辉城市》）

表面上看，柯布西耶主张“大规划”的、抽象的、“构图式”的城市规划方式，似乎与奥斯曼有着内在的诸多相似之处。他认为，拿破仑时期奥斯曼大刀阔斧在巴黎奄奄一息的穷街陋巷之间开辟出笔直的街区。这是“巴黎人胆大心细的证据。”[1] 他认为“巴黎是一座笛卡尔式的城市，它拒绝一切暧昧不明之处，巴黎即纯粹。”[2] 可见，对于奥斯曼以及伯纳姆的“不做小规划”的思想，柯布西耶是十分赞许的。

但事实却并不像表面那样。柯布西耶在他 1925 年的瓦赞方案 [3] 中，设想了巴黎城市中心的清除，将新的城市肌理抽象地插入城市中，这些做法看似和奥斯曼的巴黎改造有着些许的相似之处，但实际却相差甚远。奥斯曼的“放射轴线”虽然打破了原有的城市结构，但仍然保留了原有大部分的城市肌理，并且他使得两者实现空间边界上的“缝合”；瓦赞方案则是在巴黎原有城市上的完全“清除”，全然不顾原有城市肌理与文脉的延续。对此，菲利普·巴内翰曾批评：“这一切都是不参照城市肌理的组织，也不尊重现有的场地。”并且，“从此以后，城市被作为鸟瞰来对待，成为一个模型：人们摆布物体的集合，就像摆布柜台里的打火机。”[4]

[1]（法）勒·柯布西耶著：《光辉城市》，金秋野，王又佳译，中国建筑工业出版社，2011 年版，第 98 页。

[2] 同上，第 95 页。

[3] 瓦赞规划：1925 年柯布西耶提出的对巴黎市中心的规划，这个规划并没有得到实施。

[4]（法）巴内翰等著：《城市街区的解体》，魏羽力等译，中国建筑工业出版社，2012 年 1 月版，第 119 页。

显然，和城市美化运动（以及古代城市肌理）相比，光辉城市为原型的现代主义城市不具备分形特征，也不可能实现分形优化。这些城市几乎是居住单元和公路在非人性尺度上的单调重复。萨林加罗斯认为："这个纯粹的大尺度的空间概念由摩天大楼、高速公路和大量铺装的开放空间组成。它将摩天大楼放在举行公园里，所有的一切只有在两到三个最大尺度上定义。"[1] 在摩天大楼覆盖之下裸露出无限的尺度，而且几乎没有明显的结构网络，当然这个尺度在 1 厘米到 2 米这种人体层级上就更没有涉及了。对此，萨林加罗斯进一步解释道："人们总是想方设法地努力促成复杂周边环境的有序性，并且使之与不断改进的自然体系之间保持协调一致。但是，20 世纪却经历了与此截然相反的过程。建筑师和规划师开始沉迷于视觉的简洁，却忽略了有机体系形成的基本过程。规划中对于纯粹视觉的追求已经严重束缚了人们的活动行为，这也最先直接导致了缺乏关联性的城市形态。"[2]

[1]（美）萨林加罗斯著：《城市结构原理》，阳建强等译，中国建筑工业出版社，2011 年版，第 132 页。

[2] 同上，第 20 页。

柯布西耶所创造的"僵硬的六面体建筑"以机械的矩阵状排列，几乎不思考变化；为汽车而设计的公路将城市分割，也彻底切断了人们最有乐趣的步行网路；建筑的"标准"化自不必说，一个门廊、一个院落或一个有趣味的城市街角的细节亦全部被抹去，微观尺度的分形完全没有考虑。

从分形城市的形态美学来看，现代主义城市没有分形特征。现代主义规划放弃在秩序下又有丰富变化的古典美学内容，转而以一种更加理性、抽象的形式来直接表达城市形态（现代主义认为这是城市功能性的直接外显），在现代主义看来，城市的理性、秩序之美是一种客观必然，而完全忽略了城市形态的自然性的一面。

3.3.3 现代主义城市与梳理

“现代城市规划意在使机械时代的城市更加符合机械时代的社会目标。”

——勒·柯布西耶

从城市形态看，现代主义城市的自上而下的功能主义“规划”与分形梳理形态构建方式的自上而下的“梳理”过程有着本质上的不同。第一，现代主义“规划”以功能分离为基础，而“梳理”则继承了传统城市的功能混合。第二，现代主义“规划”是一种将城市形态的复杂结构进行简化的过程，其更表现出一种单线性的自上而下的逐步分解的联系特征。而分形“梳理”是建立在传统城市自下而上的有机增长——即分形特征基础上的。“梳理”表现出一种网状的自上而下的连接关联性。第三，现代主义“规划”与分形梳理虽然都强调城市形态的整体观，但现代主义“规划”是建立在超尺度的城市结构基础上，城市的丰富细部几乎被忽略；而“梳理”的整体观则是以城市整体对局部的依赖为前提的。总体上说，对于城市形态这样一个复杂的“人造物”来说，对其进行自上而下的形态控制与引导本身是有利其发展的，但要注意的是，这个“人造物”同样有其自然属性的一面——和自然界的一切事物一样，“美”总是存在于丰富和复杂的统一体中。

从城市结构上看，现代主义希望寻求突破传统的城市形态，同样在形式上，也不满足于从传统风格中进行选择。虽然现代主义解决城市与环境问题的方法已经成为现代文化的组成部分，对现代社会的发展不可或缺，它的一部分创造性也被现代社会所接受。但是，其对功能性的极端“机械”化和在形式上的“反审美”仍对现代城市发展造成困惑，因此有必要再次认识现代主义在功能和形式上的表达，以便于更清晰地认识现代主义“规划”对城市造成的破坏和其有利的一面在今天会以何种新的形式予以延续。而在这个过程中，可同时认知“梳理”的城市设计价值。

· 功能方面

从功能性的方面看，现代主义城市的主要问题即城市功能的分离。现代主义使城市功能在“平面”空间进行分解，各部分相对单纯化，以达到更加高效的城市运转的目的；快速路网既连接了功能区块，又将之进行了隔离，（这也破坏了原有连续的城市肌理）——毫无疑问这是一个汽车时代城市模型。功能分离下的城市流动造成的交通拥堵，以及由此导致的环境污染、能源浪费等成为现代城市的根本问题。

功能分离是现代主义使城市形态趋于“简化”的根本。克里斯托弗·亚历山大在分析了大量的现代主义城市之后，发现这些城市中的结构或者是一种线性包容的关系，或者就是互不相关，他把这种结构称之为“树形结构”。[1]这是一种强制性的追求整齐与秩序的思想。这种“树形结构”表面上看井井有条，充满理性，但它把城市系统绝对机械化和简单化，忽视了城市“偶发”和“随机性”的一面。亚历山大进一步指出，城市是包容生活的容器，它能为其内在的复杂丰富、相互交织的生活服务，它的各局部之间存在着重合、交叉和连结的关系，这就是“半网络结构”。[2]最终，亚历山大得出结论：“一个有活力的城市应是且必须是半网络形”（图 3-21）。

从亚历山大的“树形结构”看，现代主义城市结构的根本问题在于功能分区导致的各城市功能之间的彼此独立，并且形成了清晰的等级明显的组织化结构，这些结构破坏了城市原本复杂的功能间的交叠与人们之间的纷繁复杂的交往关系，城市的联系被客观性的切断。而从亚历山大的“半网格结构”结构看，这一结构显然具有

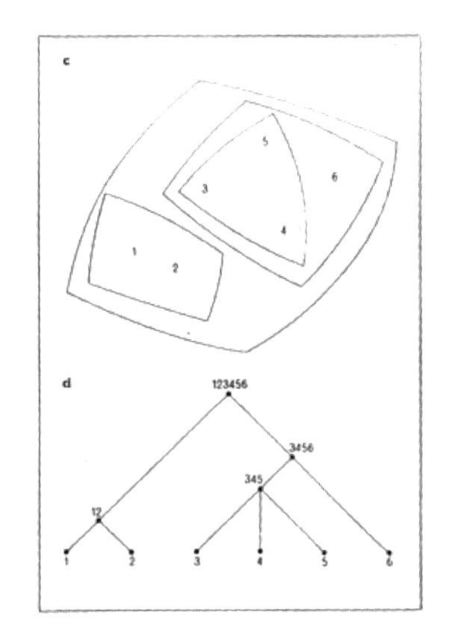

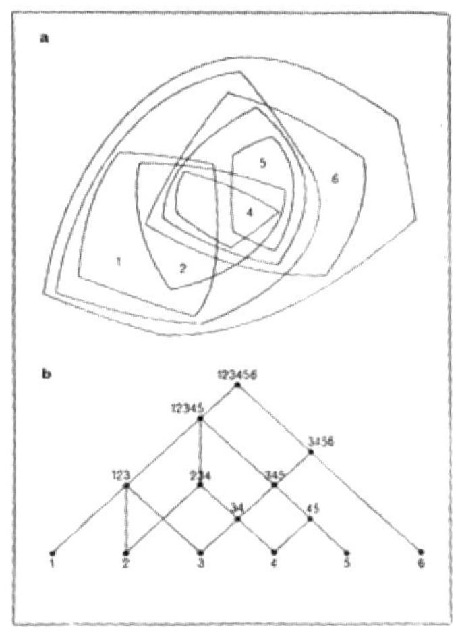

图 3-21　树形结构
上、下图片为：亚历山大的“树形结构”；“半网络结构”。

[1] 亚历山大于 1965 年发表论文《城市并非树形》（A City Is Not A Tree），提出这一研究成果。

[2] 徐苏宁编著：《城市设计美学》，中国建筑工业出版社，2007 年版，第 124 页。

分形城市的“网络”特征，连续与交叠承载了城市的活力。其在整体和局部间构建的双向生长的“网路”结构呈现和“分形梳理”近似的特征，并且从整体观的角度看，具有“梳理”的自整体统一至局部丰富的连续结构。

当然，从功能角度出发，现代主义的“效率”的一面仍被发展。今天，当代城市如何高效、秩序地运转仍然是城市形态研究的重要问题。地铁、立体停车场、电梯等技术的发展使城市以更加“立体”的复合空间形态来整合城市功能。在这个复合空间形态内，城市的各种功能被有效的组织，它们既自成一体又紧密联系，形成一个更加高效、秩序的整体。城市综合体的兴起具有这一方面的表现。

· 形式方面

从形式的方面看，无论是出于功能目的还是信息的传递，“简洁”本身的确意味着“高效和实用”，现代主义的形式美学反映了现代社会对“效率”的追求。本质上，现代主义形式并没有错，只是，现代主义在任何尺度上对传统文化符号的去除容易使城市美学陷入空洞的形式主义中，这尤其反应在街道、建筑立面等城市细部的尺度层面。对此的批评也主要集中在这一方面。

图 3-22 勒·柯布西耶的工人住宅 佩萨克（Pessac）住宅经过房客们“破坏行为”的前后对比

例如，肯尼斯·科尔森曾引用柯布西耶在1926年为法国佩萨克（Pessac）的一个工人新村设计的住宅案例来说明现代主义在建筑上的“简化”所招致的“抵制”。如图3-22所示，上图是纯粹的现代主义模式，简洁的直线和水平构图，房屋以灰泥粉刷，简单朴实；下图是居住者按自己意愿对房子进行改造后的图片，房子前部围合出一个前院，屋顶改成坡顶（防止雨水渗漏），重新按自我喜好粉饰立面等。显然，这些改造都不是原本规划的一部分，而本土特征在其中发挥了作用。在本土特征面前，任何过于主观的形式主义都很难得到持久的存在。科尔森认为，“本土特征就来自对方便性的简单追求。”[1] 在另一个尺度层级，雅各布斯对现代主义的批评是围绕现代主义所“抹杀”的街道空间与街道生活展开的（后文还将进一步讨论）。所以，现代主义规划在形式上的“简化”和对城市小尺度结构的漠不关心，是其遭受批评的重要原因（更本质地看，这依然涉及功能性的问题）。而分形“梳理”则在整体观的角度注意了城市局部和小尺度层级的丰富和复杂，对其进行合理控制与引导是“梳理”的重要作用。

今天看来，当代城市形态既需要大尺度的“简洁”表达——具有象征性的城市中心的空间形态，重要的基础设施和交通节点，如车站、机场等，功能性要求使其必定遵循秩序、效率下的理性美学价值；又需要小尺度的“丰富”的形态面貌——这尤其反映在步行城市尺度中，如建筑立面、商铺密布的街区、住区街道、街心公园等，这些作为城市生活的“终端”节点，应当表现出更多元和丰富的形态。并且，这两方面在尺度层级上不应该相互分离，而是应该紧密地联系为一个整体。

总体上看，现代主义过分强调了“住宅作为居住的机械”的城市功能性，而漠视了城市的审美价值（这一讨论的目的不是将功能与形式问题分别对待），最终导致了人们对机械功能主义的厌恶和对传统城市人文美学的回忆和向往。也正是由于它过分地沉醉于对机械化的理解，其城市思想与人们的生活要求相差太大，因而遭到了反对和抨击。

最后，在城市形态的整体空间景观考量中，强调秩序的城市理性形态美学仍会是城市形态健康发展的必然形式规律之一，而在相联系的更“微观”的步行尺度空间，城市将进一步呈现多元、自由的发展。分形梳理为此提供了城市形态上的依据，并希望成为一种解读和组织工具，帮助城市在形态演进中形成整体、有序而又自由、丰富的城市空间。

[1]（美）肯尼斯·科尔森著：《大规划》，游洪涛等译，中国建筑工业出版社，第9页。

3.3.4 “生产”空间

现代主义城市表现出的缺乏城市活力的问题从本质上看，是和其空间的“生产”特征紧密相连的，是理性和秩序的过度表达。而分形梳理则希望在保持城市形态的整体性的同时，在城市局部的生长中改变空间“生产”的机械主义增长方式。

现代主义所具有的“生产”特质使现代城市空间必然表现出“机械”的一面。马克思认为，生产，意味着对物质进行生产，而空间不过是这种物质生产的器皿或媒介。现代主义在简化与“规范”城市的物质形态原则时，由此产生的空间被同时标准化与“机械”化了，在这个过程中，一切异质性的因素被抹除。列斐伏尔在《空间：社会产物与使用价值》中指出：“空间的生产就是空间被开发、设计、使用和改造的全过程。”列斐伏尔认为：“城市规划的设计者正置身于主导性空间之中，对空间加以排列和归类，以便为特定的阶级效劳。”[1] 列斐伏尔将空间本身当作生产对象来对待。物质生产，也可以是对空间的生产。资本主义社会的经济生产越来越趋向于空间生产。

[1]（美）大卫·哈维著：《巴黎城记》，黄煜文译，广西师范大学出版社，2010年1月，第9页，序二汪民安。

某些建筑师认为自己是所规划与生产的空间的主人。他们把自己当做或者表现为造物主，能够把自己关于空间的观念和定义放入自己的作品和社会中去。柏拉图式的造物主具体体现在材料、数字、比例和超验性的理想中。这一空间有如下特征，比如空洞而纯粹，是数字和比例的场所，有许多的财富；它是可视性的，最终，它是被设计出来的，是壮观的；它是很晚才被安置了物件、居住者和“使用者”；在这个造物主的空间获得其合法性的那种标准里，它是接近哲学的、认识论的抽象空间。[2]

[2]（法）亨利勒菲弗著：《空间与政治》，李春译，上海人民出版社，2008年11月，第28页。

从时间上看，“自包豪斯以来，生产空间的能力，极大地增强了。所有的社会总是在地面上生产出一个属于自己的空间。” 在这个过程中，空间总是能够反映出自身背后的社会关系。无论是现代主义时期还是在经历后现代的今天，“社会”都在按照自己的方式，改变着我们的城市空间。

现代主义遵循的高度符合几何规则形的原则，以及城市功能被清晰地界定的城市构成方式今天依然存在，虽然在今天我们已经意识到这一点，并且试图通过一些“片段”的介入去打破和丰富原有的规则。可是，这个“片段”因为其独立与封闭，同样具有“生产”的印记，于是，其周围的一切同样被排除在外。毫无疑问，这些城市结构都阻碍了活动场所及其之间关联性的发展；阻碍了人作为城市的主体，即在推动城市进程中作为一个集体来发挥丰富的创造力的可能。捷克布拉格结构主义小组成员穆卡·洛夫斯基指出：“全体是各种各样功能生存的源泉，人的行为不可能被哪一个单一性的形态所限定。”[1] 所以，城市空间的“生产”不能为我们带来丰富的可持续的城市。不能将城市空间的“生产”与商品生产完全等同：生活的不确定性要求城市空间在历史中的不断演化的可能。

[1]（日）黑川纪章著：《共生思想》，覃力等译，中国建筑工业出版社，2009年7月版，第66页。

现代主义城市规划真正的问题主要在于功能，而不是形式——健康的城市肌理产生于综合的用途，而不是隔离。[2] 分区布局曾经在20世纪的大多数时间被认为是一个进步性的观点，它完全否定传统欧洲许多人赞赏的将土地划分成小块，并且进行混合利用的方式，以及60年代以后芒福德、雅各布斯和J·B·杰克逊在书中一再阐述的观点。如雅各布斯认为的健康的城市体系是以高密度、复杂性和适应性为特征（后文还将进一步讨论）。而分区布局对这三项要求根本不予理睬，并且反其道而行之，造就了一个单一功能的街区。

[2]（美）肯尼斯·科尔森著：《大规划》，游宏滔、饶传坤等译，中国建筑工业出版社，2006年版，第61页。

古代城市形态（以及城市美化运动时期的城市），以一种城市文脉为内核的控制力表达了如何在整体秩序下呈现丰富和有生命力的结构。而现代主义以后的多元时代，更加展现了城市形态的多样的可能。

3.4 后现代城市与分形梳理

3.4.1 多元下的城市分形

[1]（日）黑川纪章著：《共生思想》，覃力等译，中国建筑工业出版社，2009年7月版，第29页。

机械本身不能生长、变化和新陈代谢，这是宣称生命时代到来的绝好关键理念。生命所拥有的惊人的“多样性”与机械时代的“均质”、“普遍性”相比较，其差异和对比极为鲜明。[1]

——黑川纪章

20世纪50年代以后，现代主义基于功能立场的简化模型开始受到质疑和抨击。在CIAM第九次会议（1953年）上，史密森夫妇（Petter&Alison Smithson）和范艾克(Aldo Van Eyck)代表新生代反对老一代建筑师对功能主义的改良，提出城市应该有比较复杂的图形关系，才能适应人类聚居的归属感和可识别性要求。并且，在这一时期，这些城市学者已经开始尝试综合规划理论下的新的城市设计方式的可能，并在一些项目中付诸实践。例如，史密森夫妇在1952年为金巷住宅区（golden Lane Housing）竞赛所做的设计方案中就已经流露出对城市分区制的批评。如图3-23所示，从这个方案中，能够看出将现代主义建筑与传统城市结构结合的尝试，从城市形态上，具有分形城市的特征。方案十分注重空间的连续性，比如住区内街道、住区与主街的接触等，既保留了较高的城市密度，城市空间变化又很丰富。

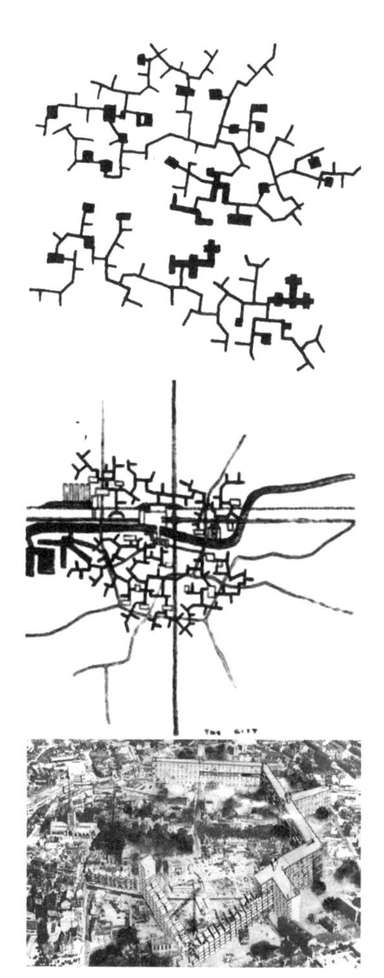

图3-23 金巷住区规划
上、中、下图片为：意象图；平面图；透视草图

在现代主义后期语境下的城市设计，既主张城市形态的丰富与多样，又在建筑语言上保持着现代主义风格，这种城市实践一直持续到20世纪60年代。例如在Team 10召开的第二次大会上（1962年），伍兹（Shadrach Woods）展示的图卢兹规划（图3-24）。这个规划同金巷住区规划一样，也采用现代主义的建筑形式，但在布局形态上展现了一定的“分形”特征，创造出有别于“明日之城”的城市空间结构。从平面上看，这个规划几乎

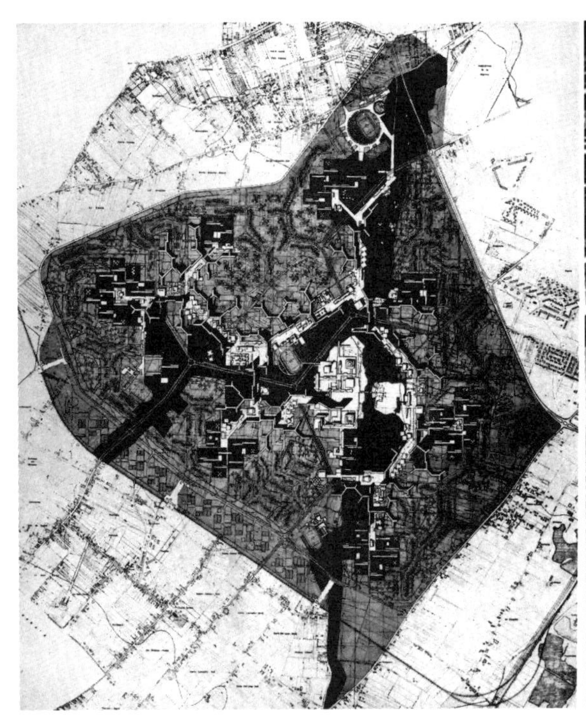

图 3-24　图卢兹规划（图片引自：网络）

是一个既无中心又无明确的基础结构的城市。一条河流伴着沿河的道路穿过城市中央，一片天然的景色，象征着城市的自然和历史环境。这一时期的城市实践验证了现代主义综合规划理论下城市形态的新的可能，既具有鲜明的现代主义特点，又能够呈现空间的丰富变化与连续，同时使城市与自然环境相结合。但从分形城市的角度看，进一步分析，这种形态的分形是建筑“实体”形态连续构成的分形，与古代城市在以街道为核心的“空间”连接构成的分形刚好相反，是十分有创新的城市形态的尝试。

20 世纪 60 年代以后，城市规划理论进入后现代主义阶段，实践呈现多元化的趋势，对现代主义的反思也更加深入。这一时期的城市设计思想有了比较大的发展，凯文 · 林奇的《城市意象》，刘易斯·芒福德的《城市发展史》，简·雅各布斯的《美国大城市的死与生》等，都是这一时期产生的具有重要影响的作品。

其中雅各布斯表露出对现代主义最彻底的批判，她指出，

[1]（美）简·雅各布斯著：《美国大城市的死与生》，金衡山译，译林出版社，2006 年版。

[2] 同上。

现代主义者都是"城市的破坏者"，"是以建筑作为城市设计的本体，而不是以人为本。"在城市设计方面，雅各布斯表现出对复杂性和丰富性的偏好。"事实上，在城市里没有一个因素可以成为所谓的关键因素。城市里各种事物的混合本身就是一个关键因素，事物间的相关支持就是一种秩序和法则。"[1] 她在《美国大城市的死与生》中严厉地批评了现代城市规划的幼稚病，典型的如城市地域明确的功能分区，或是对贫民地区弱势群体和经济性房屋缺少关怀，以及强硬地推进整体重建等。雅各布斯认为成功的城市形态应该是使用功能混合的地区。在雅各布斯的眼里，城市是不需要"规划"的，其区域内自发而成的结构关系和功能关系能够推动城市良好的运转。并且，对于一些城市问题，城市是有自愈能力的，"如果规划师能够维持城市现状的话，一些贫民窟的简陋状况能够自然而然地得到改善"。[2]

在雅各布斯看来，一切城市的美好一面都不是被"设计"的，她自然而然地存在在那里，需要每一个市民去参与，去体会。这种强烈地持自然主义观点的后现代审美观为我们带来一种不同的审视城市美的方式。自然性成为构成城市内在活力的模糊力量，也是雅各布斯从根本上主张向传统城市学习的原因。她承认城市的复杂、矛盾与多元，认为这种元素的共存恰恰体现了城市美学。雅各布斯的观点从侧面印证了分形城市的形态价值，在更感性、细微的层面"构想"了分形城市的构建方式和构建目标。

"巧合"的是，分形城市的自下而上的生长和偶发因素可以和后现代主义主张的"不确定性"相契合。对于后现代主义，也可以说：唯一的确定性就是不确定。如迈克尔·迪尔所说，"本质上，后现代主义者断言一种元叙事优于另外一种元叙事是始终不能判定的；推而广之，任何形式理性共识的企图都应该被抵制。"[3]

[3]（英）尼格尔·泰勒著：《1945 年后西方城市规划理论的流变》，李白玉、陈贞译，中国建筑工业出版社，2006 年版，第 156 页。

从后现代主义反一般秩序的大的哲学观和时代背景来

看，其反对现代主义综合规划是一种必然。但是客观地看，雅各布斯主张的“自我批评和渐进主义的规划方法”，如果放在当时的工业化大生产已经将传统城市侵蚀得千疮百孔之时（现代主义前期——城市美化运动时期），不仅无益，而且还可能给城市带来更大的混乱。工业化大生产破坏了原有的城市结构，这只能通过工业化自身的“理性、秩序”去规范和治理由此造成的城市问题，才能够产生真正适合工业化的现代城市。显然，后现代主义下的文化多元反映了时代需要，但并不至因此完全否定现代主义综合规划的理性方式的合理的一面。在多元的时代背景下，如何达到整体秩序和局部变化的均衡才是值得思考的问题。

3.4.2 尺度的回归

老城市看来缺乏秩序，其实在其背后有一种神奇的秩序在维持着街道的安全和城市的自由——这正是老城市的成功之处。

——简·雅各布斯

对于解释城市形态的连续性的认识，后现代主义再一次将城市拉回到传统城市的尺度。从雅各布斯的观点看，传统城市的秩序表现为复杂的内在社会关联和合适的城市尺度（人行道），其实质是：城市相互关联的人行道用途，这为它带来一个又一个驻足的目光，正是这种目光构成了城市人行道上安全的监视系统。[1] 她描写到，正是在这种步行道所组织的社会联系里，你可以方便地在街角的小卖部买到东西；你可以放心地让孩子在楼下的花坛边玩耍；也可将家里的钥匙放心地放在楼下的店铺里……这些细节的关注让我们再一次把城市回归到“人”的尺度。城市在这里成为一个有着具体性质和活动的地方，一个能够承载生活的“偶然性”的地方。

[1]（美）简·雅各布斯著：《美国大城市的死与生》，金衡山译，译林出版社，2006年版，第43页。

关心合理的尺度是城市具有多样性与活力的首要一步。对于保持城市多样性与活力层面，她进一步分析，指出四个基本条件：

“①地区的主要功能必须要多于一个，最好是多于两个。这些功能必须确保人流的存在，他们都应该能够使用很多共同的设施；②大多数的街段必须要短，在街道上容易拐弯；③建筑物应该各色各样，年代和状况各不相同，应包括适当比例的老建筑，因此在经济效用方面可各不相同。这种各色不同的建筑混合必须相当均匀；④人流的密度必须要达到足够高的程度。”[1]

[1] 转引自：王军著，《采访本上的城市》，三联书店，2008年6月版，第10页。

这些保持多样性与活力的特征如果和传统城市相比，无疑具有惊人的相似度。传统城市中多功能的混杂，合理密度的街区（以步行为参照），建筑的不同年代交叠下的丰富与“风格”上的统一，始终保持匀质的高密度。这些都能在相互间找到联系，“偶发”和“随机”重新在城市形态的生产中找到了内在的力量和外在形式的表达，并且成为一种“美”的形式被加以赞赏。

当然，尺度的回归并不指完全回到传统城市空间，而是说，以步行为基础的城市空间尺度更利于表现城市多样性与活力。城市空间作为人的“使用”过程来说，这一层级的尺度是最易于被直接感知的，其他层级的尺度是围绕其展开的。当然，多样性和秩序同样重要，也同样应该给予尊重。所以，步行的尺度是城市空间发展的重要参照，“步行”的尺度层级可以成为分形梳理的城市形态构建中城市结构秩序自下而上的“分形”生长和自上而下的“梳理”控制的相互连接的尺度层级。

另外，城市本身是多重尺度层级的构建，也要注重尺度层级的多样性的保持。“尺度是表达城市发展的关系，不同尺度之间的差异性应该得到充分的重视，而不是为努力保持其人性空间尺度，保持其可见的文化建筑可识别性，而压制其他的尺度规模。”[2] 所以对当下城市来说，合理的城市尺度控制对城市空间布局、城市景观美

[2]（美）查尔斯·瓦尔德海姆编：《景观都市主义》，刘海龙等译，中国建筑工业出版社，2011年2月版，第113页。

学和城市社会功能承载都至关重要。

总体上说，以雅各布斯为代表的后现代主义城市理论，重新关注了被现代主义抛弃的社区、邻里、尺度方面的问题，其认为这才是城市最本质的内容。分形梳理城市理论也印证了合理的尺度层级及空间关联对城市丰富性与城市活力的重要性。这些都为研究今天的城市问题提供了重要的参考。

3.4.3 后现代城市的文脉继承与美化

20 世纪 70 年代后的城市设计理论延续了对现代主义城市的批判，从城市空间的人性化和如何通过城市设计促进交往等角度表达了对城市文脉继承的关注。这方面的研究如诺伯格·舒尔茨（Norberg Schulz）在“存在空间”中提出的“场所”概念，其指出：场所是有明确特征的空间，场所精神表达的是一种人与环境之间的基本关系。杨·盖尔（Jan Gehl）在《交往与空间》中呼吁，要重视日常生活及其对人造环境的特殊要求，促进人们的交往并恢复或创造空间的生活能力。1975 年，里昂克里尔（Leon Krier）提出“城市重构”的概念，他认为：城市实体与空间、实与虚、公用与私用的辩证关系是一种结合的“文化的理性意向”的结果。总体上看，这些思想都反映了将城市空间、人、环境与城市生活本身当做一个整体去看待，城市生长是一个在原有基础上不断进行启发创造的过程，深层次地蕴藏着城市文脉继承的理念。

这一时期的思想与实践也集中反映在解决现代主义盛行带来的“城市空间的解体”的问题方面。尤其里昂·克里尔推行的“城市重构”方式，这一理论从城市生活与街区、城市建设艺术、公共领域与政治、集体精神等几方面提出了重构方案。并且，克里尔的“城市重构”既在整体上强化秩序性的城市美学，又从局部“修补”城市结构，以丰富城市细节，是对城市结构的加强而不是

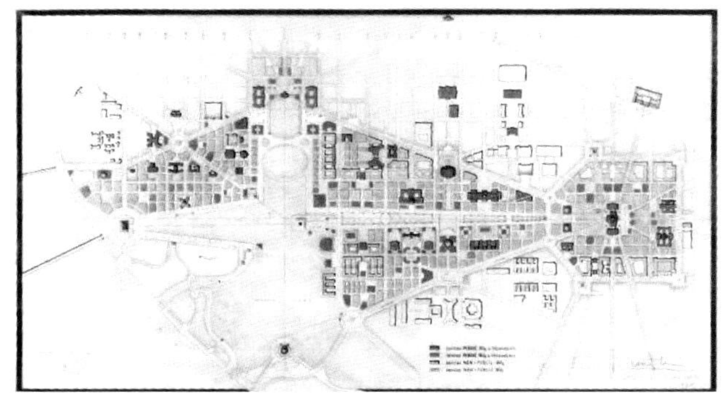

图 3-25 里昂·克里尔的华盛顿特区完善化方案

[1] 徐苏宁编著：《城市设计美学》中国建筑工业出版社，2007 年版，第 130 页。

削弱。在 1985 年的华盛顿特区完善化（The Completion of Washington D.C.）设计中，克里尔就将郎方的华盛顿规划做了进一步的修改、补充，强调纪念物在特定的网格中绝对必要。增加周边传统模式的街区构成的居住区的密度，减少原来的中心区郊野型广场的空旷感，弥补现代规划在密度和尺度上的不足（图 3-25）。“乡土建筑加纪念性建筑直接等于一座城市”。[1] 可见，克里尔的城市思想一定程度上吸收了雅各布斯的保持“城市活力”的提法，又有明确的文脉继承与城市整体观念。

后现代主义对文脉继承的更有创造力的作品主要出现在 20 世纪 80 年代的一些建筑及环境景观项目中。例如，查尔斯·穆尔设计的新奥尔良意大利广场和迈克尔·格雷夫斯（Michael Graves）设计的佛罗里达的迪士尼天鹅酒店等。这些设计具有明显的象征性。通过对历史符号和传统语汇的变形、拼贴形成一种随意、含混、有趣的效果。严肃的古典美学被以一种轻松、戏谑的形式加以表达。

进入 90 年代后城市规划领域更加出现“回顾传统”的文脉继承的趋势，典型的是美国设计领域由彼得·康斯（Petter Katz）发起的“新城市主义”（New Urbanism）运动。新城市主义者强调传统、历史、文化、地方建筑、社区性、邻里感、场所精神和生活气息。新城市主义者的设计显示了他们对人类天性的理解，也显示了他们对存在于人类社区、环境、场所中的那些

图 3-26 滨海城（参见彩图）

普通、平凡、细微事物的理解。彼得·卡尔索普（Peter Calthorpe）和 DPZ 夫妇的作品滨海城（Seaside City）中表达了新城市主义理想城市的设计原则。这些原则强调公共空间的重要性、社区结构的紧凑、各种城市功能的混合、步行的环境尺度，以及清晰的中心和边界。从这些实践中，能够看到新城市主义对古典城市形态的借鉴和对城市功能、空间、尺度的合理把握。对称、放射线和中心性的运用借鉴了古典城市形态，建筑风格采用欧洲样式——从城市空间到立面细节都具有分形的特征，形态的自相似性被很好地表达——这一城市形态的构建验证了“理性规划”与“有机生长”的结合，以创造完美城市景观的可能（图 3-26）。但是，值得注意的是，滨海城作为完全新建的理想城市形态，在某种意义上更像一个独立的超大型社区，对于今天的在历史演进与时代叠加中形成的城市结构来说，很难回答一些城市复杂形态建构的问题。

总体上看，后现代主义对城市文脉的继承是针对现代主义对历史的排斥所作出的形式选择与“对抗”，既出于文化延续的需要，也出于城市美化的需要。需要注意的是，后现代的文脉继承是超越时间性和地域性的——“文脉”被挪用、变形、拼贴，作为符号或装饰呈现。无论是“修补”还是“新建”，后现代的文脉继承在形式美学上使城市更加亲切，更展现出丰富多彩的面貌。

对于传统城市来说，文脉是城市形象得以稳定而持久延续的磁芯所在，始终以一种内在的控制力约束城市面貌发展的大致方向。文脉将地域性（自然环境）和民族性（文化内核）充分融合作为空间“规划”的内在要素，促进城市形成良好的城市景观。而对于后现代主义时期的城市，文脉的继承更表现出“偶发”和“随机”的一面，任何文化的形式语言可以在任何地点产生——“文脉”呈现“符号”化的表象特征，也不能如传统城市一样，深深植根于空间结构中。

3.4.4 后现代城市的“碎片化”

“没有复杂性的城市是僵死的；但如果复杂性没有条理，城市将一片混乱不宜居住。提高复杂性的条理程度似乎是人类一代接一代最基本的努力目标。”[1]

——萨林加罗斯

[1]（美）萨林加罗斯著：《城市结构原理》，阳建强等译，中国建筑工业出版社，2011 年版，第 14 页。

后现代主义想要走出现代主义的空洞的抽象，又要避免回归传统形式的复杂，唯一可做的方式就是破坏所有的形式或者想方设法建立一套自我封闭的逻辑系统，以求得一种新的“复杂性”。于是，后现代主义在尺度回归、文脉继承方向之外，开始由现代主义的有组织抽象走向一种无组织（或只是内部的自组织）抽象——后现代主义在 20 世纪 80 年代后在向“解构”的转变中，更加呈现一种无序的“偶发随机”，这一“形式自由”的方向使城市形象逐步陷入“碎片化”的境地。

·“碎片化”趋势

在挑战了科学和理性之后，后现代主义希望创造一种“多元”的审美认知。比较令人困惑的是，在击破现代主义简朴、统一与整齐的理性美之后，后现代主义却很难确立新的清晰的标准。我们确实没有标准来判断和比较不同理论立场的优势（如前节所述，在一定的层面后现代主义也继承了现代主义的综合、秩序的理性模式）。总之，从更广泛的层面和对城市景观形成的影响看，后现代主义是十分笼统的，任何不同的事物都可以被接受或允许。在这种审美价值下，人们赞赏那些给城市带来超出视觉经验的具有“解构”特征的建筑，这些独特的建筑吸引着周边的空间磁场，逐渐撕破城市的连续性，使城市越来越呈现碎片化的趋势。

后现代主义和解构主义建筑（只有少部分例外）继承了传统建筑的图案、装饰物及复杂立面，但它们的建筑语汇是由高技术材料和“纯粹”的“表皮”所组成，它们的结构语言是不连贯的。从这一层面讲，后现代主义同现代主义一样忽略了城市小尺度的结构和连接等级，使城市难以具备分形特征。尽管它的支持者们努力澄清其误导，但显然，解构主义建筑风格故意无组织的特点却与真正分形的内部结构相对立。[1]

[1]（美）萨林加罗斯著：《城市结构原理》，阳建强等译，中国建筑工业出版社，2011年版，第134页。

后现代主义虽然强调了文脉的表达，但对文化符号的使用几乎多数未站在足够尊重的角度（尤其80年代后的作品），这些美学观点直接形成或影响了今天多数设计者的思维模式或设计方法。

持后现代观点的建筑师对城市文脉的继承是“选择”式的，其更加强调建筑语言的自我“符号”性。而对于一个具体的项目设计来说，“符号”的来源并不确定，有时来自传统文化，有时则强调从地块的物质空间本身，甚至从一个完全与地块无关的概念出发，去解决一个自我设立的问题。虽然，这个“问题”的关键一定是围绕

图 3-27 北京望京地区广顺南大街 500 米沿线道路一侧的建筑立面——城市景观毫无连续性

项目的核心目标——不同的设计师可能会提出不同的问题——最终这个符号的呈现过程就是问题的提出与解决的过程。但大多数的结果是，由于这个设计过程自身的逻辑性往往被看做至关重要，所以围绕地块的自然或文化环境通常就被放置在更边缘或隐性的位置。这种设计方式使建筑（或综合体项目）设计自身可能呈现形式上的完整、独特，但从城市肌理的角度，却无法带来城市景观的连续与完整。城市景观的碎片化成为必然。这一思维模式对城市设计的影响使城市形态从根本上不可能呈现完整、连续，也不可能形成分形城市。而“梳理”的自上而下的形态整合也无法在其中发挥作用。

显然，后现代建筑的设计过程被允许不按城市的结构逻辑出发，相反的——反城市逻辑的建筑单体往往因为其“独特性”而更多地受到关注——在媒体时代，“被关注”也往往被认为是建筑的重要使命。媒体传播带来商业价值，也成为新的建筑形象生成的内在动力。反地域文化与反城市逻辑的建筑带来了城市区域面貌的不可控，从街区的尺度看，由一个个跳跃的建筑符号排列构成的看似丰富，实则混乱的街区是无法形成秩序和统一性的（因为其本质上就是反秩序的，图 3-27）。后现代主义对于建筑“符号”性的容忍使得城市作为一种“片段”的虚拟状态的阅读或传播是令人愉悦的，但城市空间作为物质实体，其连续的体验性却完全遭到了破坏。

总之，后现代主义在通过“反城市结构”带来城市丰富性的同时，也给城市形象造成了一定的混乱与无序。后现代主义所希望的一种自发的“无序”所带来的一种看似丰富的秩序性实际是很难实现的。符号式的城市局部带来的各种风格、大杂烩式的街区面貌只能造成另一种层面的“千城一面”。

我们很难将城市形态的“碎片化”与“丰富性”等同起来，显然：过分关注局部“丰富性”的态度并不能为“城市作为一个整体”提供过多帮助，反而常常喧宾夺主，“规划”的作用被削弱。并且，更危险的是，“既然规划被定义为对未来不确定性的限制，所以后现代主义本身的混乱和多元化将会使我们回到不确定性深渊的边缘。”[1]所以，再次回到城市美学的角度，过分强调局部的“丰富性”和城市的不确定性因素无疑对我们建造完整有序的城市景观是不利的。

[1] 仇保兴：《19世纪以来西方城市规划理论演变的六次转折》，规划师，2003年第11期第19卷。

·“规划”的必要性

那么，城市作为一个整体，在后现代主义多元的价值背景之下，是否还存在城市的完整性与秩序美呢？原先人们所崇尚的城市应该向往的共同价值和理想就不复存在了？显然，城市景观的碎片化并不是我们的城市所期望的，合理的“规划”仍然是城市形态美学价值体现的重要手段。

从客观的一面看，对于“规划”而言：后现代主义者批判的对象应该是现代主义者的规划（例如，推倒式的综合规划）方式，而不应该是规划本质上的必要性。因为我们不得不承认，几乎所有的人类活动都有着某种程度的规划。一个自发生长的村落，会因为自然条件或生活习俗等因素形成“有机规划”；再或者，一些城镇以比较零碎、渐进而有机的方式增长，当发展到一定程度时，就需要规划的介入。所以，从城市对整体性的需求来说，尤其是面对越来越复杂的城市问题，后现代主义在尝试提出解决方案时，几乎没有顾忌建筑或更细微尺度层级的问题。

我们从更积极的一面理解。后现代主义批判了“规划”中权力占主导地位的思想，以更加开放的姿态面对城市形态。此时，“规划”应该成为一种广泛的社会科学和城市美学问题，使其在促进城市的多元、包容、开放方面起到积极作用。分形梳理概念的提出即希望以“梳理”来代替“规划”，形成在自上而下的城市结构控制中实现城市的有机生长的“偶发与随机”的可能。在后现代语境下，分形梳理虽然接受叠加、断裂和拼贴，但这是指在城市尺度的“区片”关系间。做为构成城市连续景观的街道空间，其建筑景观的独立、断裂的碎片化，不能为城市景观的完整提供有益的方向，城市美之特色亦无从谈起。

· 包容与平衡

最后，综合来看，由于城市结构的用途复杂，千变万化，且功能繁多，又需经历长时间的建设才得以形成，所以，“期望城市完全的专业化，或是结构彻底的互相契合，都是不切实际也不合乎需求的。城市的形态应该并不十分明确，针对居民的愿望和理解力应该具有一定的可塑性。”凯文·林奇的话表明了若站在过于宏观的角度去看待城市问题往往是令人茫然的，但他又说：“我们完全有可能把新建的城市构造成一种可意向的景观，清晰、连贯，而且有条理，这同时也需要城市居民能够维持一种全新的态度，对用地进行物质形态改造，在时间和空间层次上将它们组织在一起，使它引人注目，成为城市生活的标志。”这种看似矛盾的观点表达了面对复杂的城市问题只能以一种多层次的包容的态度去面对。理想的城市形态只能是在有序和无序间达到的持续平衡。

3.5 理想的城市形态

3.5.1 城市形态演进与分形梳理

“现代主义城市违反了多样性规则，并且当代城市实践强迫人们记住这些违反行为。我们隐约可以感觉到可能这就是当代城市缺乏人性感知的原因，甚至可能是导致城市衰落的主要原因。”[1]

——尼科斯·A·萨林加罗斯

[1]（美）萨林加罗斯著：《城市结构原理》，阳建强等译，中国建筑工业出版社，2011 年版，第 74 页。

建立在功能主义之上的综合性城市规划将城市推向一种病态的密度：一方面是蔓延的郊区，另一方面是摩天大楼。其极端的不均衡密度和功能明确的区域划分从结构上看，是城市丧失活力与多样性的关键因素。现代主义在内部结构的系统和高效率方面的确为今天的城市提供了一种解决问题的方式。但“大规划”方式在城市的“整体性”方面达到一种近乎机械式的教条，几乎抹去了一切弯曲的有空间意味的街道，包括在建筑层面的“装饰”，这一系列的几何形“修辞”几乎让现代主义具有一种未来式的“乌托邦”城市意象。这种意向很难给城市带来活力。“一座僵硬的城市所呈现的画面总是人工痕迹很重，也十分规则，但却没有小尺度的区域。”相反，萨林加罗斯认为，“如果我们俯视一座规划成功的城市，画面会很清楚地呈现出分形的特点，这并不仅仅是视觉上的巧合；迈克尔·巴蒂和他的研究团队通过严密的研究得出城市网络分形的精髓。”[2] 由此，从上至下的“梳理”对城市形态结构的整体性依然重要，直线的大街和弯曲的小巷在“梳理”过程中都可能被吸纳。分形梳理比“大规划”的现代主义方式更加温和。

[2] 同上，第 25 页。

后现代主义意图依赖“打破秩序”从而找到一条出路，其中一些具有理性特征的城市实践（小范围的城市尺度）具有一定的启发意义，但总体上其“无序”的城市设计方法及“怎么都行”的城市思想使我们的城市景观越来越“碎片”化——结果并不令人满意。近二三十年的城市现代化发展，在城市规划中以市场为导向，以经济测算为依据的城市战略不断膨胀的情况下，城市应该具有的统一性仍在不断地瓦解、消失。在城市中，城市景观不再以连续性与完整性作为衡量和控制城市形态的标准，于是放眼望去，到处充斥着间断性的碎片、破裂与缝隙。无疑，这些断裂、破碎的城市景观已经造成了对城市形态的破坏——当前这些对城市形态的破坏来自造就这些形态的社会关系的转变，而不是城市形态历史演进的必然。除了破碎的街区景观和偶尔的令人惊讶的奇特建筑，城市的整体意象在消失，我们无法找到一条整体的线索将视线所能看到的城市景观联系起来。一种迷茫和恐慌占据人们的心里。

当然，积极的一面，从分形城市的角度看，后现代主义将城市尺度从一种空洞的几何尺度拉回到人的现实空间中来。客观地讲，城市中，“人”应该是一切尺度产生以及递进的参照标准，并且是唯一标准。[1] 分形城市从侧面给这一观念作了很好地解释——连贯性往往有赖于小尺度基础上的建立。台阶、铺地、行道树、栏杆、门廊这些“小尺度”应该成为当代建筑师在描绘城市的人性回归时的关注点。显然，小尺度的结构最终保证城市的居住适宜度；大尺度的连接则有利于更大范围内的流通和交往。分形梳理的城市形态构建在当代城市将发挥更大的作用。

[1]（美）萨林加罗斯著：《城市结构原理》，阳建强等译，中国建筑工业出版社，2011 年版，第 25 页。

传统城市兼顾了在整体上的结构性与在“小尺度”层面的丰富、均衡，并且在小尺度层级的连续关系上，既保持着递进性又往往因为时间的因素而存在一种“拼贴”的效果——就如前文所述的叠加、断裂的状态——这恰恰呈现一种复杂分形城市的特征。这些传统城市中持续地产生丰富的城市肌理的特点在后现代主义时期被再次受到重视。但同时不得不承认，传统城市结构在满足现代性需求方面无法适从。所以从宏观的历史角度看，城市美化运动处于传统城市向现代城市转型中，其所主张的城市形态结构，既继承了传统城市古典美学作为形态与尺度上的依据，同时又以极具现代性的方式“打开”城市空间，最终形成有序而复杂的城市形态结构。

我们的城市现实是，现代主义延续以来，关于“未来世界”科学的整体幻想和对于历史情调的怀念，以及现代主义的普遍性与历史主义的地方性并存，使我们的思想长期处于一种矛盾和紊乱的状态。转而逐渐麻木地接受了“多元”掩护下的城市混乱。分形梳理的价值在于综合认识后现代主义城市理论提出的对城市的合理尺度、功能混杂、邻里、社区等，向传统城市学习，并使现代主义城市综合规划在城市形态的整体性认识中发挥作用，最终指导理想城市形态的建构。

城市的多样性与活力是当代城市发展探求的核心，其首先表现为多层尺度的连续结构：城市形态的整体性、丰富性和自相似性都需要得到重视。结合第二章的叙述，城市美化运动的实践在当代城市背景下又能够展现出城市形态建构方面的价值。以下将列举两个城市案例加以分析。在这两个案例中，主要的城市设计及建设过程虽然都处在典型的现代主义综合规划时期，但在源头上和城市美化运动是有联系的。其在城市文脉继承、空间景观控制、城市形态的可持续和多样性方面都有充分的考虑（和城市美化运动相比既有相似性又有创新性），并且经过历史演进，其城市活力持续至今。在当代城市背景中以此为范例，这些城市实践能够映射出构建理想城市形态的可能方式。

3.5.2 以贝尔拉格为例

贝尔拉格方案的细节与实施是一个复杂而困难的过程。这个在 20 世纪初期阿姆斯特丹南部新城贝尔拉格的规划案例具有明显的理性规划特征：几何化总体平面的整体城市结构控制，同时又有极富变化的局部空间处理，并且恰当处理了与老城的关系。从这些方面看，它与城市美化运动具有规划方式上的相似性。总体上，这个案例很好地说明了新区规划的理性模式，塑造了清晰丰富的城市空间，为城市发展带来持续性发展的可能性。并且进一步，通过规划的总体区域的合理控制，形成了有序的公共空间，体现了协调的景观城市美学。贝尔拉格曾经在1903年基于田园城市的思想完成过一版规划方案，但由于密度不足和实施成本高昂被城市规划委员会否决。1916年它呈报了第二个方案，1917年得到政府的批准，至1921年南部土地扩张，使方案的主要部分得以实现。总体上看，贝尔拉格故意忽略了原有正交网格的规划结构，但也没有完全采用城市美化运动中常见的同心圆加放射线的规划结构；而是采用了比较自由的几何模式，其特征是“大尺度的网路，重构了一种类似于老城运河系统的秩序”。[1]

[1]（法）巴内翰等著：《城市街区的解体》，魏羽力等译，中国建筑工业出版社，2012年1月，第79页。

贝尔拉格的规划使新区明显地与旧城隔开，自身的结构十分的清晰；即使在这个新区区块，运河和公园（Beartrixpark）也将新区分为两个部分：成鹅掌形的西区和成三叉戟形的东区。[2]这个规划在表面上表现出清晰的双重系统，将壮观的效果融合于规划中，东部是线性的，西部是点状的，但主街都垂直于明确的纪念性轴线，从整体城市肌理方面仍然能看到与过去城市的谨慎的连续性。整体城市结构的设置使得规划自1917～1939年断断续续的建设过程中能够保持基本的城市肌理。尽管贝尔拉格的方案没有完全实现，但今天仍然能够看到这个方案的主要部分。

[2] 这种划分也反映出一定的社会性：东部以工人为主，西部则有较多的资产阶级街区。

城市空间美学在很重要的层面上反映了在街区的公共空间形成的视觉连续性、完整性和秩序性。贝尔拉格规划在街区的设计方面，十分注重“美化”的实施。街区两侧的建筑在尺度及立面的总体控制上，表现出惊人的一体性。“街区，由一个建筑师整体设计，或由不同人设计的建筑集合而成，它呈现了一些明确的属性，我们可将其归结为一种抽象的事物：类型。”[3]这种共识是以不同建筑师并肩作战的方式来达成的。他们谦逊地面对

[3]（法）巴内翰等著：《城市街区的解体》，魏羽力等译，中国建筑工业出版社，2012年1月，第87页。

图 3-28 贝尔拉格规划
左上、左下、右图片为：贝尔拉格规划平面图；今天的城市肌理；住区鸟瞰
（图片引自：左下基于 Google ）
（参见彩图）

城市空间，巧妙地处理沿街立面：尊重地块划分的结构，并在立面朝向及风格上取得一致。这取决于一方面是贝尔拉格方案构成的基础；另一方面是开发机构对于住宅布局与设计的规定。对于城市的视觉面貌来说，当然后者起到了更加有力的作用。例如，政府规定（1905 年细则）建筑层数为五层；要避免太多数目的家庭单元聚集在一起，从而可能引起危险的社会混乱；同时政府又规定相应的“模式类型”以避免高密度公寓的出现。[1]

贝尔拉格规划既使新区与老城保持着肌理上的连续，又在新旧之间找到一条清晰的边界，将旧城结构“隐藏”起来。同时沿阿姆斯特尔运河设置步行道，改造若干广场，并使边界组织为一条可以看到并控制阿姆斯特尔运河的线形。整个规划可以被看作是一种“纪念性”结构和一套无特征网路的叠加。纪念性系统基于简单、古典的图形：对称、取齐和立面组织，转角的处理突出了对称并暗示道路各自的等级关系。次一级的系统保持了连续性，它作为公共设施（教堂、行政建筑）的支撑，总体上并不明显，但也不断地反映出纪念性的系统。

这两套系统共同决定了一套包含一组街区的网络结构。一些同类的项目，也就是说包含在一个明确的详细规划中的项目，其布局揭示出阿姆斯特丹的某些空间模式，

[1] 政府认为几个家庭公用一步楼梯是危险的，相比更加中意于底层有一个独立入口的叠拼住宅。（法）巴内翰等著：《城市街区的解体》，魏羽力等译，中国建筑工业出版社，2012 年 1 月，第 86 页。

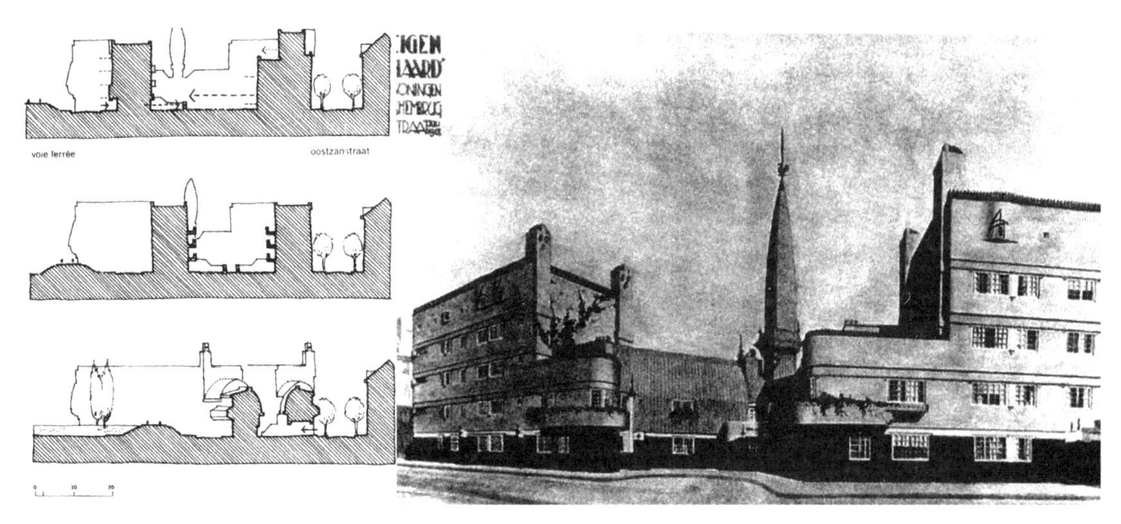

图 3-29　M• 德克莱克设计的 Spaarn dammer buurt 的 C 街区
（图片引自：《城市街区的解体》P76）

[1]（法）巴内翰等著《城市街区的解体》，魏羽力等译，中国建筑工业出版社，2012 年 1 月，第 84 页。

它们没有局限于贝尔拉格规划确定的方位，却似乎在所有参与南拓的建筑师中建立了一套共有的规则 [1]（图 3-28）。

在城市功能上，两套系统的叠加并没有在任何一个层面限制功能的使用形式：有时候项目服从于纪念性系统，同样的建筑师就将建筑沿广场或街道两边布置；有时候项目构成了自己的组合，有自己的一套修辞学，通常其中央会有一个内部广场，或者带有一个学校，就会表现出和总体关系薄弱的特征。

具体的比较，从 M· 德克莱克设计的 Spaarn dammer buurt 的 C 街区来看（图 3-29），建筑群落组织结构清晰，变化丰富而细腻，传达出一种轻松的古典美，同时它又兼有高密度与综合功能。从形态关系上看，中央的尖塔明确地标示了学校的重要位置；从剖面又能看出建筑群落空间从校园场地到中央花园再到邮局入口的丰富而连续的空间变化。

从物质空间的角度去观察城市，我们总希望城市空间是秩序清晰、结构均衡和容易理解的。因为只有具有了这些基本因素，城市才可能是美的 。[2] 总体观察，贝尔拉格方案在整体性、内部秩序性与连续性，以及城市空间的丰富

[2] 后现代主义以前，人们似乎对审美的基本准则始终保持着某种基本的一致——这种一致和核心就是秩序与完整。

性等方面都处理恰当，城市美化的影子在城市结构中亦是清晰可见，并且被很好地融合其中，可以说贝尔拉格方案提供了一个温和而亲切的现代城市形态模型范例。

3.5.3 以曼哈顿为例

曼哈顿展示出一种独特的城市多样性，这种多样性向我们证明：标准网格的城市规划结构，同样能够支持内在的自由与活力；以及，如何在其理性的规划原则指导下，始终保持城市活力与持久更新的动力。正如菲利普·帕内莱所述，“通过预先估算并努力掌控城市与建筑发展的宽度，曼哈顿的网格提供了无与伦比的观察基础。该小岛移民潮迁徙速度之快，重要性之高以及吸收投资总额之多是罕见的。所有这些全都连续分布在这座城市独特框架内的一个封闭空间中。这个独特框架最初是由 12 条 30 米宽纵贯小岛 20 千米长度范围的南北大道，以及 155 条 18 米宽的街横穿小岛 5 千米（岛的最宽处）宽度范围的东西大街构成的。”[1]

曼哈顿岛的城市结构的形成开始于城市美化运动。19 世纪以前的城市中心仅仅集中在岛屿的南端，成不规则网格状排布。而纽约的城市美化运动则从位于曼哈顿中部的中央火车站开始，逐渐形成了网格状的城市肌理。中央站综合体完工时（约 1919 年），曼哈顿中城形成了一个巨大的综合区域，包括车站、旅馆、办公大楼等一系列建筑，以及蔓延的公园和林荫大道。1913 年纽约时报称誉这个工程为“终点城市”，“它使城市各区域焕然一新”。[2] 中央站工程对纽约的影响已经超出一个建筑的范畴，它成为纽约城市变革的催化剂。通过中央站的建设，重组了曼哈顿的城市空间，促进了曼哈顿城市形态的转变。对于中央站本身来说，这个建筑坐落在长长的林荫大道的尽头，体量匀称、立面庄重而富于装饰，是典型的城市美化者所设想的理想城市场景。之后，

[1]（法）Serge Salat 著：《城市与形态》，中国建筑工业出版，2012 年 9 月版，第 282 页。

[2] Harvey Kantor， The City Beautiful in New York History Society Quarterly (1973), P 149。

图 3-30　曼哈顿规划
左、右图片为：曼哈顿规划平面图；典型的方格网路，结合城市细部，具有分形特征

[1] The Architecture of New York (1984) 转引自《20世纪初纽约城市的美化》，1997。

随着大道两侧的新古典建筑的完成，以车站为中心的城市大道景观更加完美。"在纽约中央车站水平于街道的各个角落，可以看到公园大道东西两侧建筑的外观，创造了既由十字街道截开而又连绵一片的整体效果。沿着公园大道矗立的公寓的上檐，与纽约中央站建筑的上媚在同一水平面上，就更增加了连续性的效果。"[1] 当然，不得不面对的现实是，随着土地升值和周边建筑密度和高度的增加，这种"连续性"的景观效果正逐渐消失。今天，中央火车站已经淹没在周围的高楼中。不过总体来看，由城市美化运动确立的对总体景观进行控制的规划方法，以及古典建筑风格的使用一直延续到 20 世纪 60 年代以后，形成了大部分的曼哈顿城市面貌。

从城市网路结构上，曼哈顿并没有采取具有放射几何图形（如华盛顿）的典型城市美化模式的复杂形态，而是借助当时美国最简单、盛行的单调的方格规划，并且该规划在设计之初也未明显预示会有某种独创性与多样化的城市发展（图 3-30）。然而，时至今日，曼哈顿展现出复杂丰富的城市肌理，以及在步行层面的舒适和极具活力的空间效果。

我们进一步观察曼哈顿的街道景观及其相互连系，分析其城市结构，不难得出这样的结论：曼哈顿的城市多样性更多地是反映在街区的立面关系，而不是更大尺度的

图 3-31　曼哈顿城
上、中、下图片为：曼哈顿中城第五大道区域；下城 SOHO 区；曼哈顿岛周边住区（参见彩图）

平面关系。从分形城市的尺度层级来说，曼哈顿的平面方格网路构建出整体的城市模型，清晰、理性，便于任何一个人去理解这个城市。同时可以看到，曼哈顿的尺度层级并不算丰富，甚至可以说是很“单一”。如果把“街”和“道”算作一个层级（尽管在宽度上不同），那么车行道与步行道直接被建筑立面界定，构成了曼哈顿的主要街道空间，所以，从平面上我们看不出什么惊喜（除了 Broad way 这条由南至北的斜线打破网格）。但这丝毫没有妨碍城市多样性活力的表现。

一方面，建筑向上发展而非向外膨胀，清晰“呼应”网格的情况下大大增加了城市密度。原本的简单网格催生出一座复杂多变的城市，并通过最大化的城市居民活动增强城市活力。另一方面，从街道的角度看，建筑的立

图 3-32　曼哈顿的街道

面化拼接成一个连续的“街景”，古典风格作为形式上的文脉“内核”控制着整座城市的总体面貌，变化又不失整体的连续感。更进一步增加这个“街景”的复杂性的是，城市功能区块位置的转变也引导着建筑风格的转变，但其总体关系保持着内在的一致性。例如，从第五大道区域至 SOHO 区域的立面转换，这种立面关系甚至延续到曼哈顿岛之外的更松散的居住社区（图 3-31）。从视觉上，曼哈顿为我们建构了一个整体清晰，又丰富变化的连续的城市“街景”（图 3-32）。这些都成为构建有活力城市的重要因素。

另外重要的一点，曼哈顿之所以让人觉得丰富多样，具有亲切感的很重要的原因是街道的尺度。曼哈顿东西向街的间距大约是 80 米，南北向道之间的间距大约是 280 米（华盛顿交叉口间距介于 120 ~ 140 米之间；北京一个可走通交叉口的间距是 400 米左右），虽然略微偏高，但也接近于 18 和 19 世纪欧洲城市的交叉口间距，所以是个十分适合步行的城市。并且，不同风格时期和不同尺度的建筑紧密聚集在一起，底层多数是商店，而且这些商店往往在和步行道相连的有限空间内创造出了丰富的变化。在更细微的尺度层面上，立面或门楣处没有杂乱的广告牌造成对视线的干扰，商店、公寓、地下停车入口等标示都以文字的形式标注在恰当的位置（适于步行者观看）。这些细节都增加了城市立面的丰富肌理。

曼哈顿为我们提供了一个在理性的几何规划城市结构下如何创造城市多样性的范例。在城市形态上，曼哈顿具有独特的分形特征：其在街区形态上的局部变化和街道立面的细节弥补了城市网络结构的单一。在这里，总体的空间结构与丰富的细部同样清晰可见；街道城市景观的连续性与多样变化并存，并且始终处于一种区域匀质的状态中；步行的尺度让你会自然地关注城市的细节……综合性的用途、高密度的活动、小尺度的街区等，这些雅各布斯所认为构建城市多样性应该具有的元素在曼哈顿都能够找到。人为干预的规划方式（城市规划法规在其中起到重要作用，这一点雅各布斯并不喜欢）和城市建设的局部自发性创造相互结合，使曼哈顿成为一个城市多元性构建的特殊案例。

3.6 本章小结

在纵向的从古代传统城市到现代主义及后现代城市形态的发展转化分析中，分形梳理的方式将不同时期城市形态的结构清晰、形象化，并在相互之间建立对比和关联性。由此映射的城市形态美学或空间环境美学就变得更加容易理解。在城市景观呈现分解和破碎的当代都市，城市空间所应具有的连续的“景观性”再次成为城市形态美学传达的媒介——分形梳理所体现的秩序组织和文脉延续在当下，更突显了其现实意义。分形梳理作为一种城市设计方法，其本身建立的内在逻辑关系本就具有“秩序”性的美学特征，并且可以作为城市形态美学构建的重要手段参与城市实践。

以当代城市表现出的复杂与多元的后现代文化特征来看，“美化”不会像其表面看的那样“纯粹”，其总是在全球化引导下的外在“均质”和地域文脉的“异质”的内在需要之间求得平衡。这也是当代城市文化所形成的都市景观表现出的外在与内在的矛盾——它一方面要利用完美城市图景制造代表城市自身实力的形象，并以此向“世界城市”看齐，一切先进的城市案例都可能作为摹本；另一方面，它又要以突出地方特色为己任，通过形象建构来抵制全球化的均质性，使自身历史文脉的挖掘和异域城市景观的塑造并存。此时，城市形态的整体性、空间结构的丰富性、连续性都将以外在物质空间的美学形式加以表现——“美化”将再次成为城市规划的重要目标之一。虽然地域性与全球化本身就是一对矛盾的产物，但对城市形态美学来说，却也提供了无限的可能。

第四章 城市美化运动中的城市美学

城市的美在城市发展的历史积淀中形成，这种美看起来难以描述却又触手可及般清晰。追溯“美”的本源，人类对“美”的理解似乎并未有质的改变——古典美与现代美之间也从未出现一条不可逾越的鸿沟。显然，探求美的本质，并向古典城市学习是研究城市形态美学的重要方向。城市是人类文明的最集中的体现，也是人们所创造的“美”的物质载体，是人类社会“精神性”的物质表达，从这点上看，“美”一定是物质性的。所以当今对城市形态美学的分析并不能忽略其“物质性”的一面。而更深层次的，城市的物质形态的美学结构与生活在城市中的人的社会“结构”也必然存在着内在的关联，这是结构主义提出以来我们以不同视角去理解空间结构与城市形态的新的可能。最终，可以从“物质性”的角度审视古典城市美学，城市的分形形态，城市形态中的结构主义，并在它们和城市美化运动的理念之间建立某种联系，以指向未来城市发展的“美化”之方向。

4.1 古典美学与城市设计

4.1.1 美学史上对美的探索

· 古希腊时期

柏拉图是西方客观唯心主义的创始人。他提出世界由“理念世界”和“现象世界”所组成。理念世界是真实的存在，是永恒不变的；而我们所接触到的这个现实世界，只不过是理念世界的微弱影子，它由各种现象所组成。这是形成柏拉图哲学思想的基础。由此对于美的本质的探索，柏拉图指出应从精神世界出发，提出了“美是理念”的定义。他将理性世界和感觉世界对立起来，认为感觉的具体事物不是真实的存在，在感觉世界之外还有一个永恒不变的、独立的、真实存在的理念世界。他认为“理念”是一种可见世界之外的宇宙精神和原则，是一种至善至美的真实存在，它无始无终、不生不灭、不增不减、亘古不变。可见世界，或物质世界只是“理念”的“影子”。或者说，可见世界，或物质世界因模仿了“理念世界”的美而成为美的。这也就形成了柏拉图的观点，即理念是万物之美的源泉，是真正的“美本身”。他同时认为，个别事物的美是相对的、变化无常的，只有美的理念或“美本身”才是绝对的、永恒不变的。“美本身”可以独立存在，而美的事物却不能脱离“美本身”而存在，一个事物之所以是美的，是因为“美本身”出现于它之中或者为它所“分有”。[1]

[1] 徐苏宁编著：《城市设计美学》，中国建筑工业出版社，2007年版，第2页。

在美学思想上，亚里士多德则开辟了和柏拉图完全对立的体系。他认为“美在形式”。他首先肯定现实世界的真实性，并指出美的本质不能离开具体的美的事物，应当在客观现实中寻找美。亚里士多德把美从纯粹的抽象性中挽救了出来。进一步的，他指出“美在整体”，他一再地强调，美的事物应该是一个像我们的身体一样的“活的东西”，因而它的长短、比例、体积等外部特征都是我们可以感知的。正是从这种人的感知的角度出发，亚里士多德指出美之中充实了整一、均质和明确等具体的含义。他认为，只有这种“完整的活的东西”才能“给我们一种它特别能给予的快感。”

比亚里士多德更早，南意大利学派的创始人毕达哥拉斯也提出过关于美和形式的问题。关于毕达哥拉斯本人的生平和学说，古代并没有留下太多的资料，亚里士多德也只是谨慎地提到“毕达哥拉斯学派”，而没有提到毕达哥拉斯本人。公元前6世纪，毕达哥拉斯提出了著名的“美即和谐”的命题，开始了人类追求美的本质的先河。毕达哥拉斯学派对于美的本质的解释体现了形式美学的一些特点。比如有机统一、比例、和谐、对称、均衡等，而这些构成美的基本因素都和内在的“数”相关。在毕达哥拉斯看来，数为宇宙提供了一个概念模型，数量和形状决定一切自然物体的形式。由此，自然界的一切现象和规律都是由数决定的，都必须服从“数的和谐”。他把数理解为自然物体的形式和形象，是一切事物的总根源，也就是说“数”贯穿一切事物，因而万物是一个统一的整体。因此，数的比例关系构成了和谐而有秩序的世界，自然之美、音乐之美皆体现于此。而艺术的美学价值也就在于形式本身，与任何内容因素，如思想、感情、主题、题材、现实等无关。他的美学思想对后来的理性主义美学产生了一定的影响。

· 18世纪以后

在对美的探索方面，黑格尔充分吸收总结了前人的美学研究成果，并以他的客观唯心主义哲学体系为基础，经过缜密的论述总结出他的美学定义，即“美是理念的感性显现”。

黑格尔提出世界的本源是精神性的，他认为世界是绝对理念自我认识、自我实现的过程。他指出历史是合乎逻辑、合乎规律、合乎理性的发展，而并不是偶然现象的堆砌。而艺术、宗教、哲学，便是绝对理念在精神阶段发展中的早期阶段。这其中包含了重要的感性成分，即艺术的根本特点，是通过感性的形象来显现自己。这一点表现出：美的理念必须有确定的形式，要与现实的具体特征结合在一起。美的理念要通过感性的形象来显现，即感性形象是理念的自我显现，二者是统一的。黑格尔从唯心主义的角度，将西方美学关于理性与感性、内容与形式、一般与特殊的争论和相互矛盾，通过“美是理念的感性显现”统一了起来。[1]

[1] 徐苏宁编著：《城市设计美学》，中国建筑工业出版社，2007年版，第6页。

狄德罗作为法国启蒙运动时期最杰出的美学家，他在“美在理性”的传统观念的基础上，提出了“美在关系”的新看法。狄德罗认为“美”是一种存在物的名词，它标记着存在物一种共有的性质，这个共有的性质就是“关系”。这就是“美在关系”的含义。事物的性质是关系的基础，“美在关系”就意味着美在事物的客观性质，事物的性质是美的根源。他认为事物的性质可以在人们的心灵中引起各种各样的观念，这种观念表现出诸如秩序、比例、对称、适合、统一等，但只有唤醒关系观念才最适用于“美”来称呼。[2] 狄德罗深入而抽象地概括出“美”所存在的普遍性状，而挖掘其中的关系观念就是要通过“悟性”，也就是他所说的“关系是悟性的一种作用”，没有“悟性”的作用，就没有“关系”观念，也就没有美。

[2] 徐苏宁编著：《城市设计美学》，中国建筑工业出版社，2007年版，第7页。

从柏拉图到亚里士多德，再到狄德罗，他们都在美学问题上采用了客观论的立场。一种普遍的认识是美是一种客观存在，它不以人们是否意识到它的美为转移。同时客观论者坚持美在于客观事物的一种属性或特质，这也就涉及了“美的特质究竟是什么”的问题，一种主流的观点就是：“美在于客观事物的比例和谐”。人们之所以能够认识客观世界，是因为人的心灵有着和宇宙世界相同的某种或某些客观元素，这些元素按照一定的“秩序”构成，数的和谐、比例、尺度，它们相互联系构成一个整体，这即是宇宙万物的和谐。美就是从和谐中产生的。美在宇宙万物和我们之间建立了某种关联。一些艺术家企图在人体解剖学的各个部分之间建立起像数学一样精确的美的比例，任何雕像或绘画作品形式只要符合这些比例，就被认为是美的。[1]甚至连文字也不例外，比如拉丁文的24个大写字母中，有十个是竖向对称的，有5个是横向对称的，有3个是绕心对称的，只有6个是不对称的。这些美学规律决定了人们认识和改造物质世界的方式，渗透到人们生活的方方面面。当然，“美”最集中的体现即是人们生活的城市。数千年来智者对美的探索，留给人们思想的瑰宝，这些思想曾经在历史中创造了美丽而辉煌的城市。

[1] 徐苏宁编著：《城市设计美学》，中国建筑工业出版社，2007年版，第15页。

4.1.2 中世纪城市的设计美学

尽管中世纪在意识形态上是一个黑暗的时期，但其在城市发展史中却普遍的被认为创造了独具特色的城市美学。这种城市美学不仅是一种形式上的创造，也是基于和谐、秩序、连续而有韵律的美学规律的“自然主义”[2]城市建设的独特范例。其中表现出来的对城市美创造的思想、意识、观念和方法恰恰正是现代所忽视和丢弃的内容。实际上，我们很容易发现，现代主义以来城市理论学者在审视现代城市形态发展中的问题时——尤其是形态美学方面——常常将中世纪城市作为一种形态美学上的模型。

[2] 这里指无明确规划和较少的人为干预的城市建设模式。

“中世纪的城镇并不是根据预先规定的某种风格和死板的形式而发展起来的，它是按照有机体的三维空间的形象而修建的。它不是我们今天所想象的城镇规划，它是最地道的城镇设计。”[3]

—— E. 沙里宁

[3] （美）E. 沙里宁 著，城市——它的发展衰败与未来，顾启源译，中国建筑工业出版社，2000，第64页。

中世纪的城市布局总体上是十分自然的。它不同于古希腊、古罗马古典城市以及后来的文艺复兴时期的理想城

图 4-1 城市肌理
左、右图片为：罗马的城市肌理；威尼斯的城市肌理

市、唯理主义时期的“几何城市”，也不同于我国的封建城市，完全受控于礼制的规划理念，严格按照“营国制度”城市建造。造成这种城市格局的内在原因，主要在于西欧中世纪在政治上是农村统治城市，城市生产力极度薄弱，几乎仍旧是自给自足的农业自然经济状态，而城市环境破落，也缺乏城市设计方面的专业人才。另一个方面，城市的选址一般也自发地寻找地理位置优越的交通要处，或是依附于封建主的城堡和要塞，这样才能维系城市在一个各地方势力割据、战争频发的动荡时代的生存。总体看，其内在的自发性成为中世纪城市在形态上几个主要特征的根本因素。

中世纪城市形态所表现出的最重要的特征就是其有机性。这种有机性体现在大多数的中世纪城市中。这种城市布局在总体上不会呈现严格对称的环形或放射状规整的道路网路，[1] 城市公共区与私人区也不像古典城市那样严格隔离。中世纪城市的道路网络是以步行为基础的，像蛛网一样层层向外发散，大路分支出小巷，密集而相互连接。城市街道层次十分分明，通往城市中心和广场的街道往往设计的比较简单、方便，而连接住宅区的街道则蜿蜒曲折。这些蜿蜒曲折的街道往往从城市核心区向外一圈圈的扩散，所有的公共建筑和广场都分散地安排在曲折复杂的街道后面。这些蜿蜒的道路，被道路界定的随形的广场和连续的建筑立面，像一个有机生命体一样紧密地联系在一起。这些塑造了中世纪城市优美的肌理（图 4-1），从中体现着中世纪的城市在表面的杂乱背后自然地流露着一种整体的、内在的有机秩序。

[1] 到后来的巴洛克时期，才把街道直接接通到市中心，出现我们常见的放射线和同心圆的模式。

中世纪城市内在的有机性和其协调的布局，使得其城市景观给人的印象是统一而美丽的，而在这种统一中，其街道景观又表现出丰富的多样性。一方面，中世纪城市建设在最初阶段并没有特别的规范，完全依据当地的自然地形地貌特征和居民的生活习惯自然而形成。城市往往利用地形的制高点、水系湖泊和周边自然景观，形成城市间各自不同的个性。

另一方面，中世纪的城市建设是按照某种预想的三维空间的视觉美学效果修建的，这一美学效果是基于人的视点的空间秩序来判定的。例如，人为制造狭窄弯曲的街道，从而消除狭长单调感；街道两边建筑密集排列以形成围合封闭的街道空间；由居民自由设计的立面为街道提供了丰富的景观细节，这些细节随着街道的转折而变化；依次出现的广场和公共建筑为街道提供了节点和视线上的焦点……随着人们脚步的移动，各种景色和声音，封闭和开场的空间交替出现，产生了一种自然和谐的韵律，这便是多样性表现出的城市魅力。

另一方面，中世纪城市的多样性还表现在随着时间各种建筑类型及风格叠加交互产生的城市空间效果。最突出的例子当数威尼斯的圣马可广场。这个广场从公元前800年到公元1800年，跨越近两千多年，一直在缓慢发展变化着，直到拿破仑时代才形成现在的基本形式（图4-2）。在这个广场上，没有明确的对称形式或轴线关系，建筑样式也各不相同。它们以不同的风格、色彩和材质真实地保持着各自的时代特色。不同时期的建筑以恰当的尺度与围合关系复杂组合在一起，在时代演进中始终保持着形式上的和谐与协调的原则。不难看出，中世纪的设计概念始终控制着这里的发展，尽管有些建筑是中世纪以后建设的。

图4-2　威尼斯的圣马可广场
（图片引自：Google 地图）

从建筑层面看，中世纪城市又表现出一种内在的样式上的协调性。在中世纪城市，即便十分重要的建筑也往往没有中轴线或开敞的广场的衬托，建筑与建筑之间保持着亲密的关系，广场和市场随着建筑的布置自然出现，或是圆形，或是三角形，甚至自由的多边形。这种紧密组合的方式一方面为城市提供了较高的密度，同时形成了连续而统一的城市空间基底。在建筑风格上，中世纪城市不拘泥于某一特定风格，而是崇尚风格的多样组合。市民既是建筑的设计者又是实施者，他们似乎具有一种天生的美学意识和独到的空间概念。每一栋建筑的设计不只是注重外形的风格与细节的变化，同时还注重从城市空间的需要出发，在总体上保证建筑自身的独特性和在城市景观上的统一性。总体上看，沿街布置的建筑总是大致统一在一定的高度，街角的建筑往往更高、更突出；教堂建筑、市政厅建筑一般毗邻开阔的广场上，并且作为公共建筑和城市标志物，它们具有更大的体量；而一般的住宅则比较低矮，疏密相间沿着四周的街巷布置。这些高低错落的建筑勾画出中世纪优美的城市轮廓线。甚至在色彩上，中世纪城市同样呈现一种令人惊讶的协调性。这种协调性表现出的主色调使城市具有了鲜明的特色并令人印象深刻，例如灰色的巴黎、黑白色的热那亚、金色的威尼斯和色彩多变的佛罗伦萨等。

总之，运用这种有机方法，中世纪城市形成了复杂丰富的城市空间效果。因此，沙里宁盛赞中世纪的城市是建筑上的一种成就，中世纪的城市设计是空间的设计。

4.1.3 巴洛克城市的魅力

巴洛克城市美学是在中世纪及文艺复兴时期城市封闭形态基础上的一种打开与再构。从总体上看，文艺复兴之后的城市仍旧保留了中世纪城市的静态与封闭，并在人文主义思想的推动下，城市设计和建筑设计思想也得到了的发展。这一时期出现了不少建筑理论与著作，大抵是以维特鲁威的《建筑十书》的理论为基础发展而来的。这些著作所反映的思想特点之一就是强调人体美，并把建筑中的柱式比例及建筑构图同人体进行比拟，这反映了当时的人文主义思想。特点之二就是受中世纪关于数字有神秘象征说法的影响进一步研究了用数学和几何学关系的美学比例，如黄金分割比、正方形等来确定美的比例和协调等问题，这显然受中世纪关于数字有神秘象征说法的影响。总体上看，“世上万物皆有秩序”的思想并没有被文艺复兴所放弃，而是基于几何和秩序等内在规律得到的一种新的诠释。

和中世纪城市所遗留下的“静态”美所不同的是，巴洛克城市打破了文艺复兴以来的几何秩序控制下的封闭和静止，以一种新的理性、开放和运动的方式创造了独特的城市美学。

巴洛克城市从鸟瞰的角度观察，具有明显的几何形和图案化的特点。巴洛克城市规划常采用直线的街道和整齐的街区，这些街道沿圆形或方形广场，成放射状排列，这些放射线再连接到新的城市节点。巴洛克的这种平面化的布局方式常常和自然地貌是相互抵触的，所以对于起伏地段所采取的措施常常是把它铲平，以达到一种街区能够无限延展的效果。这种星形方式的规划模式很像前文（第三章第二节）提到的帕尔马·诺瓦城的形态，但是要比帕尔马·诺瓦城形态上自由得多，放射式布局中会更注重城市对称之外的变化，格局也更加敞开、延续和多变。例如，德尔波波洛广场（Piazza del Popolo）具有三叉形道路的放射结构代表了巴洛克城市基本图案的原型。在此之前的几个世纪，波波洛广场只是三条街道的起点，自从1589年方尖碑树立在广场上之后，它就成了城市的焦点。逐渐具有鲜明的巴洛克广场特征。加上卡洛·拉伊纳尔迪（Carlo Rainaldi）双教堂的建成，它就形成了一个极具纪念性的入口，动人的双穹顶和三岔口成为巴洛克最具说服力的实例之一[1]（图4-3）。

[1] 徐苏宁编著：《城市设计美学》，中国建筑工业出版社，2007年版，第80页。

所以，开放和动态常被认为是巴洛克城市的另一个重要特征。它的笔直的街道和几何形的广场使城市空间看起

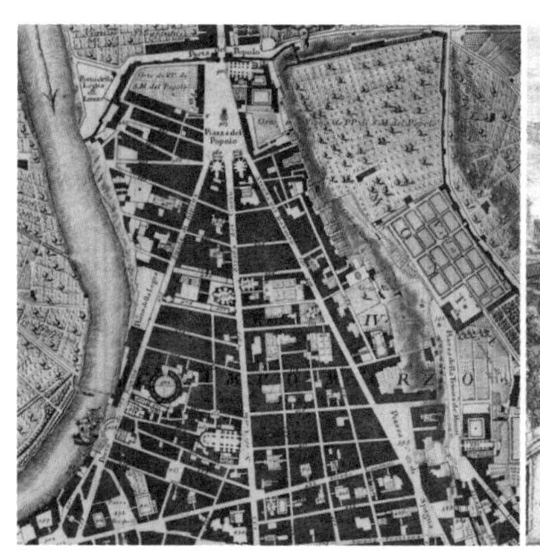

图 4-3 德尔波波洛广场
（图片引自：commons.wikimedia.org & www.wga.hu/html_m）

来更加通透和可辨识。为了增加城市空间的形态感，建筑往往连成一片，建筑间的空隙也往往用实墙封闭，以获得具有统一感的城市景观，用连续的建筑立面限定和形成统一的城市空间。这样，街道和广场的空间感被进一步增强了。同时，城市空间的各元素相互作用并服从于一个占主导地位的焦点，这个焦点往往就是广场边的高耸的教堂或者放射线所引导向的公共建筑。巴洛克城市的动态与转变的景观效果使城市空间在具有韵律与变化的同时又不失协调感与整体感。

在巴洛克城市的空间布局上，意大利的圣彼得广场（piazza St.Petter）也是一个典型代表。其设计者伯尼尼（Gianlo-renzo Bernini）通过两侧环形柱廊，象征着教堂展开的双臂，向来自各地的天主教徒打开。这种布局即突出了作为精神核心的教堂的焦点方位，又界定出具有仪式性的围合空间。其纪念性建筑与广场的原型作用，以及广场中心方尖碑的利用，使得建设纪念性广场成为巴洛克城市的迫切需要，也成为之后巴洛克城市空间结构的重要特征。

巴洛克城市广场的纪念性和几何特征常常与开放和多变的结构共存，而并不总是以刻板的形式出现。例如，出自米开朗基罗之手的卡比托利欧广场（Piazza Campido-glio）就表现出灵活的适应性和丰富的想象力。这个广场的设计在许多方面都取得了成功。它是由一组建筑群构成的，是建立在改建工程基础上的创作。米开朗基罗重新设计了这个广场，使其不再面向古罗马广场（Foro Romano），而是面向圣伯多禄大殿，代表了罗马城新的政治中心。作者在原有的两个略呈锐角的建筑物和空地上的雕像的基础上，对雕像的背景进行完善并加以装饰，为位于轴线尽端的元老宫增加了一个双楼梯，作为面向广场的新入口，又设计了位于广场北侧的新宫（Palazzo Nuovo）作为第三个建筑物，使广场成为以雕像为中心的一个梯形的封闭空间。米开朗基罗在地面设计了二维星形铺装格局，由中心雕塑向外发散，并巧妙配合三维突起的踏步，使得中心广场与三座建筑紧密地联系在一起，极大地加强了由三座建筑限定的空间的价值。同时，新建建筑作为广场的视觉焦点，米开朗基罗延轴线设计了西侧的台阶，通往山下的天坛广场（piazza d'Aracoeli）。这一做法增强了广场的向心性和城市空间结构的紧密性（图 4-4）。

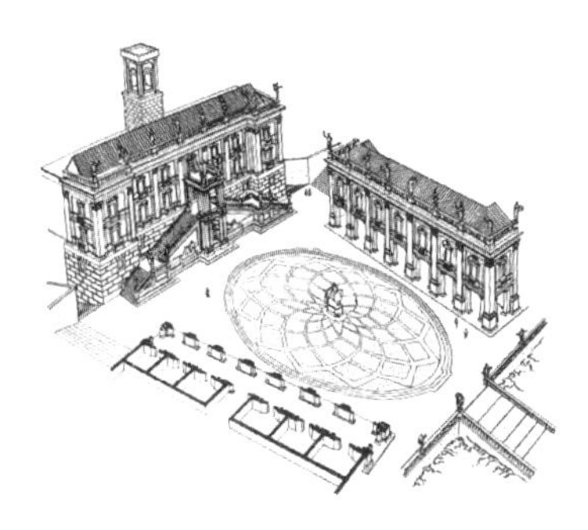

图 4-4 卡比托利欧广场
（图片引自：www.laboratorioroma.it）

从卡比托利欧广场的案例还可以看出巴洛克城市设计十分强调城市空间感的围合与界定，并强调城市结构的清晰性，由此达到城市形态在整体上的协调与外在的恢宏、庄重的美学气质。从这一方面看，巴洛克艺术家同文艺复兴的前辈一样，都很重视设计的完整性和效果的整体统一。尽管巴洛克建筑形式在装饰上繁复冗杂，被人们称为堕落、繁琐的艺术，但对于巴洛克城市来说，建筑单体已经成为城市系统的一部分，而不再强调它在城市景观中的个体的造型作用。在此，巴洛克城市引入了一种新的价值尺度，空间的景观效果获得了新的重要性，成为城市作为一个整体真正的组成部分。

当然，从今天人文主义和文脉主义的观点看，巴洛克城市有其形式化的一面，但体现在整体设计上的巴洛克思想，却通过一个个鲜活的城市实例，让我们了解“设计城市还是设计空间”这句话的含义。并且，巴洛克城市的物质遗存为今天城市形态的多样性提供了独具魅力的样板。后期的城市美化运动在面对工业化带来的城市问题时，再次发现巴洛克城市的美并作为早期城市改造的形式来源之一，汲取巴洛克城市在空间美学上的成就，并注入新的内容，在一个特定的时期，实实在在地影响了世界范围内许多大城市的建设。

4.1.4 城市美化运动中的古典继承

城市美化运动由于其所处的历史时期使其既具有现代性的一面，又具有古典继承的特征。

从城市形态看，这种“继承”的关系表现在不同的城市尺度的层级上。对城市总体的空间结构而言，城市美化采用了巴洛克的城市规划模式，直线与放射线的道路成为其改造城市空间的首要语言。当然这种“采用”不是照搬式的，也不能因为巴洛克风格自身的繁复冗杂而认为城市美化是过于符号和表面的。城市美化所塑造的城市结构从内在看更加自由。如果说宗教是推动古代城市设计进程的主要内在因素，那么巴洛克城市主要展现了一种宗教美学的精神和力量。城市美化则为这种向心性的结构语言赋予了更多的政治和公众力量的象征性。以政治职能为主的城市，城市美化所强调的结构中心不再是教堂，而是国会大厦、总统府、政府办公建筑以及其他的纪念性标志物；而在次要节点或非政治性城市，这些放射线的大道则指向剧院等公共建筑以及广场。观察华盛顿、新德里等首都城市，以及芝加哥、贝尔拉格等非首都城市，这些特征并不难被发现——其空间的开放性更多的与城市职能与市民的公众活动相联系。

城市美化相比巴洛克城市规划方式，更加强调围绕各中心节点的放射线之间的连接性，通过这些连接使公共空间形成一个灵活的网状结构。这个网状结构连接了城市的不同区域，使它们在交通上以更加高效的方式紧密联系在一起。客观上，城市美化使得城市空间结构更加整

图 4-5 网状分形结构示意（图片引自：www.cartographersguild.com）

体，并且这种整体性为城市未来生长提供了更多的可能性。前文所述的格里芬的堪培拉规划就是一个多中心连接的网状结构。这个网状结构既有整体，又有内部相互连接的细节，其层级连续的结构显然具有明显的分形特征。如图 4-5 所示，这个具有放射线特征的、相互连接的结构十分类似格里芬规划的平面图。对比本书中图 2-9 可知，图 4-5 以一种整体又不失局部灵活性的方式有效控制了城市的整体空间。再以华盛顿规划为例，伯纳姆在郎方规划基础上增强的华盛顿中轴线 (Washington axis) 以及由此继续向外延展连接的菱形网状结构，成为这个城市在之后的 1946 年、1955 年以及 1997 年的数次城市规划中的结构底图，也使得华盛顿在之后的数十年的城市建设中，通过对城市局部空间的不断修补、调整，逐步增强着城市空间的整体性而不是削弱它。

城市美化主张的整体结构并不简单体现在巴洛克的放射线结构中，尤其在非政治中心城市，它更表现出其他不同的形式。例如前文提到的曼哈顿规划中的井字网格，以及伯纳姆芝加哥规划中的大尺度的弧线绿隔空间。城市美化以不同的方式增加了传统城市的尺度层级，同时区片的保留或者模拟传统城市的空间肌理，从分形城市角度看，丰富了城市的分形特征。

在较低一层级的尺度上，城市美化继承了中世纪以来的城市肌理以及建筑的古典风格。这些为城市景观在美学上的多层次和视觉上的丰富细腻提供了基本条件。一方面，尽管城市美化大尺度的街道空间和广场建设给传统城市肌理造成破坏，但这种破坏隐含了城市更新与未来适应新的城市功能的可能。更重要的是，城市美化在尽可能修补新尺度空间与传统城市肌理的同时，新建的部分仍然遵循协调有序的原则，在高度上协调统一，又不缺乏变化与节奏；次级的街道往往形成自由斜线或曲线，兼顾小尺度空间与步行需要；连续的建筑立面使街道和广场具有很好的围合感，古典风格的建筑立面增加了这种围合感的细腻程度。这些都使得城市美化的城市公共空间除了中心区宏大的气势特征外，同时具有中世纪城市般的灵活、变化与协调统一。

另一方面，和所有古代城市一样，城市美化运动下的城市同样强调城市景观的“画面”感。这一画面感除了体现在建筑尺度间的比例协调和透视感的均衡，更体现在装饰样式的多样和谐。城市美化不强调古典装饰语言在风格上的一致，而是注重元素间的和谐和细节层次的丰富。例如，奥斯曼巴黎建设时期建设的巴黎歌剧院（ParisOpera）[1]（图 4-6），其折中了古罗马柱式和巴洛克风格建筑等形式，建筑糅合复杂的装饰使它在每个尺度上都有可关注的细节。再如华盛顿中心区，以白宫[2]为核心的建筑群，它不豪华，但显得典雅、庄重，具有一种英国乡村感的建筑风格，这种新古典主义设计样式在谨慎处理的装饰细节中，同样达到了建筑富有变化的立面效果（图 4-7）。这些新古典风格的建筑物，从各种角度和不同的距离都可以看到某种层次的细节及其变化，这是一种复杂性的体验，令人赏心悦目。可以说，这种无标度式的建筑物具有分形的基本特征。这些古典语言为城市美化在微观的尺度上丰富了分形特征。这使得城市美化运动所塑造的城市在内在上具有了和古典城市艺术美学上相同的特质，这恰恰是后来的现代主义城市所不具备的。如克朗普顿（Crompton）所指出的：“由于分形在大自然中普遍存在，将分形用于设计可以提供一种体现自然的表达方式。因此，现代建筑缺乏分形意味着对独特风景构成（picturesque composition）的兴趣的匮乏。”[3]

图 4-6　巴黎歌剧院

图 4-7　华盛顿白宫（图片引自：网络）

[1] 由查尔斯·加尼叶于 1861 年设计，1873 年在一场大火中被毁。新的歌剧院于 1875 年建成。

[2] 位于轴线北侧，一栋三层的楼房，始建于郎方规划时期。

[3]（美）翰·M·利维 著，张锦秋等译．现代城市规划 [M]. 中国人民大学出版社，2003。

历史上看，在 20 世纪初期的欧洲，现代派已经从形成走向发展，而在美国则并未被广泛接受。城市美化运动这一时期，以华盛顿规划为代表，建筑在采用古典风格的基础上都是有发展的——显然完全复古的古典形式无论在技术上、经济上还是所表达的气息上，都很难符合时代的需要——于是一种新古典主义的建筑风格应运而生。这种风格去除了传统的许多复杂装饰，却很好地保

图 4-8 纽约中央火车站

图 4-9 图中左侧为芝加哥莱格利大楼，右侧为论坛报大楼
（图片引自：http://blog.sina.com.cn/s/blog_6f18bd800100s8b4.html）

持了古典建筑的形体和比例，气质上端庄典雅。例如，林肯纪念堂、杰弗逊纪念堂和国家美术馆（老馆）以及国会大厦以东的莎士比亚纪念图书馆等，都是这一风格的典型案例。在这种影响下，当时美国其他一些城市的大型公共建筑的建设也纷纷采用此种风格。例如，纽约中央火车站（Grand Central Terminal，图 4-8）、芝加哥莱格利大楼（Wriley Building）和具有新哥特式风格的芝加哥论坛报大楼（Tribune Tower，图 4-9）等。历史证明，对于一个有魅力的城市来说，古典建筑恰恰具有一种永恒的价值，它可以为不同的时代和各种思想意识所服务。

从对城市美学的追求看，城市美化运动的城市实践始终没有脱离古典美学的本质内容。其以几何形态重新梳理、构建城市空间结构，展现城市理性美学的方式，是从客观世界的自然特征出发，蕴含毕达哥拉斯以“数”为本原，贯穿一切事物，从而形成统一性的美学观念。其在构建城市形态时，蕴藏了丰富的比例、对称、均衡、和谐及有机统一的理念。城市美化运动的目标之一始终在强调城市的整体、均衡与明确，这暗含了亚里士多德指出的艺术美在形态上应具有“整一、均称、明确”的特征。尽管城市美化运动因其更多关注城市物质形态层面的问题，而广泛受到批评，但是，如黑格尔所说：“美的理念必须具有确定的形式”，形式背后所隐藏的事物内在的关联性和系统性是美能够展现的最难以把握的部分——况且对于形态结构如此复杂的城市。所以，如果我们需要一个美的城市，就必须探寻其背后的规律。现实是，城市美化灵活地融入了古典美学的理念，创造了百年之后仍旧经典的美丽城市。

4.2 物质性规划与所体现的城市美学

4.2.1 对物质性规划的批评

城市美化运动在城市的形式美学上继承了古典主义的方向，尽管现代主义之后的认识普遍地将这种方向的城市规划看做是形而上的，或“物质性”规划，但今天我们仍应看到这种“物质性”规划的必要意义。当然，在这之前，有必要对城市美化运动之后以物质性规划为主线的城市规划思想发展转变过程做一个简要的梳理。

自城市美化运动后强调“物质性”逐渐成为城市规划的重要内容，这是这一时期城市规划发展的主线，同时也成为 19 世纪 60 年代后城市理论对其批评的主要方面。在这其中彼得·霍尔的观点尤为重要。霍尔根据近现代以来城市规划的特征将其发展划分为城市病态化、城市美化、城市功能化、城市理想化、城市更新、城市群众化、城市理论化和城市企业化、生态意识与病态化再讨论等若干阶段。霍尔指出前四个阶段——城市病态化、城市美化、城市功能化、城市理想化阶段——时间大约从 19 世纪末到 20 世纪 50 年代，是城市形态由“无规划”转向合理改良，并逐步强化物质性规划的时期。当然，霍尔对物质性规划持批判的态度，这其中也包含了城市美化运动。同时应当注意的是，这种批判的声音自 60 年代以后持续扩大，以至于许多城市规划师开始认为：城市规划如此重要，且不能仅依赖于掌握了艺术手法的精英设计师，或是编制系统规划模型的、技术专家型的规划师。[1] 城市规划由此开始进入对物质性规划进行反思的阶段，各层面社会结构问题被逐步纳入城市规划中来，并且越来越受到重视。

[1]（美）《城市读本》理查德·T·勒盖茨、费雷德里克斯托特 英文版 主编，张庭伟、田莉中文版主编，中国建筑工业出版社。第 358 页。

以美国为例，纵观其 19 世纪以来的城市发展历程，其城市形态大致是由集中到密集，并逐渐分散，又逐步演化为郊区潮。这种形态特征及其演化过程与其当时的社会经济背景，特别是产业、城市化和技术的发展密切相关。由于产业发展带来的城市化过程，包括技术进步引起的城市人口的集中，均指向城市总体环境恶化的问题。这一问题引发了人们对城市改进与合理规划的思考。早期的城市改良设想等，这种朴素的城市规划思想便是在这一背景下产生的。这一时期城市规划的主要目的之一便是城市环境的改良，其本身是围绕城市的物质空间展开的。这一时期的城市公园运动、城市美化运动、城市卫生运动、田园城市和花园城市运动等，都是这一方面的理论实践活动。这些实践活动都和建设、改进城市的物质空间形态，城市美学，城市环境及基础设施建设以及城市功能协调等问题相关，是物质性规划逐渐走向成熟的一个阶段。

这一时期的城市规划主要是一种先验式的设计方法，通过模拟理想蓝图来明确规划在未来要实现的目标。而建筑作为城市物质形态的主要构成，其设计也自然会被当做城市规划的主要内容。本质上看，现代城市规划的物质性设计属性来源于欧洲文艺复兴时期的建筑设计，城市规划成为建筑设计的自然延伸。[1]根据彼得·霍尔的观点，第一代现代城市规划的范式即是把城市规划的本质视为建筑。霍尔指出，至第二次世界大战之前，建筑学的专业领域直接影响了城市规划设计，受建筑学专业教育的教授主导了城市规划专业的教学和研究。城市规划的职业技能主要被定义为进行物质性规划，在这种情况下建筑制图的绘制技能被逐步扩展到城市尺度上来，编绘出独立的、终极蓝图式的物质规划是城市规划的主要工作。进而这种规划也往往被认为是图案式的，并且脱离实际的城市空间的，一旦他们在图纸上设计了一个精致的、造型美观和功能完善的方案，人们就能够像按照建筑图纸盖房子一样，建设起一座城市。[2]显然，完成这种规划需要强有力的政策力量的支撑，而设计师往往被视为是具有特权的精英，并且他们试图站在中立的、纯粹技术性的角度，通常情况下他们并不需要与规划所服务的对象进行沟通。

[1] 尼格尔.泰勒，李白玉、陈贞译，《1945年后西方城市规划理论的流变》，北京：中国建筑工业出版社。

[2]（美）《城市读本》理查德·T·勒盖茨、费雷德里克斯托特 英文版 主编，张庭伟、田莉中文版主编，中国建筑工业出版社。第357页。

从城市发展看，城市规划发展总是和城市问题紧密联系，即问题导向的原则——城市规划史是“出现问题——解决问题的思想及实践”。第二次世界大战后，西方社会再次面临着改善并提升城市物质环境的需要。这一时期资本主义世界的经济快速发展，客观上促进了城市物质环境建设再次进入一个飞速发展的时期。伴随着城市更新运动（Urban Renewal）的到来，现代化的高层建筑和高速公路大规模建设取代了旧街坊和贫民窟，城市的物质形态规划进入到一个最后的黄金期。在这一阶段，大多数规划师仍将城市看做是物质性的空间，物质空间的功能化和合理化仍然是城市规划要解决的首要问题之一。

物质性规划由于其静态性和较少地关注城市的发展问题，其自身也存在着内在的矛盾。一方面，物质性规划是对城市建设未来图景的一个预设，但其设计本身却往往是时间上的某一点的“描述”，其缺乏规划自身实现的过程以及未来发展的弹性预判。另一方面，实际的现实中极少的规划是从零开始的新的城镇设计。在实际的操作中设计师必须考虑如何将新规划的街道、住宅、商业和公园等开放空间融合入原有的城市肌理中，并使其在城市功能上有效运作。从这方面看，城市规划更多的是反映在一种动态的和复杂的长期的过程中，其很难像建筑一样来操作。

1950 年代城市规划的物质性形态范式进入其最后的高潮期，同时伴随的各种质疑与反对的声音也开始出现（参见第三章 3.4）。进入 1960 年代后，随着后现代主义思潮的来临，以美国为代表的整个西方规划界迎来了影响深远的历史性的转变。以物质性规划为核心的学院派“正统规划”受到广泛的批评。尤其以雅各布斯为代表，她旗帜鲜明地批判了以美国为代表的三个主要的城市规划理论来源：伯纳姆倡导的美国的城市美化运动，霍华德的“花园城市”以及柯布西耶的“光辉城市”。她认为这些规划方式都在试图构建宏大的城市图景，以及过分简单、机械地看待城市各构成要素的组合，而忽略了城市作为市民生活场所的社会意义，也缺乏对城市生活的尊重。雅各布斯的观点对“正统规划”产生了极大的冲击，她对城市的观察视角具有颠覆性的转变，这种转变继而引起了广泛的讨论。包括 1965 年亚历山大的《城市不是一棵树》提出的更加自然的城市形态特征，和 1965 年达维多夫的《倡导规划和多元社会》提出的倡导性规划，以及后来阿斯汀于 1969 年提出的“公众参与的阶梯理论”等。从规划史的发展历程来看，雅各布斯的观点可以看做是城市规划思想在这一时期以物质性为主导向社会性为主导变化的拐点。

4.2.2 物质性规划的客观意义

城市规划理论和实践的推进总是伴随着其经济因素和社会因素等深层次的原因，但城市规划设计始终是城市规划的核心内容之一，在物质形态上改造提升城市空间往往是城市规划的最终落脚点。犹如一切事物的发展总是呈现一种螺旋型的模式一样，物质性规划设计在被冷落了近半个世纪后在新的社会发展阶段，又再次兴起，并被赋予了更为广泛的内涵。在这样的发展过程中，从超越传统意义的城市形象设计方面看，我们能够看到物质性规划对梳理当代城市形态，解决城市形象问题的启发。

从规划史的发展看，从 1960 年代城市规划理论方向的转变，到 1970 年代以后建筑和城市规划的逐渐分离。规划越来越趋向于宏观的城市问题，不再主导以建筑为主要形式的微观层面上的形象问题。政策选择、经济分析、社会研究越来越多地纳入城市规划的内容并成为规划的主导方向。从教育方面看，原来在规划系设置的城市设计内容也逐渐被挪入建筑学课程中，城市设计转变为一种“无图纸规划”的文本表达的方式。这些内容反映在城市规划的实践操作中，也逐渐出现一些过于程式化的问题。如哈佛大学教授格莱泽 (N.Glazer) 所指出的，美国的规划机构的僵化使得一个规划的过程教条化，其中纷繁复杂的章程和技术指标成为约束或形成一个规划的依据；而一个项目要想获得批准，也必须符合一系列的规章条例，这些规章是如此繁复，以至必须要有受过专门训练的人员才能胜任，这些人就是规划师。规划师们不再管理物质规划，例如建筑的高度和色彩等，因为这些内容早已由法规规定了，规划师的工作只是"管理"这些法规，例如发放表格、核对法规、签发许可证。[1] 客观上，规划师墨守教条的官僚化方式——不同的城市都按照同样的设计规范行事，而忽略对城市形象的控制——成为造成城市面貌在一定程度上的混乱，以及城市之间在面貌上的单一与趋同的内在原因之一。

[1] 张庭伟《超越设计：从两个实例看当前美国规划设计的趋势》城市规划汇刊，2002 年第 2 期。

同时值得注意的是，这一时期美国规划从传统的关注城市形象，转变为过分强调"过程"和"程序"，甚至忘记了空间形象这一城市最为显著的"外在景象"。程序化的规划执行方式使一些没有特点的城市空间产生，而忽略了城市中有个性的场所特征的生成。结果是，规划变得越来越抽象，与民众对规划的期望越来越远。由此，在 1990 年代之后，重新出现了要求规划中更多地关注城市空间特质和建设的具体形象的呼声，城市规划设计又重新受到重视。

当然，这些变化最直接地反映在实际的规划操作中，例如美国华盛顿 1997 年市区规划修订和芝加哥 2001 年湖滨公园规划修订两个案例，都在规划中强调了物质规划设计的重要性，同时，设计中又赋予了它比过去更为广泛的意义。

华盛顿规划可以说是美国乃至世界的"经典"规划，其大致经历了三个阶段。第一阶段是朗方规划（1791 年）；第二阶段是城市美化运动时期伯纳姆所做的城市中心区规划（1901 年），这在前文已有介绍；第三阶段是 1997 年的市区规划修订。从伯纳姆规划之后至 20 世纪的末期，经历了几十年经济和社会发展，无论在外部环

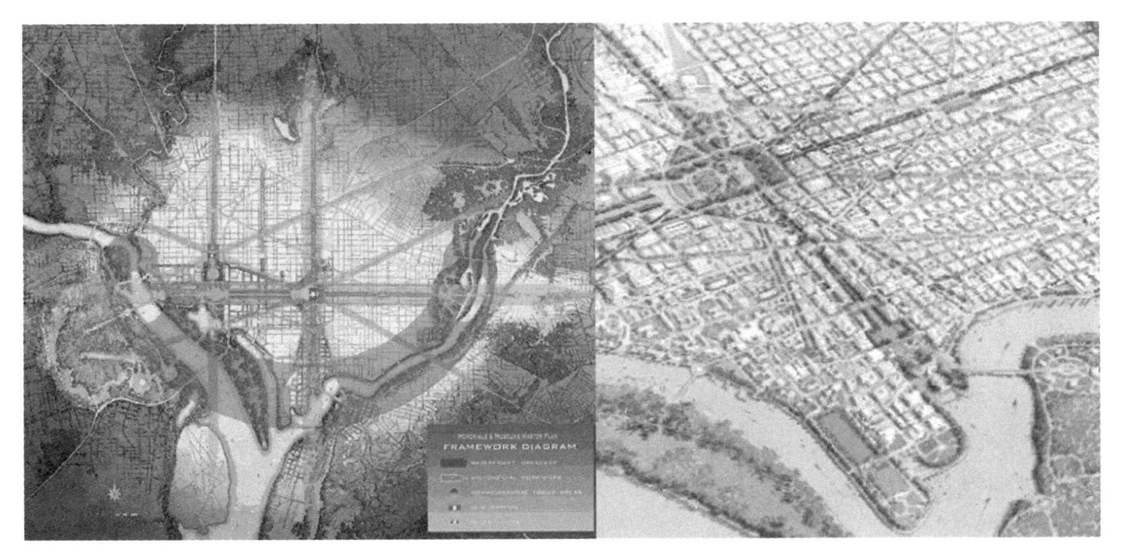

图 4-10 1997 华盛顿规划
（图片引自：www.southcapitolstreet.blogspot.com，参见彩图）

境上还是城市内部居民的构成上，华盛顿市都和以往的时代相比发生了巨大的变化。在经济的大环境上，上美国已经渡过了 80 年代的经济衰退期，整体经济状况正处在一个上升的阶段。在政治上，政府迫切地需要进一步增进首都建设以提升政治影响力，进而宣传政绩，增强市民对政府的信心。在居民构成上黑人数量超过白人约占到总人口的 65%，并且包括市长在内的黑人委员在规划委员会中占有同等重要的位置，这在一定程度上使规划在执行过程中得到了更广泛的市民支持。1997 年华盛顿市区规划基本是在这样的背景下展开的。同时，城市交通问题，发展旅游业的问题，政府新建办公楼逐渐侵蚀绿地而破坏了原有空间结构等问题都是此次规划考虑的内容（图 4-10）。最后，这次规划修订了如下的目标:

(1) 保护并加强历史形成的首都的核心部分，即由朗方创建、麦克米兰规划完善的“国家林荫道”。

(2) 有前瞻性地规划新建筑，使之能够融入历史形成的城市构架中去，防止新建筑盲目蔓延或随意安插。

(3) 有计划地整治穿越城市的高速公路、铁路、桥梁，因为它们切割了城市，将城市的东部、南部地区割裂于中心区之外。

(4) 为新的公园、办公楼、住宅、公交设施创造条件，使新建项目能够分散到全市各处。

(5) 将波多马克河沿岸重新纳入城市，使滨水地区成为未来城市发展的增长点。[1]

[1] 张庭伟《超越设计：从两个实例看当前美国规划设计的趋势》城市规划汇刊，2002 年第 2 期。

按照麻省理工学院教授佛尔 (L. Vale) 的分析，新规划的真正目标只有一个：将庞大的中央政府的投资分散开来，以此作为契机，鼓励公私协作，将投资引导到全市各区，以带动周围地区，尤其是黑人集中的贫困地区 (东部、南部地区) 的开发。规划设计修订正是为了这个目标服务的。[2]

[2] NCPC, Extending the Legacy: Planning America' s Capital for the 21stCentury. Washington, DC,199.

芝加哥 2001 年湖滨公园规划在其时代背景上，一方面基于 1893 年伯纳姆(Buraham)和奥姆斯特德(Olmsted)主持的芝加哥博览会的成功而对城市美化和公园建设产生的信心；以及伯纳姆在 20 世纪初形成的城市滨湖绿带的基础上持续进行的规划。他的规划始终体现了他对滨湖地区开发的理念：沿湖公园、绿化地带和城市平行发展的方向。这些做法使得芝加哥的滨湖地区成为美国城市中最壮观和宜人的城市公共空间，得到了十分广泛的社会认同。另一方面，至 1990 年代末，芝加哥的城市居民构成和社会需求也发生了巨大的变化，人们对公园的设计和使用开始提出各种挑战和要求。例如，城市公园应当更多地为市民服务，还是更开放地接待游客，以发展城市旅游？在公园中应当更多地开发体育场地，还是建设更多的开敞空间以适合不同时间的大型社会活动 (如演唱会、食品节以及国庆活动等) 的需要等。如何充分而均衡有效地利用公园并更好地展现城市形象成为讨论的焦点 (图 4-11) 。最终，为了解决这些问题，公园的规划修订制定了以下一些措施：

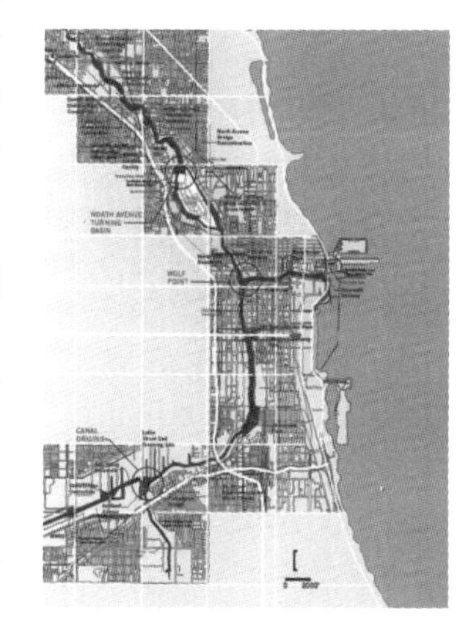

图 4-11　芝加哥河滨步行道规划平面图
(图片引自：www.china-up.com)

(1) 将公园划分成不同的功能地区，各个地区的功能定位由临近该地区的城市功能来确定。

(2) 将公园中部与和公园相邻的哥伦比亚路结合，改为硬地铺面的广场，以满足多功能使用的需要，特别是大型群众活动的需要。

(3) 在公园北部新建一所全天候的室内活动馆，供市民在芝加哥漫长的冬季使用。

(4) 重新加强湖滨地区的建设，布置雕塑等艺术品，让市民能更多接触滨水地区。

(5) 在公园南部设计一个演出活动区，将一部分活动吸引到南部，以平衡公园南北部的游客量。

(6) 保持沿湖具有历史意义的游艇码头，展现历史延续性。[1]

[1] 张庭伟《超越设计：从两个实例看当前美国规划设计的趋势》城市规划汇刊，2002年第2期。

不难看出，这个修订基本上考虑了各方面的需求，并将其很好地融合在一起。

总体来看，这两个规划修订有三个这样的共同特征：

第一，规划都是围绕城市的核心结构展开的，并且力图在满足新的社会需求的前提下进一步加强这一结构而不是削弱它。城市美化时期所形成的城市空间结构客观上为新世纪之交的两次规划提供了很好的物质基础。这也说明主体结构清晰并具有合理的公共空间的城市在面对不断变化的城市功能变化时能够具有更好的适应性。

第二，城市规划设计的出发点往往是社会性问题的直接反馈，这一点从规划制定的措施中不难阅读。其中值得注意的是，华盛顿1997年市区规划修订中强调了历来被忽视的东部、南部地区，这里的居民以黑人和低收入者为主，通过改进交通节点的方式拉近了这些地区和城市中心在空间上的关系，使生活在这里的市民同样能够分享到城市中心所带来的好处——这是社会层面的意义——同时，又使城市的空间形态更加紧凑。

第三，在城市规划设计中物质规划层面的内容被普遍关注和细致考量，既涉及形式上的美学问题又注重结局围绕城市功能更新的社会问题。此时，作为规划设计工作核心的“形式”问题并没有改变，只是更加被当做经济、社会规划的一环，更多地考虑使用经济、政治的手段实现这个“形式”，而其“形式”最终又是为经济、政治、社会的目标服务。

最后来看，从以美国为代表的现代城市规划发展大的趋势看，物质性规划大致经历了从19世纪末的兴起，到20世纪中期政府不断进行各种权力集中的努力以推行物质性规划的能够自上而下的实施，再到1960年代之后民间自下而上的民权运动，推动公众参与的发展过程。这一时期，非物质性规划开始受到重视。最终，在1990年代之后，物质性规划与非物质性规划达到一种协调机制。可见，物质性规划始终在城市规划设计中发挥着重要的作用，只是在不同的时代表现出不同的方式。

4.2.3 西特的城市艺术观与城市美化

纵观美国百年的城市发展过程，从19世纪末现代主义城市规划的兴起以来，城市规划始终保持其设计属性。其中，作为现代主义城市规划起点的城市美化运动奠定了美国的物质形态规划的基调。如果说城市美化运动代表了19世纪末20世纪初重要的城市实践，那么毫无疑问卡米诺·西特（Camillo Sitte）——以艺术的原则建设城市——的城市美学观是这一时期的城市实践在理论上的呼应。

· 西特的主要观点

卡米诺·西特重要的理论著作是1889年出版的《遵循艺术的原则建设城市》（The Art of Building Cities），他提出城市应当学习中世纪的古典空间，强调城市设计的、审美的、艺术的特征，并且他从切实的城市体验的角度提出城市空间设计应注重的原则。他的思想影响了近现代许多城市设计艺术学说。如埃罗·沙里宁（Eero Saarinen）就十分看重西特的思想，他说："西特就是在关键时刻，说出了关键的意见，从此以后，他的声音，像唤醒人们的预言那样，在许多国家和城镇，引起了反响，并在城镇建设中激发了一种新的有益运动"。[1]

[1]（美）E·沙里宁著《城市 它的发展 衰败与未来》顾启源译，中国建筑工业出版社，第 97 页。

西特年轻时生活在美丽的维也纳，亲历了 19 世纪末工业化以后城市发展给城市形态带来的破坏。西特深深怀念维也纳、威尼斯以及其他的欧洲老城中那些在历史沉淀中形成的不规则形状的广场和曲折连续的窄窄的小巷。富有肌理的石头铺制的地面和丰富变化的立面细节，参差变化的屋顶天际线以及用雕塑喷泉装饰的广场，这些元素曾经使希腊、罗马以及中世纪和文艺复兴时期的城市如此地富有魅力。西特希望找到这些古典城市美背后的内在和特质是什么。他通过走访雅典、罗马、佛罗伦萨、威尼斯、巴黎、比萨、塞尔博格等古老的城市。每到一个地方，他都通过仔细的描绘，加上现场的体验和思考，从中总结出古人城市设计的原则。西特的论断即建立在对历史性的城市空间以及这种空间所代表的生活方式的分析基础上，又十分注重观察城市物质空间自身的形态，深度剖析了古典城市空间的美学特征。

西特通过对古典的中世纪城市的广泛研究，认为有关城市空间美学有三个基本问题应当引起我们的重视，那就是灵活性、和谐性和空间有机的围合。这三点也成为西特的城市艺术思想的核心。他指出：首先，城市设计要追寻"形式表现"的原则，而不能受到死板的教条的限制，这是使城市形态展现出灵活性的重要要素；第二，关于和谐性，西特认为城市的建造要强调形式的相互呼应，建筑及街道立面的"相互协调"是重要的行事原则；第三，关于空间的要素，西特指出城市设计的"建筑原则"——应该像设计房子一样来设计城市的广场，使广场和街道形成有机的围护空间，尤其强调城市广场的围合感。[1] 由此，西特所界定的灵活、和谐和有机围合成为他所说的符合城市“美”的内在规律——这种“美”来自传统城市，同时这种“美”也反映出传统城市空间所表达的传统生活中的亲近和谐的人文关系。

[1] 徐苏宁 编著《城市设计美学》，中国建筑工业出版社，2007年，第96页。

西特所强调的城市设计的审美特征，在他的理论中有一个深刻的信念，那就是公共空间作为举行公共生活的聚合点的重要性。他认为：“在古代，公共广场是基本的需要，它是公共生活的舞台。广场对于城市是非常重要的，最重要的广场应该是最大的，而且应该与重要的建筑物相结合，无论在地图上还是实际的市民生活中都应该是城市最重要的中心。”

西特赞美以公共广场为代表的城市空间，把广场盛大的节日活动和日常活动与广场空间联系起来，以说明公共广场对城市生活的重要性。另外，西特从形态角度十分细致地分析了以中世纪为代表的公共广场的形态特征。例如广场的大小，并没有特定的尺寸，不同大小的广场适应不同的城市功能等。广场的形式应取决于它旁边最重要的主体建筑物，其尺寸应该和最高的建筑物形成一定的比例关系，以达到整体上的协调。他认为广场形状应当是不规则的，广场应当是随街道的延展自然形成的，而不必要进行刻板的设计。此外，西特着重强调了公共广场的围合性，他认为广场与建筑物的室内一样应当具有共同的封闭特征（图 4-12）。

图 4-12　西特所推崇的中世纪围合空间（图片引自：www.tupian.baike.com，参见彩图）

· 城市的“第三维”

西特的贡献在于把所谓的“第三维”又引进到了城市设计领域里，强调了城市空间体量对城市艺术的重要性。这与早些时期赖哈德·鲍迈斯特（Reinhard Baumeister）所提倡的“两维化”的只规定使用功能、交通组织以及建筑类型的城市规划思想分庭抗礼。[2] 西特提出中世纪

[2] 蔡永洁，《遵循艺术原则的城市设计——卡米诺·西特对城市设计的影响》《世界建筑》，2002年3月刊。

至文艺复兴时期的自发式的城市空间具有“第三维”的城市设计的特质——其具有人视角的城市空间的协调、连续和富有韵律的美感——无疑西特的分析使我们从形态和空间的角度对城市美的内在规律性认识得更加深刻了。更重要的是，西特通过对古典城市所谓“艺术”的、更加关心城市的外部美学标准的分析，得到了对现代城市建设的预见性。西特指出现代体系下的城市用艺术的眼光看是没有美学价值的，“方盒子”更不能满足市民在艺术上的需要。今天看，之后产生的现代城市的乏味面貌完全证实了西特在 1889 年的预言。

· 对比城市美化

西特的理论推崇古典城市的观念虽然与当时城市剧烈变化的意识形态并不相符，但总体上仍和当时多数城市的建设目标是一致的。几乎处于同一时期的城市美化运动，可以说是西特的城市艺术理论的一种实践——城市美化运动在观念上与西特的理论即有某些相似之处，又有很大的延伸。从当时的时代背景看，改善工业化造成的城市景观破坏，改善城市的整体环境是当时城市建设的主要目标之一。这其中很重要的就是建设城市中心。西特认为每个城市都应当有自己的中心，就像雅典卫城作为雅典的中心一样，他是城市空间的重要部分；并且每个城市都应有一个大广场，并且与城市最重要的建筑物联系在一起。城市美化的城市建设的主要方向之一就是重新梳理城市结构，强调主体结构相对清晰，并且突出城市中心和城市的主要公共建筑及广场。不同的是，西特反对直线的林荫大道和过于宽敞的街道空间，而城市美化恰恰是运用这种方式去应对城市发展中新的需求。抛去对街道的几何形态还是有机形态的争论不谈，城市美化在广场、街道，及建筑细节的灵活性、协调性和空间的有机围合等方面的体现，如西特所指的通过多样的手段保证了城市空间形象在细节上的丰富性和景观上的整体性。更进一步的，城市美化强调新的主体结构和城市自身原有结构在肌理上的连接融合，这些做法丰富了城市的尺度层级。

和西特的城市艺术观相似，城市美化的空间特质同样强调“第三维”的设计。表面上看，城市美化运动更突出宏大的城市轴线与中心节点的“几何”关系，这些关系的确看上去有些图案化。但城市美化的规划设计所强调的城市结构的重塑与节点的关联性实质上是十分空间化的，它从交通、卫生、公共广场等基础层面，以及城市空间的未来发展层面为城市提供了更多的可能。从空间的景观性看，城市美化从街区结构，公园和广场等公共空间的设置，到建筑立面的变化协调以及建筑高度和体量的均衡，都同时考虑，完全是“第三维”的城市设计方式。另外，在观察城市或者表达城市空间的关系时，使用人视点的透视图作为工具，模拟真实的城市三维空间，二者也具有相似之处。西特在分析书中的实例时，非常强调城市的“场景”性，即人进入一个领域最先映入眼中的画面，这种画面需要用两点透视的观察方法作为辅助，借以判断画面中的各形态元素的协调性。城市美化也常使用这种透视图的方式来描绘预想城市的未来图景。尽管这种方式比较静态，今天看来有些不合时宜（要注意的是，现代主义在走向成熟的过程中，在很长的一段时间里都更加热衷于鸟瞰的图案式的城市表现方式），但在当时的技术条件下，已充分显现出城市设计者希望城市空间传达出空间的、符合人的尺度的、“如画般”和谐的城市景观。

· 两者的后现代性

西特认为构建“如画般”的城市景观是对抗工业化对城市造成的破坏的可行办法。中世纪的建筑物是自然而然的一点点的生长，在建造中他们依靠力所能及的东西控制整个过程，这种充满偶然性和变通手法的过程，使得古代城市充满了一种“如画般”的特质。而在装饰符号上，中世纪的建筑元素：如山花、挑楼和小塔等，一并被吸纳进来。显然，在如何达到城市景观的整体统一性和内在的丰富性方面，西特和城市美化一样，选择了古典主义的方向。这一方向在经历了现代主义以后，似乎具有了一种后现代的意味。

在城市设计的另一层理解上，西特主张的公共广场与街道的有机生成，建筑以灵活的方式并置入城市肌理，而留出空间给广场，通过这种方式可以重新整合破碎的城市空间——显然，西特的做法具有一种“拼贴”的效果。而“拼贴”在城市美化运动的新建街区与老城之间，在形态层级结构中，在建筑立面与建筑实体中，均有体现。“拼贴”作为后现代主义的做法，使得西特的城市艺术观和城市美化运动在观念和城市实践方面都更加具有了后现代主义的意味，尤其在城市美学方面，具有可借鉴的价值。

西特超越历史地预见到现代城市的形式美学和有机平衡问题，尽管其具有强烈的浪漫主义色彩，但他第一次真正系统地分析了欧洲传统的城市空间，并且直接而深入地阐释了传统城市空间美学的特质。城市美化运动在这一思想方向上，既有继承，又有开拓性的实践。前人的这些努力展现出城市在构建“物质性”空间的艺术性方面的内在逻辑、系统和方法上，对城市美学领域具有重要贡献。

4.2.4 城市美化的“物质性”考量

感受的“美”总是要通过某种物质上的形式展现出来。城市美化运动在构建城市形态的艺术性方面的实践，第一次从规划的角度把城市艺术放在城市规划设计中重要的位置予以考虑，其所进行的城市建设充分而具体地考虑了城市物质空间的景观性、审美性。从城市物质空间形态构建方面提出许多切实、有效的方法。

从城市形态角度将城市作为一个整体去考虑，是城市在空间肌理上能够形成内在的秩序性和连续性的首要条件，也是保证城市空间能够在视线上具有良好的景观性的重要因素。恰当比例的尺度关系——建筑立面应当与其围合的街道空间形成和谐的比例——是在规划设计中着重要考虑的内容。城市美化运动中许多城市在建筑的限高、街区立面的统一、强调中心性和广场空间等方面构建城市形态上的完整性与协调性。

· 奥斯曼巴黎规划的措施

从前文提到的奥斯曼巴黎规划看，奥斯曼将“新巴黎”的建筑分为一般建筑和地标建筑两种，一般建筑占有城市建筑数量的大多数，形成巴黎的城市肌理，并成为城市地标的环境基底。奥斯曼为了让这些新建的一般建筑能够和原有的老建筑有机融合，在 1859 年的限高法规上只增加了两层的高度（由原来的五层变为七层），同时主要街道的宽度增加了一倍，这个尺度使城市空间更加开放，尺度上更加宜人，并强化了街景水平线的连续性。奥斯曼并没有为了迎合商业目的而肆意地增加建筑高度，而是仍旧遵循 18 世纪的新古典主义原则，没有再增加更高的建筑。奥斯曼努力使住房需要和审美标准能够相互协调，同时不逾越法度。到 1902 年，大型主干道两侧的高度被限定在 98 英尺（29.8704 米），比较窄的街道两侧则更低一些，这一限制一直实施了半个多世纪。直到 1967 年，巴黎市议会取消了这座城市的高度限制。一些技术性官员们希望建造更高、更新的建筑，也希望拆除那些所谓的眼中钉——例如老的雷阿尔中心市场。这一时期巴黎进行了少量的建设。高达 689 英尺（210.0072 米）的蒙帕纳斯塔于 1969 年开始兴建。两年后，雷阿尔市场被拆除，未来主义的蓬皮杜艺术中心建成。但是，这些变化打破了原有寂静的巴黎——蒙帕纳斯塔受到了广泛的批评，由此得出的教训是：绝对不能再让摩天大楼来破坏巴黎的市中心。[1] 事实证明和谐的城市肌理对城市景观的重要意义。于是巴黎市政府在1974年的法规中对巴黎市中心区重新做出了不超过83英尺（25.2984米）的高度限制，这一限制至今仍然生效。

为了达到街区景观的整体性，奥斯曼不仅规范了道路两侧建筑物的高度，还明确了其样式风格。这些建筑都采用典雅、气派的新古典主义建筑风格，以花岗岩石材贴面作为立面主要材质。立面构图严谨，装饰华丽。相似的立面塑造了整体协调的城市风貌，而建筑装饰和细节上的变化则保证了人性化尺度上建筑自身的特征。

与一般建筑相对应的是地标建筑，奥斯曼在改造过程中修建了许多大型公共建筑，如市政厅、剧院等。这些公共建筑的修建与宽阔的林荫大道、放射形道路、星形交叉路口及城市广场相互呼应。新建的主要道路以重要地标建筑作为对景，地标建筑作为街道走向或城市广场的视线焦点。这使城市获得了开阔视野，也更加明晰了城市的空间结构。这些手法丰富了城市空间尺度的同时也刻画出更富有变化和韵律的城市天际线。

除了房屋建设，奥斯曼重要的改造是修建了大量的城市道路和市政基础设施。在修建道路方面，奥斯曼不遗余力，巴黎的各种道路总长度从1852年的239英里（384.63千米）增加到1860年261英里（420.03千米），到他离任时达到525英里（844.90千米）。到1870年，巴黎每五条道路便有一条是奥斯曼修建的。[2] 奥斯曼的独特之处还在于他为这些扩建的道路建设配套了一系列基础设施。包括道路旁设置了路灯柱、公共厕所、长椅、凉亭、垃圾箱、喷泉式饮水器等。道路上各种商品亭、书报亭也建立起来。城市里还设立了一批路面自动洒水设施。[3] 伴随道路修建的是广场的建设，当穿越夏特莱

[1]（美）爱德华·格莱泽著，《城市的胜利》，刘润泉译，上海社会科学院出版社，第147页。

[2] 朱明《奥斯曼时期的巴黎城市改造和城市化》，世界历史2011年第三期，第49页。

[3] 帕特里斯·德·蒙坎、克劳德·厄尔都《奥斯曼的巴黎》，第168页。

的两条交通枢纽修成后，夏特莱广场随即得以扩建；随着马勒塞尔布大道的竣工，马德莱娜广场也建立起来。右岸的共和广场、马勒塞尔布广场、夏约广场等都纷纷修建起来，使巴黎更加明显地呈现出以广场为中心向外放射的道路布局。[1] 新增加的广场连接起各条道路，奥斯曼在这些主干道之外增加林荫大道和步行道，这些公共道路和广场空间改善了巴黎城市环境，并成为新巴黎的城市特色。

[1] 朱明《奥斯曼时期的巴黎城市改造和城市化》，世界历史 2011 年第三期，第 168 页。

· 伯纳姆芝加哥规划的措施

作为城市美化运动的代表案例，伯纳姆所做的芝加哥规划同样在城市的空间形态上进行了严格的规划设计。围绕弓形的绿隔景观带，伯纳姆对周边的商业建筑进行了限高控制和风格上的统一。伯纳姆以限高措施呼应在规划视角下建筑形成的城市空间的连续性和整体性，这显然源自对视觉和谐的追求，同时过高的建筑会挡住丰富的阳光与气流。同时要注意到，这一规定也是出自公共安全考虑，避免大火与其他灾难。[2]

[2] 芝加哥曾经在 1871 年 10 月 8 日发生一场大火，烧毁了市区 8 平方公里的地区，造成可 10 万人无家可归，大量人畜伤亡的惨剧。

伯纳姆始终强调建设标志性公共建筑对城市空间能够起到的控制作用。他建议在格兰特湖滨公园中建设文化中心，这座新古典主义风格的建筑位于密歇根湖与南部金融核心之间，尽管已经很少被提及，但是它的价值已经被人们所认识。此外，伯纳姆注重城市美化中对城市的“审美关注”，他在城市商业区西南边缘，国会与 Halsted 大街交叉口处设计了一座市民中心。在这里，伯纳姆塑造了一个压倒性的中心，一个有着架在鼓形结构上的高耸穹窿的市政厅。他写道“中央行政机构建筑……当被那些代表着市民的秩序与统一的人看到与感知时，都会被穹顶那令人印象深刻的高度所超越……”其他规划的政府建筑、市政厅和配套建筑，“将会与广场融为一个和谐的整体”，“更进一步，市民中心——当与芝加哥城规划联系起来考虑时，它就成了基石。”伯纳姆在描述了规划的实用、美观与和谐的元素之后，又回到了建立“芝加哥多样活动的中心”，那里“市民中心将升起高耸的穹顶，使整体更加生动统一。”[1]伯纳姆的解释似乎可以看做是对他的批评者的似是而非的回应，在这一解释中他的建筑明确了一个有效的角色——城市空间的母体——城市空间应当由此展现开来。

[1] William H Wilson, The City Beautiful Movement , Baltimore: The Johns Hopkins University Press, 1989. P282。

显然伯纳姆试图构建一种极度完美的社会和谐，这也表露出其极端化和不切实际的一面：市民中心不得不承受许多“符号化与仪式性”的负担，并且显而易见的代价就是对它可行性的质疑。伯纳姆自己非常清楚他那巨大的六边形空间与实际的联系多么微乎其微。[2] 在他规划发表的那年，城市与郡县开始在离他规划基地非常远的地方建造市政厅和法院。其结果是这个市民中心未能实现，但伯纳姆的规划仍然使芝加哥形成了新的城市格局，其具有延展性与开放性的城市中心为未来城市的发展也提供了很好的基础(图4-13)。

[2] William H Wilson, The City Beautiful Movement , Baltimore: The Johns Hopkins University Press, 1989. P283。

图4-13 上 1909年芝加哥商业区迪尔伯恩街景
图4-13 下 “伯纳姆规划”改造后的迪尔伯恩街景

从奥斯曼的巴黎规划到伯纳姆的芝加哥规划，以及几乎所有的城市美化建设，都曾经受到各个方面的批评：核心问题是规划的纪念性和过分的宏伟——物质性规划并不能从根本上解决社会问题。但在今天看来，城市美化的重要目标之一是改善城市中心区公共空间的环境，提高公共空间的景观美学价值。城市美化运动通过设计者的各种“物质性的”城市空间的规划手法，逐步完善了城市结构，提升了基础设施，强化了城市的调节功能。正是经过城市美化的改造，许多城市才开始成为现代化都市。所谓的现代，并非仅仅外表的翻新和美观，而是整个城市结构的进步。城市美化运动为构建整体、和谐及多样和细腻的城市景观付诸了诸多方面的努力，这些“物质性”的考量塑造了许多景观美丽，生活怡人的城市。客观看待物质性规划设计的价值是寻找解决今天的城市景观及城市形态问题的途径之一。

4.3 分形梳理中的结构观

4.3.1 结构主义与城市形态

20 世纪 60 年代结构主义理论逐渐兴起，其理论要旨认为，世界不是由事物组成，而是由事物间的结构关系所组成，结构是世界上万事万物的存在方式。它的思想和方法从两个方面影响了当时的城市规划与建筑创作。一方面是其提出的强调城市的社会性结构特征，应当注重城市中人们之间的行为与“关系”——这些“关系”构成的生活本身的结构是城市形态形成的内在诱因——城市规划与建筑空间应当是人们行为方式的体现。另一方面，从美学发展看，结构主义在美学上沿袭了现代主义建筑的形式主义的原则，但更加强调内在的“结构”、“秩序”和建筑设计的整体组织性——其要素只有在一定语境下相互联系并构成一个整体时，它们才易于理解并更具有意义。

结构主义的观点首先是对整体性的强调。结构主义认为，任何事物都是一个复杂的统一整体，其中任何一个组成部分的性质都不可能孤立地被理解，而只能把放在一个整体的关系网络中，即把它与其他部分联系起来才能被理解。正如霍克斯所说：“在任何情境里、一种因素的本质就其本身而言是没有意义的，它的意义事实上由它和既定情境中的其他因素之间的关系所决定。”结构主义的整体观和系统观对 20 世纪五六十年代以后的整个社会思维方式都有很大的影响。很重要的是结构主义的社会结构整体观导致了现代城市的社区规划的整体设计理念，这种整体性是通过人的行为活动将之统一在一起的。结构主义的理念指出：“整体设计主要是把城市当作一个有机整体去看待，即一个局部和另一个局部是相互依存而发挥作用的”，“环境的形式是整体的统一和局部的变化——房屋是局部，环境是整体。”[1]

[1] 刘光华《建筑·环境·人》世界建筑，1983 年。

结构主义同时也构成了 60 年代后期“Team10”以及凯文·林奇，亚历山大等人早期的城市规划思想的主要内容。尤其是“Team10”将城市设计的基点更多地关注在人与社会层面，城市中人们的行为方式是城市和建筑空间的体现，也是城市形态发展的本质结构。这一认识使得 Team10 对传统城市规划和建设思想中的完全功能性和功能分离主义的做法进行了批判和修正。[1]“Team10”小组的城市理论要旨主要表现在几个方面：①重视人际结合。城市和建筑的形态必须从生活本身的结构出发，人的行为方式应当成为城市和建筑设计的基础。“Team10”将环境设计放在更为重要的位置，这和 CIAM 更侧重于关注形态美学的环境不同，它的着眼点是人与环境的接触，是“人 + 自然 + 人对自然的观念”。②城市的流动性 (Moqility)。“Team10”认为一个现代城市的复杂性应能表现为各种流动形态的和谐交织，这一过程使建筑群与交通系统有机结合。③城市的生长与变化 (GrowsondChange)。“Team10”认为城市设计完成的始终是一个城市生长的“片段”，这是一种不断进行的工作。城市生长的过程是城市各要素不断更新与集结的过程，它们联系、重叠在一起使城市具有复杂网状结构。④簇群城市 (Cluster)，这一思想是“Team10”关于流动、生长、变化思想的综合体现。[2] 由此可见，“Team10”相比功能主义的城市规划理念从更宏观的角度强调了城市的整体性，这一观点显然接受了当时结构主义的思想，并且其内在所包含的城市形态与人的行为性及流动性、时间的叠加等关联对 20 世纪 60 年代以后非物质性规划理论提供了支持。其所关注的这些问题也是今天研究城市形态所不能脱离的。

与“Team10”过往密切一些的建筑师，例如丹下健三、路易斯 · 康等，在建筑创作上也受到了结构主义的很大影响。丹下健三认为：“从各种意义上讲，我们已经开始认识到不管是建筑、建筑空间还是城市空间都有一种‘结构 (structure) ’的存在”。[3] 丹下所言的结构并不是指力学关系的结构，而是事物彼此联系所形成的场所，以及人们在使用和体验这些场所时，联合形成的一种结构。丹下经常使用“联合”、“群集”、“组群”等概

[1] 其批判的主要对象是以柯布西耶的光辉城市和 CIAM 的《雅典宪章》为代表的功能主义的规划思想。

[2] 宋昆，邹颖《整体的秩序——结构主义的城市与建筑》世界建筑 2000 年 7 月刊。

[3] 马国馨《丹下健三》中国建筑工业出版社，1989 年 3 月，第 370 页。

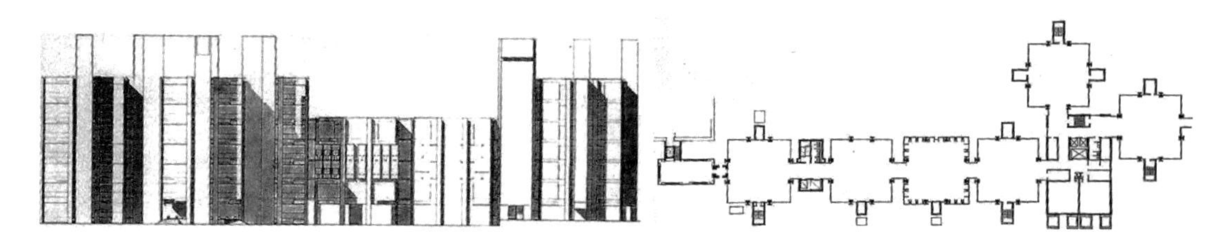

图 4-14　宾夕法尼亚大学理杏德学研究楼（图片引自：www.quondam.com/40/4076b.htm）

念来表达这种结构关系。他举例说明“功能主义”建筑与“结构主义”建筑的区别：在设计一个大学的时候，功能主义的概念就是教室、实验室这些要满足使用的基本要素尽量齐备，走廊和门厅等地方尽量压缩，以求尽可能的经济。但是，广场和走廊这些容易被功能主义忽略的场所既是老师和学生们休息的场所，也是从一种功能向另一种功能自然过渡的空间——更是大家进行广泛交流的场所——这是最能够反映人的复杂关联性的空间，由于存在这样的场所，大学就变成了一个社会。基于这种结构主义的想法，丹下提出了以“交往空间”来作为城市各功能要素的结构连接。由此，丹下在他的设计理论中开始尝试由功能的方法向结构的方向转换。

在受结构主义影响的形式探讨背景下，路易斯 · 康很早就开始关注建筑总体性的概念，以及这种总体性是由怎样的系统构建的，他认为世间万物都有一种内在的秩序：“有运动的秩序，有光的秩序，有风的秩序，还有围绕我们的一切……而各种‘序’，决定了设计的各种‘元’”。[1] 他通过最简单的三角形、正方形和圆来体现他对“形式和秩序”问题的阐释。观察他所设计的宾夕法尼亚大学理杏德医学研究楼(Richardson, the medical research building)，能够从平面中解析到中心塔楼为“服务空间”，周围是作为实验室和研究室的“被服务空间”，它们通过各个方向的廊道联系在一起形成整体关联性。同时，这一秩序性又反映在一套严密的正交网格系统中，这一网格系统既控制着整体，又约束着从核心空间到辅助空间甚至表皮的各个尺度层级的空间形态，并形成了这些空间形态的相似性（图 4-14）。

[1] 李大厦《路易斯·康》中国建筑工业出版社 1993 年 8 月，第 122 页。

图 4-15　阿姆斯特丹儿童之家

受到路易斯 · 康的影响，荷兰建筑师凡·艾克（他是“Team10”的成员之一）也习惯采用一种强调结构的理性方式来设计建筑，并通过小体量单元重复的方式来消解整个建筑的体量感。例如他设计的阿姆斯特丹儿童之家 (Orphanage in Amsterdam)，采用“簇群”式的设计方式，将这个综合功能的建筑分成 8 组标准单元来处理——每组既有自己的活动天地又有共同享用的公共设施，其在手法上和路易·康具有相似之处的是，其内部同样有一套严谨的网格系统作为控制，这使得这一建筑形态在不同空间尺度层级上都具有相似性，并在空间之间保持着紧密的关联性。（图 4-15）作为其灵活性及具有生长性的一面，这为未来建筑的功能置换及空间复制都提供了很好的基础。

显然，结构主义的空间生成方式具有分形特征。其从整体形态上强化了建筑的完整性，又使其具有可延展的可能；同时在内部形态中，多尺度层级的相似性为建筑在形式美上构建了严谨的结构体系。这种相似性带来的可生长方式为建构在空间使用上的关联提供了无限的可能，它使结构主义理念中的建筑犹如一个城市，具有无限大的联想空间。

4.3.2 城市结构与分形梳理

结构主义视角下的城市结构具有整体性、组织性、秩序与连续的几个基本特征，从这一点看，其具有的分形特征和分形梳理的形态观点具有相似性。分形梳理的城市形态观念在城市结构的理论发展过程中，与结构主义有紧密的联系，它既表达了城市结构在整体上对城市形态所起的“约束”的作用，又表明了结构原型在城市形态发展中的诱发和引导意义。

作为城市的结构，无论是有形形态，还是精神载体，城市都应当是物质存在于精神的统一体，这体现了原型的显现。结构主义的思考方法能够起作用的很重要的原因是承认城市结构的“原型”。心理学家卡尔·荣格提出原型(prototype)就是集体无意识的体现。并将它解释为“原始意象”，“是在历史过程中反复出现的一个形象。”[1]如果将这些许许多多同类经验留下来的痕迹视做原型，那么显然结构主义理论发展了这种原型。从城市结构看，原型以典型的意向作为连接和纽带，将各种不同形态的城市片断与建筑样式统一在一起。梳理所呈现的从上至下的条理性与连接性，指出在城市形态的结构中，应当允许城区区域片断的差异和建筑样式的多样，但这些“差异”和“多样”被原型约束在有机的整体之中的。

[1] 卡尔·荣格《论分析心理学与诗的关系》，摘自亚当斯编《自柏拉图以来的批评理论》三联书店 1988 年，第 817 页。

从城市结构的整体看，前文凡·艾克的建筑案例从建筑形态层面表达了具有城市意味的整体的文化底蕴。建筑中的单元作为“原型”不断复杂、生长，犹如“分形”过程，不仅有效地塑造着整体，而且这一过程与空间的社会性表达紧密地契合在一起。反向从城市的层面上，通过对原型的解读和结构形式的确立，逐层引导出整体的结构形态——这是分形梳理的结构方法。

城市结构的整体性蕴含着城市与建筑之间的复杂关联与同一性。建筑作为城市宏观结构中的一个局部，其复杂现实最终构成了阐释城市问题的最可以确定的因素和最具体的出发点。把城市当成建筑，把建筑当成城市，这便是城市与建筑的自身传统，也符合结构主义的野性思维。它回应了文艺复兴时期阿尔伯蒂的名言："城市是一个大建筑，建筑是一个微型的城市"。[1] 基本结构、相关文脉、生长或场所感，集体记忆、意象和形式等等，这些词汇都强调了城市与建筑中的结构因素，其中科学思维和意向对于设计而言同样起着重要作用，从阿尔多·罗西（Adlo Rossi）的观念中同样能够看到这种倾向。罗西将城市整体比作一个"人造物"，强调城市是一个人工制造的环境，一个集体意识下的环境，他将城市看作建筑，并采用建筑的方式对待城市。更进一步，他指出城市作为集体意识的实体，融合了历史和文明而成为人工的理性的产物。结构主义成为西特理性主义的信念，同时更为重要的是，西特的观点使大众对于建筑和城市的认识又回到感官因素上来。由此引出对功能主义以及在现代建筑中类似倾向的批判在于它们忽视了感官因素，因此将不可能具有艺术性。而这一批判映射到今天后现代主义使建筑脱离城市而过分地强调局部的独立性，同样是对艺术性的破坏。

[1] 吴良镛《世纪之交的凝思：建筑学的未来》清华大学出版社，1999 年，第 85 页。

所以，对于城市结构而言，单一功能性植入，纯商业性的趣味或者某些空洞概念等缺乏明晰条理和理性基础的非原型方式会使城市陷入僵局。分形梳理的城市结构概念，是建立在分形城市的结构系统之上的，如果将建筑作为分形形态的原型，则其分形过程就是以结构相似性原则的城市生长的过程，因为其结构性的连续而不会丧失整体性——实际上，建筑的复杂的演变轨迹必然是处在城市背景之中的，脱离了城市背景我们无法准确的定义建筑，建筑与城市在结构上的关联性已经使我们将其视为一个整体。另一方面，建筑在城市背景中的演变又不像物理形态的分形自身那样清晰、严谨和线性的秩序化。规划在历史中所形成的城市结构的框架即是对这一演变过程的形象的显现。"梳理"所起的作用是对城市结构的具有创造性的修正。最终，分形梳理作为手段仍会使城市结构还原到形式上来——只有感觉和视觉才能真正显现城市的艺术价值。当然，对于形式，我们同样需要把它放入城市结构中来，不只是简单看作某个建筑或城市局部的具体形象，而是将它视为在时间与空间的发展演变中而不断更新的复杂的整体印象。

4.3.3 分形梳理中的结构原则

对于分形城市而言，古代城市形态提供了很好的例证，向我们展现了自发组织的城市结构表现出的完整的肌理与复杂多变的城市细节。相比较而言，现代主义以来的“规划”则在面对城市功能日益复杂的过程中不断尝试着以主动控制的方式形成更为高效和秩序化的城市结构模型。实际上，在时间中不断演进的城市形态总是一个动态的过程。随着时间的推移，规划得再好的城市也可能会由于缺乏有效地管理而逐渐的衰败。反过来，事先未经规划的城市也常展现出令人惊叹的整体与和谐。

理想的城市形态需要有效规划控制整体结构，并且这一结构能够在未来的城市发展中提供有益的导向；同时，又需要城市形态的局部自由发展空间与机制，这些具有自组织性的局部形态最终联系并依附于城市的总体结构。今天看，没有一座城市能够完全脱离规划。一个合理规划的城市不仅表明了上层权力的存在，也反映出创建人口中心，引导社会进步的需要。分形梳理作为城市形态的解析方式和建构方式，从城市形态的角度，提出如下几方面的结构原则，指向城市发展趋向的理想城市形态。

· 多层级原则

多层级原则和城市结构整合的区域化有关。一方面，在城市规划中处于时空使用的不同区域之间具有不同的层级特征。如具有纪念性的广场、政府办公区、公园、商业娱乐空间、住宅区等，它们以不同时空使用处于不同的层级中，又相互连接、交织在一起。从结构主义的观点看，这些层级相互独立又构成一个紧密的社会整体。另一方面，从物质空间看，城市形态应当具有多层级交叠的空间效果。从城市快速路，到一般街道，再到小巷，不同的尺度层级承担着不同的城市功能。并且多层级的原则从二维的城市肌理的延展到纵向的空间连接应该都有所体现。

分形城市和“梳理”概念为多层级间形态的自相似性与主动构建适当的差异性提供基底与方法。分形城市自身具有不同尺度层级的形态自相似的特征，在城市空间一定的尺度上，比如以步行的尺度层级作为参考，城市景观应当具有“自相似”组织下的和谐一致。而“梳理”则强调了小尺度层级与更大尺度层级或几个相似层级区域间的差异性。例如，建筑作为构成城市的主要元素，在不同空间结构层级中实际发挥着不同的作用。如在城市总体中可以被视作“肌理”，在远景城市立面中呈现轮廓的作用，在街道中则成为界定街道边沿的立面并展现更丰富的细节。在更微观的层级，还构成了风格、主题、气氛等更细腻的内容。而相似的尺度层级区域间，也往往因为不同的文化和社会需要，呈现有差异的面貌。分形梳理强调了在多层级的城市结构中构建城市形态的层级间的复杂联系与细微异同的重要。

· 空间化原则

分形梳理所倡导的城市形态应当是空间化的。分形城市强调了“不同的尺度层级”和层级间的“结构相似性”。自发生长中的自相似性和多尺度层级很容易使城市空间不断地被侵蚀，进而从原本空间化的形态转入二维化的空间肌理。我们始终将分形城市作为生态城市，在这个前提下，“梳理”作为必要的规划方式介入城市生长，为城市开辟新的空间，或通过控制保留足够的广场、公园、绿地。所以，总体上看，规划设计的意义的维度一定是界定在二维和三维之间的。城市一旦失去它的绿地和开放空间，城市形态必然下降为二维，逐步退化为几何形态或图案化形态。城市失去了向内发展的空间以及在情感上得以舒缓的绿色空间，城市内部的交通、生态、生活等日常问题必然会矛盾凸显，日趋激化。

· 线性原则

城市形态所呈现的复杂的空间肌理，其具有线性空间连接、交织的特征。分形梳理同样围绕城市空间形态的线性原则展开。从结构主义的城市观点看，城市结构从整体角度出发，呈现动态、变化和交互的过程，人的社会活动的线性方式使城市的地理特征呈现线性的功能结构和空间结构。可以从如下两个方面对线性空间加以分析：

第一，旧有的道路、街道空间作为城市运转的连接机制或者作为城市景观的生产机制，应当既注重这些线性空间作为交通网路的有效性，又注重这些空间的带状绿地的功能，以柔化和丰富线性空间的边界效果。

第二，线性空间之间应当有主次之分，并且以不同的形态相连接。城市空间作为一个整体应当有其基准结构，这一基准结构可能是网状的、环状的，或者是一条或数条相交的轴线，它们呈现了城市的整体发展脉络。城市规划则要在这一脉络中不断寻找新的关联性，形成新的有序形态，为城市新的群体及其需求服务。并且，这些线性空间应当依据城市标志物、重要建筑节点，抑或河岸、森林、坡地等自然景观线，呈现不同的形态。其应当达到空间与人的行为，与自然环境的对应，并在城市发展中不断地被强化。

· 特色原则

从全世界范围看，传统城市之所以能够表现出丰富的形态特征，和其内在的形态“基因”是分不开的，这个“基因”就是地域文化。分形梳理所描述的城市形态，不只是纯粹的物理形态，而是通过挖掘分形城市中的“分形”的“基因”，从而为城市形态增加地域文化的含义。分形所产生的自相似系统，其形态根源来自于“分形”过程开始之初的“原型”，原型的不同和组织规则的不同产生了形态迥异的分形形态。对于分形城市，由自然环境所决定的城市的规划结构、建造材料和技术等，由此形成的行为特征、居民心理、价值取向等更为复杂的地域文化，都可以作为城市形态形成的“原型”和内在“组织规划”。这些最后都导向城市特色。

从总体上看，城市特色很难完全通过规划来创造，但不可否认的是，恰当的规划设计结合城市的自发生长，能够引导、借鉴甚至模仿城市特色的形成。这个过程可以看做是城市结构在空间和时间上的区域化过程，最终形成城市之间的不同特色，或者城市区域之间的特征差异。

更进一步，坚持城市的特色原则，是城市精神的重要体现。城市特色是各地方形成要素和形式特征的提取，城市形态从“形式”上看，则是城市特色的整体表征。E·D·培根曾提到，“这种形式是由住在城市中的人们所作的决定的多样性确定的”。[1]这种多样性反映在方方面面，无论从单体建筑到建筑群落，抑或区域；无论是节日庆祝、民俗活动，或者休闲公园的日常漫步；无论是研究其整体，或是分析其中的片断，我们都不难解读出城市精神之所在。因此，城市的空间形态，以及城市中独特的人文活动与生活方式，都应成为特色塑造的结构要素。

[1] E·D·培根著，黄富厢、朱琪编译，《城市设计》，中国建筑工业出版社，1989年。

4.3.4 城市美化运动的结构特征

分形梳理所建构的开放和可延展的形态体系是从宏观层面和城市结构的角度对城市形态的分析，对于不同时期具体的城市实践所呈现的异同，则需甄别对待。城市美化运动作为最早的综合规划，今天看，它在城市结构上表现出超越时代理解的先进性。它对城市结构在认识与实践上的清晰、果敢，和有效的执行力及发展判断，都是具有开创性的。

· 将城市结构作为一个整体

城市美化运动在城市改建中，始终通过规划来强化城市中心与城市的整体空间结构，并将此作为一个重要目标。从城市结构的整体来看，要确立一个城市，必须先找到它的组织核心，以及与之相连接的各部分，再逐层确定城市的边界。尽管对于城市的区域变化来说，不同区域随着地区、时代的不同而有所区别，但最终，就像活的细胞一样，组织核心是引导整体生长及有机分化的本质因素。城市美化从规划的角度执行了这一策略，这同中世纪城市到 19 世纪末之前的城市形态发展相比，具有极大的差异。

城市美化以大尺度的中心轴线的方式为城市建立新的网络结构，放射线、直线、弧线等几何方式成为主体结构的主要特征。这些线性空间将城市各部分集合、联系起来，形成更加高效、有序的空间结构。传统城市结构在这个过程中被打破了（这也成为城市美化运动受到诟病的原因之一），但同时，新的网络结构保证了城市发展在新形势下的生命力和继续发展的可能。

新的城市结构形成了新的中心，并使各层级中心相互联系。从细微之处看，几何的空间结构形成的聚落是景观中可达的在整体意向上的中心，广场和标志物是聚落里的集会中心，公共建筑既是空间控制的中心，也是城市结构阐释的中心，而住宅是个人生活的中心，中心体现了我们对城市的认知，也帮助我们解读和理解城市。从历史角度看，对于组织大城市的城市结构，这显然是有效的办法。尽管，对城市中心的建设注定成本很高，这也使得城市美化的中心改建常常困难重重，不像公园、林荫大道、城市家具，或是城市美化全体中的其他元素，他们通常是经过长时间的努力逐渐获得。最终，这一过程在各种批评声中却也取得了显著的成效。

· 多层级交叠的空间结构

从分形城市的形态看，多层级的自相似性构建了城市景观的完整与秩序。尽管我们一般认为传统城市的曲折连续的空间形态更具分形特征，但不得不承认在应对现代城市的新的时代需求方面，传统城市结构难以适从。城市美化创造性地为城市加入新的层级结构，是整体的城市空间结构朝向更多层级、更多维度发展。巴黎规划的放射线，芝加哥规划的弓形景观大道，堪培拉规划的连接的环形网状结构等，都表明了多层级的空间结构以及新旧结构咬合连接的城市细部的独到处置。

城市美化通过打通或拓宽城市道路建立起新的城市空间结构，并且直接有效地解决了老城区的交通问题。虽然在芝加哥规划中伯纳姆并没有充分考虑汽车的问题，但从更宽容的态度看，城市美化的实践是具有发展的眼光。城市美化通过拆除城墙、破败的贫民区和部分老建筑，设置城市广场及公共绿化来重新梳理城市的空间结构。通过控制性地增加建筑高度来提高建筑密度以弥补中心区域被拆除的建筑面积。较高的建筑密度为富有活力的城市中心提高了空间基础。更重要的，城市美化运动通过打开街道空间，保留足够的空地、绿地和开放空间，塑造了三维的、主次清晰的、连续的网络结构，并且保留原城市肌理并与之“缝合”，形成了多尺度层级交叠的空间结构。

· 原型控制下的特色形成与风格繁衍

城市美化的另一个重要的结构特征是对城市景观“风格”的控制。当然这种“风格”直接地反映在建筑设计及其形成的街道立面上。城市美化通过“原型”设定来控制城市景观风格上的统一性与局部变化间的关系。一方面，通过切割地块和限制高度等方法来进行形体控制。尽管，这是出于商业目的的考虑，但的确有机连续的形态控制使城市在空间肌理上保持了总体的和谐。另一方面，直接规定建筑设计可采用的风格。以美国为例，城市美化时期主要的建筑风格均采用了新古典主义，这是在古典风格基础上的一种演化，并且由此衍生出多种多样的细部，这种风格的繁衍为城市空间塑造了最细微层面的有机结构，它们是装饰的、图案的，通过不同而相似的材质、色彩拼贴在一起，形成了统一而又丰富的视觉体验。尽管一种普遍的抱怨声音认为新古典主义没有与美国的抱负、理想或建筑需求契合起来，然而现实是新古典主义风格似乎总是萦绕在人们的脑子里，并且压制住了美国本土建筑的发展。这一过程从 20 世纪初期持续了 30 年以上，逐步形成美国大城市的主要的城市中心和风格面貌。

今天从城市形态所展现的风格特征看，城市美化的建筑师所创造的低矮的、连续的公共建筑，比之后的独立的摩天楼更具有景观性。当他们设计住宅或商业建筑时，他们多会在低矮的楼层采用新古典主义细部，在五或六层以上的楼层，图形装饰弱化或消失于逐渐上升的建筑轮廓中。这更符合以人的尺度视角观察城市，而几乎没有重复的装饰也无限丰富了城市细节。

· 发挥空间结构的社会调节作用

从中世纪城市，其自发生长的城市结构分为纪念性空间、居住性空间和休闲空间，不同的空间结构承担着不同的城市功能。工业革命以后，19 世纪末 20 世纪初是城市结构转型的一段时期。历史上的老城区以不再有能力扮演不断扩大的城市中心的角色，新的城市逐渐分成了工业区、居住区和需要结构调整但仍是中心的老城区。作为最早的综合性城市规划，城市美化运动已经注意到了如何发挥城市空间结构的社会调节作用。例如清除贫民区，对老城的居住区进行改善以更好地服务于社会中的中产阶层。在城市的有利口岸和地区为第三产业和居住者增设建设用地，以便更好地为城市提供服务。同时，在城市中心区提供不同类型的住宅模式以及大量公共绿地为不同阶层的市民提供休闲与交往空间，这些均有利于各种社会活动的开展以及使城市散发出活力。这些措施从 19 世纪末伦敦、巴黎和维也纳为代表的城市改建，以致成为整个欧洲的榜样，再到 20 世纪初的美国许多大城市的中心建设，进而影响世界范围的许多大城市的建设，虽然具体背景和实施过程不同，但大体都能够找到相似的内容。

今天从结构主义的思想看，城市的空间结构和社会结构具有对应的关联性，所以有必要弄清组成它的各种社会行业，分析其结构的分化和整合过程。这显然有利于使城市各部分集合在一起并使之成为一个明显的整体。曼纽尔·卡斯特 (Manuel Castells) 的观点也印证了这一点。他将空间表述为一种本身并无任何特殊性和独立性的物质产物，其特质只有在与其他要素包括人发生关系时才显现出来。也就是说，空间本身是一种诸种社会要素结合体的具体表达。从社会的观点来看，空间总是具体的，空间由社会关系所建构，是社会运作和人类实践活动的表达。因此，卡斯特说："城市空间是被构建的。换言之，城市空间并非是随意组织起来的，运作于其中的社会过程，具体地表达了社会组织的每种类型和每时期的决定作用。" [1] 由此看，城市空间本身就是结构性的，是依照不同支配性的要素建构起来的，而这一过程也是各种力量博弈的平衡过程。

[1] Manuel Castells,The Urban Question, p115.

客观地说，城市美化的“社会性”的考量更多地源自内在的经济、政治目的，并通过外向的“图景”的方式展现出来。它将理想社会具体化为一种可视的“画面”，规划设计即是对这一画面的勾勒，进而空间秩序成为社会秩序，从而影响社会。城市美化描述的是城市规划以特定方式组织起来，城市所呈现的特定效果，也不会实现一个适应各个时代的综合规划。但是，尽管城市美化在许多方式上显现表面、粗糙和一定的局限性，但它仍旧是早期试图通过规划解决社会问题的大胆尝试，并且也的确获得了许多我们今天所熟悉的大城市轮廓。

4.4 历史中看城市美化运动塑造的城市空间

4.4.1 从城市形态的角度看

城市美化运动的成功之处很重要的方面是其将城市看作一个整体，从而始终将城市形态的完整性作为规划设计的重要目标。当然，城市形态自身的复杂性决定了其“完整性”很难像一个建筑那样清晰和易于理解。城市由不同的区域和社区组成，这些区域和社区内部又分为更小的组团或单元，这些诸多“部分”相互联系，交织在一起。无论从物质角度还是社会角度来说，这些各部分间连接的形态特征本身就是丰富多样的。其内在的差异性是城市的基本特征之一，同时作为城市形态的发展需要，其在总体结构上的整体性与内在关联性，也是对城市认知的另一个重要特征。

城市的整体性从不像其局部的差异性那样易于被感知，其外象上也从不会表现为某种单一结构。如萨林加罗斯所说：“就本质而言，我们不能单纯地将城市归结为一个单一的基本观念的产物。这不仅是对现实中的大都市而言，同时也指向理念意义上的城市。”[1] 在萨林加罗斯的观点中，他认为城市是由不同的构成要素组成，这些构成要素以复杂的方式不规则地分布在不同规模的空间，并且它们完全不重复。城市的整体性则来自这种不规则的复杂秩序中，而这种复杂秩序是由城市各种现象汇集而成的。城市局部的形态和空间上的不规则性必须确保城市的整体性。

[1] Serge Salat 著，《城市与形态》，中国建筑工业出版社，2012 年版，第 39 页。

这种描述城市形态的整体性的方式仍然不易被理解，如果从狭义的城市形态角度看：城市的空间结构的整体性直接表现为城市空间层级的丰富、秩序和相互间的连续。整体性使得城市空间易于被解读，内在的丰富、秩序和连续保证了城市空间在使用上的高效和在艺术层面的美学价值。我们一般所认为的具有良好的城市形态，从城市空间结构上来看，街道空间应当明确、连续，并且能

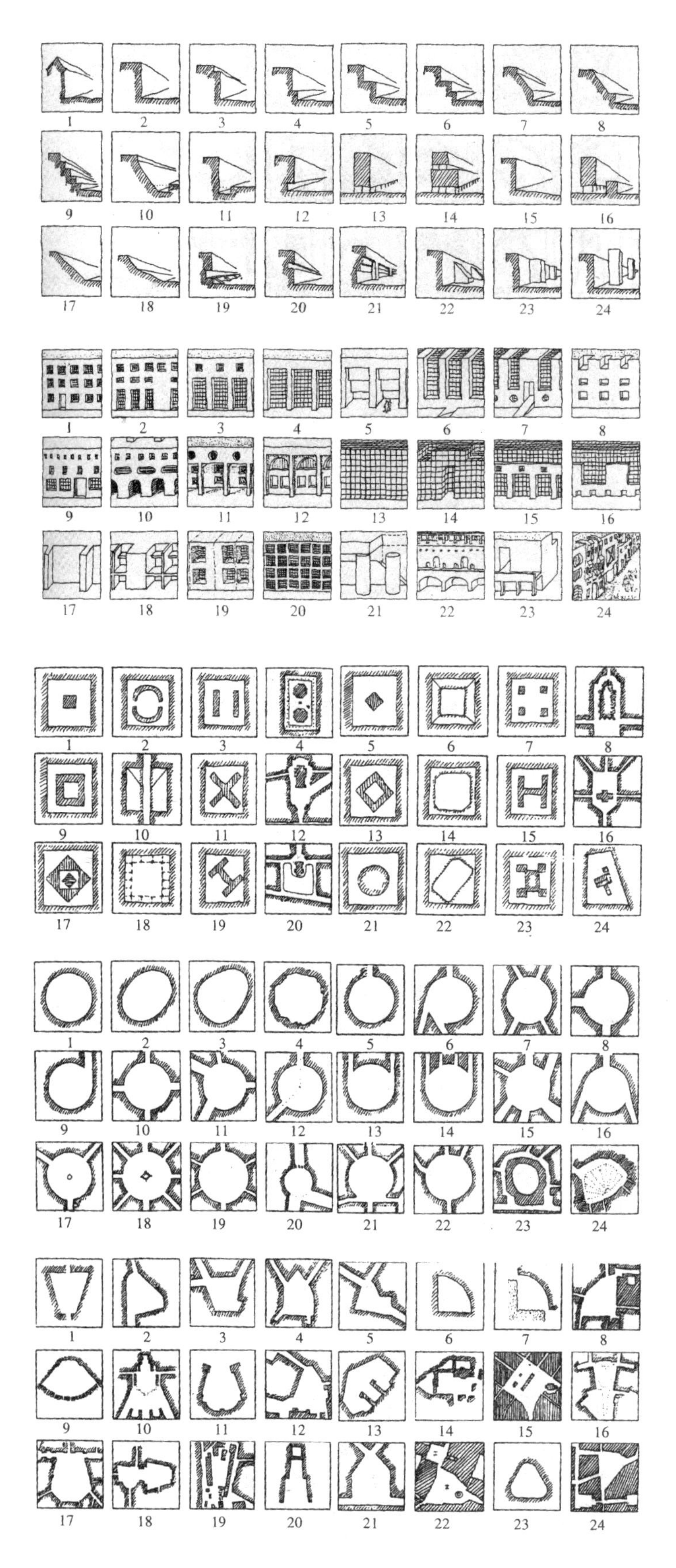

图 4-16　克里尔的断面与立面研究（上两组）

图 4-17　克里尔的空间类型研究（下三组）

（图片引自：《城市设计美学》P132）

够与公共活动的广场自然连接。同时，建筑类型和城市形态之间也存在着互惠关系，展现出局部和整体之间不可分割的联系。

城市美化运动的城市建设是在原有城市空间肌理之上，从更整体的角度所做的对城市空间的“梳理”与“修补”。后来的很多城市理论能够验证这种“梳理”和“修补”关注了整体和局部的关系，遵从了城市形态的“和谐”的基本原则。例如，罗伯·克里尔通过对欧洲不同城市有意义的空间的分析，融入他对城市形态学和类型学的理解，展现出城市应具有怎样的空间形态才是完整与和谐的。

在《城市空间》一书中， 罗伯·克里尔给出的城市空间的定义是：“撇开深刻的审美标准去理解城市空间的概念，可知它仅仅是城市内和其他各场所建筑物之间所有的空间形式。这种空间，依不同的高低层次，几何地联系在一起，它仅仅在几何特征和审美质量方面具有清晰的辨性。从而允许人们自觉地去领会这个外部空间，即所谓城市空间。”[1]可以看出，罗伯·克里尔希望运用形态学的手段去领会这个外部空间，也就是希望知晓城市空间“撇开深刻的审美标准”外，到底是如何形成的。罗伯·克里尔认为整个城市空间存在着广场和街道两种最基本的结构，而城市空间正是由这两种元素通过多样的组合法而形成的。他通过分析广场和街道的元素结构，希望找到其在形式变化上的多种可能及其在“原型”层面的关联性。他对这两种元素结构在垂直面和水平面上进行了划分，在垂直面上着重研究断面和立面的形式——并罗列了二十四种断面形式及类型立面形式（图4-16）；在水平面上则提出了三种基本的空间类型，即方形、圆形和三角形，并作出了各种变化的组合方式（图4-17）。显然，罗伯·克里尔的观点和空间分析方式是受到了结构主义的影响，试图探寻城市的局部空间元素结构是以怎样的形式展现，逐步形成并超越整体。

[1]《城市设计美学》，（查原文引出），第132页。

尽管克里尔的城市空间图解是将真正三维的城市空间拆解，是一种二维或浮雕状的空间解读方式，他试图通过这种方式说明城市形态展现的整体性，其内在的丰富、多变的局部形态与相互联系的秩序性。街道多变的立面和广场不同的组合方式构成了千变万化的城市空间，但是其在尺度上的“相似性”形成一种具有控制力的结构，避免了这些局部陷入混乱的组织状态中。在城市局部空间的“组织”方面，克里尔提到的是“层次”与“联系”，显然，不同的城市有不同的空间组织方式：中世纪的城市呈现一种自由的状态，城市美化运动则增加了更多的几何化的街道空间与广场。以克里尔的观点去反观城市美化所塑造的城市空间，显然其在城市形态的整体统一性与城市局部空间结构的丰富、多变方面，付诸大量努力并且卓有成效。

另一个著名的从城市形态角度去解读城市的学者是凯文·林奇，他所称谓的“城市空间”包含：区域、边界、街道、节点、标志物等几个基本元素。这些基本元素仍然是以优化城市整体性为前提。凯文 · 林奇的观点同样具有结构主义的色彩，他避免了以功能划分城市空间带来的片面性。他通过“暂时排除地区的社会意义、作用、历史、名称等其他影响意向性的因素”的方法，[1]使人们从十分实际的空间视觉的角度理解城市形态的整体存在以及其空间构成上的内在关系。和克里尔的观点相比，林奇的城市形态似乎不包含“自相似”的分形特征，但却从更抽象更本质的角度强调了城市元素结构的不同形式，以及其不同的联系方式展现的丰富变化。这是城市具有独特的“可读性”的一面。

城市美化运动的规划设计方式实际上首先分解了城市的元素结构，中心、广场、连续的街道以及必要的标志物等，这些元素交织在一起，层次清晰又个性鲜明。尽管这种城市空间形态的组织方式因为某些极端化的做法而受到批评，但总体上看，城市美化仍旧塑造了令人愉悦的具有艺术性的城市空间。

[1] 朱文一《空间·符号·城市》中国建筑工业出版社，第79页。

4.4.2 历史的叠加

对于城市形态的形成，时间性是十分重要而又容易被忽略的因素，没有一个城市能够一夜建成，而对城市的意蕴和记忆的“美”也往往是在时间的沉淀中形成。理想的城市形态应当是多重的历史交叠，内在结构元素复杂联系的整体，其形态演进应当尊重“历史底图”，以渐进的、承上启下的更新与迭代的方式推进。

充满活力的城市总是保留着数百年乃至上千年的历史痕迹，表现出时代叠加与更新的高度的多样性和复杂性。例如佛罗伦萨圣十字区的建筑建设与规划，围绕罗马圆形剧场所在的区域，历经如此长久的城市发展，从现在的佛罗伦萨仍可以看到中世纪和文艺复兴时期的弗洛伦萨，尽管城市格局日趋复杂，但旧时的痕迹仍清晰可见。

今天看，城市规划设计在不同的时期注入新的内容时，更应当尊重城市自身地域性的本质特征，梳理城市形态发展中的具有结构性的脉络。这种结构性脉络的遗存与更新将成为构建城市形态的秩序性和整体性，以及城市形态地域独特性的内在原动力。从根本上讲，自然地理环境和地域文化要素构成了城市发展中形态的“稳定性”的两个最基本方面。

自然景观是山、水、林、地等自然要素相互联系形成的人们赖以生存的最基本的基底环境，它同时也构成了城市发展的本底。从根本上讲，自然景观构成了城市特色空间格局的基本架构。它成为健康、和谐的城市空间格局的基底，今天看无论这一“自然景观”是基于天然的环境面貌（如德国古城海德堡），还是后期的人为建造（如纽约的中央公园），都能够成为构建城市宏观层面的风貌特色的重要因素及城市发展的空间结构基础。

地域文化反映了当地的价值观念、宗教信仰、社会风俗、生活方式、社会行为准则等社会生活的各个层面。不同的地域因为自然地理环境的差异，以及人们利用和改造自然环境的时间、方式、程度的不同，产生了不同的地域文化。[1] 根植于地域文化，不同地域的建筑表现出的建筑风貌的异质性。这种异质性持续不断从地域自然地理环境中汲取营养、并保持持久的活力。[2] 尽管这种“异质性”在今天很容易被复制，但不可否认的是，独具魅力的城市几乎都具有这种异质性，并且其一旦形成，则会持久的在城市形态发展中起着潜在的引导作用。

[1] 陈俊伟、肖大威、黄翼，《融入地域文化的岭南住区外环境设计思考》，规划师 2008。

[2] 杨昌新，《“时空压缩”语境下城市风貌特色的区辨路径》福建建筑，2013 年第 10 期。

自规划设计开始介入到城市建设以来，如何既使城市建设能够紧随时代进步、经济发展及社会需要等问题，并迅速有效地反映在城市建设方面；又使城市的空间形态能够以一种相对稳定、持续的方式演进，成为一个值得思考的问题。显然，新时期的规划设计应当是对之前的城市建设的修正与更新，而不是走向新的方向。城市美化运动的很多城市实践既在当时的境况下具有开创性地改善了城市环境，又实实在在地构建了结构清晰、又具有开放性的城市空间。从历史的角度看，城市美化运动为今天的许多大城市的城市形态构建了良好的基础结构。以美国城市为例，芝加哥与华盛顿的城市建设在“历史的叠加”中形成了今天富有魅力的城市景观——而其发展脉络的基点很大程度上源自城市美化运动的努力。

· 以芝加哥为例

对于 1909 年伯纳姆所做的芝加哥规划的具体内容，前文已做介绍，这里不再赘述。作为规划的前身，1893 年的世博会筹办工作与建设，已经开始让芝加哥初步形成了一个现代化的、严密有序的城市中心，以及一些重要的城市公共工程和标志性都市景观。而 1909 年所推出的《芝加哥计划》，真正从更整体、更宏观的城市结构角度勾勒了城市未来发展的蓝图。这个规划既是史无前例的，又是经过充分思考的理想结果，它的放射形和弓字形交叠的城市路网，结合芝加哥作为港口城市的城市功能，为芝加哥确立了拥有高效率的城市交通和货物流通系统；其构建了围绕城市中心的多层城市绿地及滨水景观带，这些公共景观结合中央商务区的建设，使芝加哥呈现生气勃勃的现代城市景象。这一计划的实施不仅解决了城市的大量社会问题，更为芝加哥作为国际性大都市的迅速崛起奠定了基础。在之后的半个世纪甚至更长的时间里，其都产生着重要的影响。

事实上，芝加哥规划在伯纳姆时期，主要完成的是核心区的部分，以密歇根大道—湖滨公园—区域森林保护区为中轴，贯穿市中心和郊区的城市区域分隔带等，其更大范围的城市建设是在之后的很长时间里完成的。到 20 世纪 50 ~ 70 年代，理查德·J·戴利担任芝加哥市长，前后长达 21 年之久。芝加哥在这一时期迎来了所谓“钢筋水泥时代”，芝加哥的重要城市地标，如威尔斯大厦、汉考克中心、麦考密克会展中心、奥黑尔机场等，都在这一时期落成，而戴利“做大规划”的公开依据，正是“伯纳姆规划”。在这之后，老戴利的儿子理查德·M·戴利接任了市长之位，他提出“城市中心复兴”和城市基础设施、沿湖沿河景观改善计划，其提出的依据，同样是“伯纳姆规划”。[1] 从今天城市规划的角度看，芝加哥规划中对城市功能区域的划分，对城市建筑、交通、市政服务容量未雨绸缪的前瞻性设置，都是至今不过时的考量。 1989 年，伯纳姆获得美国规划协会“国家规划先驱奖”，可见当年伯纳姆规划在城市设计上的综合性以及为之后的城市建设所奠定的坚实而又具有的可塑性的城市结构。

[1] 引自《伯纳姆的芝加哥规划》http://taoduanfang.baijia.baidu.com/article/8508。

20 世纪末 21 世纪初的芝加哥新规划注入了更多新的内容，但内在仍与伯纳姆的规划有着紧密的联系。如 1996 年芝加哥商业协会的成员聚集到一起展望并构想芝加哥大都市区的未来发展，其目的是提高芝加哥大都市区的经济水平，为所有居民提供最好的生活质量。这一规划提出了未来 30 年城市发展的基本原则：例如如何提高土地利用密度、增加土地利用与交通的整合、推动就业与住房的平衡、促进土地利用类型的混合、强调以公共交通为导向的土地发展模式等。规划提到保持芝加哥城市绿地的重要性：在美国，芝加哥大都市拥有给人印象最深刻的城市绿色空间，这主要应归功于 1909 年的芝加哥规划。[1] 此时，芝加哥已拥有世界级的城市绿色空间，这包括自然空间、被保护的森林草地与草原、公园等 18.6 万公顷的保护绿地，大都市区每 1000 人拥有的绿地面积达到了 23 公顷。

[1] 丁成日《芝加哥大都市区规划：方案规划的成功案例》，国外城市规划，2005 年。

另外，本章第二节 4.2.2 提到的芝加哥 2001 年湖滨公园规划，其规划目标提出了新的城市发展及社会需要，但规划在实施层面的主要空间基础仍源自 20 世纪初形成的城市滨湖绿带，这一规划并未偏离以沿湖公园、绿化地带等区域作为城市平行发展核心的方向。

· 以华盛顿为例

作为政治性城市，华盛顿拥有世界上最大的首都中心区。最初郎方规划围绕的“国家林荫道”可以说是淋漓尽致地发挥了以空间形象来表现政治内容的规划手段。今天来看它虽然奠定了华盛顿城市结构的基本骨架，但是实际上这个规划只是设计了城市的中心地区，应当说是一个地段的城市设计。而 1901 年的伯纳姆规划才是真正意义上对华盛顿进行的总体的城市规划设计。这一阶段的规划是对郎方规划的具有远见性的修正。例如伯纳姆将面对国会西侧的大草坪从原来的 40 英尺（12.192 千米）拓宽到 80 英尺（24.38 千米），由此和两旁的建筑获得更协调的比例；原计划两旁建筑是各部长等高官的“华厦”，也被后来的一系列壮观的博物馆代替；并且城市总体的发展方向沿轴线转向西侧为主，这和当初郎方的判定也是不同的。总体上，华盛顿在之后的一百多年里的城市规划及更新都严格遵循了这一规划格局。这些规划包括前文（第三章 3.4.3）提到的里昂·克里尔于 1985 年完成的华盛顿特区完善化设计，1997 年首都规划局所做的承继规划(Legacy Plan)，以及从2003～2004年，由华盛顿市市长威廉姆斯和哥伦比亚特区规划办公室首倡的《一个包容性城市的远景》课题：对哥伦比亚特区（即美国首都华盛顿市）的67平方英里（173.53平方千米）地域所做的综合性远景规划等。这些规划从时代的不同社会问题和城市功能出发，大大地改变了城市面貌的同时，不断强化和丰富着华盛顿的城市主体空间结构。

值得注意的是，华盛顿规划自城市美化运动逐步构建的城市空间结构为之后的不同时期的建筑样式风格提供了框架或"底图"，其承载性与包容性使以古典主义为核心的不同风格的建筑有序交织在一起。1901年华盛顿规划所确立的新古典主义风格一方面源自朗方的巴洛克式设计思想，另一方面源自作为城市美化运动的开端的芝加哥博览会的复古主义影响。而华盛顿规划中"公园委员会"的成员几乎都是受复古主义影响的人士，因此要求新建筑具有纪念性，推崇古典主义形式在当时成为一种必然。这使得20世纪二三十年代新古典主义建筑一度占领着美国建筑的重要位置。内在看，这与华盛顿作为政治中心城市的必要的政治象征性也是分不开的。这一时期美国政府和华盛顿的规划管理部门也始终坚持只有古典建筑才能做为国家级机构的形象而出现在这个地带。

直到20世纪60年代的国会图书馆的新馆建设才造就的中心区第一个离开古典风格的大型现代建筑。但这个建筑在形式上仍旧可以看出明显的古典影响。例如，追求雄伟的尺度、没有装饰的柱廊和纪念性的室内空间等。70年代末由贝聿铭设计的国家美术馆东馆可以说是"晚期现代主义"的代表，它在形式上已没有古典符号，但其在形体上和城市空间完美融合，并通过地下通道与老馆连接，其整体设计在80年代广受赞誉。1988年在大草坪南侧建成的另一座重要的美术馆是在史密松学会院内扩建的非洲艺术馆和东方艺术馆。这座建筑仍是一个现代建筑，它把主体的四层结构全部放在地下，地面上仅保留排列的留个小亭作为入口，简练的处理方式十分具有古典气质。可以看出，这一时期的建筑更注意环境和文脉的关系，注重隐晦地运用古典语汇来表达文化气质。[1]这一时期另两个重要的建筑项目，位于宾夕法尼亚大街上的威拉德大饭店扩建和位于林肯纪念堂西北的华盛顿港口，都力求做到“新旧融合”，并在现代形式中融入文艺复兴和巴洛克式的古典风格。总体上，自80年代之后，和全美国一样，华盛顿主要有影响的建筑物再次和古典主义传统结合在一起了。

[1] 关肇邺《时代的印记 - 浅析华盛顿中心区》世界趁筑，1993年3月。

无论芝加哥规划还是华盛顿规划，许多城市美化运动时期的城市都在规划设计中确立了明晰的城市空间结构，这些城市规划得以渐进地实现得益于规划自身的合理性及后人对规划的理解与贯彻实施。从时代的角度，历史的叠加赋予“城市美化”以深度上的含义，尽管其在当时受到了普遍的质疑，但恰恰在百年之后，经历城市美化运动的城市塑造了最富魅力的城市空间。

回溯历史，一项规划的难度远非规划师在规划时能够想象，这里，设计者既要能够紧密结合时代需要，解决时代问题，又要为未来发展留有余地；作为继任者，既要有决心，能够在复杂的城市因素中明辨方向，又要有相关政策、法规的连续性支持。只有这样，经历上百年的城市才能在不断的构建中沉淀出不同时代交叠的，丰富生动又整体协调的城市。

4.4.3 城市策略和民主机制的作用

历史的沉淀为城市美化运动所塑造的城市形态增添了更丰富的层次与更多样的内容。城市美化运动超越时代的从城市整体形态结构考虑，进行大刀阔斧的城市改建，这为之后的城市发展梳理出开放而有序的城市结构。不难想象，如此大尺度的城市改造在任何一个相对民主的地区实现起来都是十分困难的——当然，这并不是说城市美化不具有民主性的特质，而是从过程看，它更体现出“威权主义”的行事方式——最终从结果看，它们都显有成效地实现了（哪怕是部分的），这奠定了世界各地许多大城市中心的空间结构。这种规模的城市中心区的改建在今天任何一个城市实现起来都绝非易事，显然，恰当的城市策略和机制是内在推动城市改良过程得以实施的保障。在这一方面，城市美化运动并不像很多评论者所批评的那样“表面”，其将恰当有效的策略机制融入城市改革，是极富智慧的城市实践。

· 奥斯曼巴黎规划的做法

奥斯曼的巴黎改造是拿破仑三世亲自委任作为其政治上的支撑，不可否认的是奥斯曼采用了许多行之有效的策略以推动如此大规模的城市改建。奥斯曼以地产开发项目的方式解决项目重建计划的主要资金来源。在新开辟道路的所到之处，奥斯曼将地块切割为 500 ~ 1000 平方米的小单位，而新形成的街坊多控制在 1 公顷左右，同时适度地增加建筑高度。由此形成紧凑的多层高密度街区，小单位为街区提供了更多的临街立面，更易于出售，增加地产的商业价值。并且这些小地块组合的平面布局方式，加上垂直方向的功能和阶层的混合——这些建筑一层为商业房，中间为贵族和中产阶级的住宅，顶层为社会底层居住[1]——这使之后的小规模渐进式的城市功能更新成为可能。

为了推动了房地产投资，拿破仑三世在这一时期成立了土地信贷银行，为房产地商提供更多的贷款，进一步刺激房地产市场。投资于里沃利大街的房产在 1856 年带来 8.22% 的回报，1857 年达到 9%，1860 年达到 8.69%。随后投资随之纷至沓来，大银行、保险公司也都开始疯狂投资房地产。[2] 而随着巴黎的街区建设和基础设施的改进，吸引着更多的人们来到巴黎。巴黎的人口急剧增

[1] 朱明《奥斯曼时期的巴黎城市改造和城市化》 世界历史，2011 年第 3 期。

[2] 米歇尔·卡莫纳：《奥斯曼及其时代：现代巴黎的打造》，第 424—425 页。

长，约从1851年的95万人增加到了1856年的113万人，1870年则达到了200万人。这又进一步给投资房地产带来一个很大的推动力。随着人口增加和地产增值，房租也不断攀升，在整个第二帝国时期达到300%的涨幅。这也难怪，奥斯曼的巴黎改造被本雅明视作“一场巨大的投机繁荣”。大卫·哈维从城市空间和政治经济学的角度持续对这场巴黎改造进行批评。的确，膨胀的房地产市场带来新的住房问题，增加了富人和穷人之间的矛盾，穷人住房变得更加困难。由此，奥斯曼同样花费了很大努力来解决这一问题，即通过增加密度和新建住房为日益增长的人口提供更多的房屋。

尽管奥斯曼的巴黎城市改造遭受了许多批评——他在行政方面的专断受到时论的攻击，被认为“更像一个有权的领主”、“无节制无约束地随意发号施令、征税和借债”，[1]他的城市策略和实际建设紧密结合并互为促进，实实在在地改变了巴黎的城市面貌。

[1] 让德卡尔，《奥斯曼：第二帝国的荣耀》(Jean des Cars，Haussmann: La gloire du Second Empire)，巴黎，2000年版，第269页。

· 伯纳姆芝加哥规划的做法

实际上，伯纳姆的芝加哥规划在理念上可以看到“奥斯曼巴黎改建”的影子。“伯纳姆规划”的若干条交织的林荫大道，滨海景观带及与其结合的商业中心等措施对芝加哥城市面貌改变起到重要作用。如密歇根大道按照他的规划改造成宽阔的林荫大道，与之相连接的新修道路桥梁通行能力是被拆除的旧桥的7倍多，环境和交通状况的改变使沿路不动产价格上涨6倍多。[2]

[2] 引自《伯纳姆的芝加哥规划》http://taoduanfang.baijia.baidu.com/article/8508.

当然，伯纳姆勾勒的“规划蓝图”是十分昂贵的，在当时被认为是“大而不当”、“劳民伤财”的，受到激烈的反对，所以其规划实施的前期并不顺利。但是伯纳姆善于运用宣传将“规划蓝图”广而告之，以获得广泛的大众的支撑。他将“芝加哥规划”创造性地制作成一份形象直观、浅显易懂的蓝图，并在商业界的大力支持下，将这份蓝图规划向政坛、媒体和公众广泛宣传，甚至还专门制作了针对儿童的普及版本手册，向未成年人解读和普及“芝加哥规划”。他的这些努力让“芝加哥规划”的影响力超越了城市范围，迅速遍及全美，这不仅客观上推进了规划的实施，还让“伯纳姆规划”被几代芝加哥人牢牢铭记，为之后的城市改进打下伏笔，使“伯纳姆规划”成为“百年不过时的蓝图”。这一做法也进一步让人们认识到城市规划应当成为一门专门职业，需要由专业人士以科学的方法对城市发展进行规划、重塑和评估，这一过程对城市未来发展影响深远。规划设计过程由此转化为一种专业机制下的决策过程影响着全美国很多城市的建设。

· 1901 年华盛顿规划的做法

1901 年华盛顿规划由参议院批准成立了“参议院公园委员会”，专门负责审议制作华盛顿今后的规划及城市发展方向。这个委员会以伯纳姆、奥姆斯特德等人为核心，成员包括建筑师、风景设计师和雕塑家等各领域专家。实际上，委员会的作用也远不止公园建设本身，而是扩展到整个首都的中心区域。委员会调研了当时欧洲的大批城市和建筑精品，做了大量的测绘工作。到 1902 年，公园委员会完成了几百份详细的规划图纸和数个巨大模型，并介绍了他们的首都方案。市民们对这个方案给予了肯定和支持，当时的罗斯福总统和两院政治领袖也赞许了他们的工作，并使“公园委员会”真正成为监督行使实施规划的权力机构，这些措施保证了 1902 年规划方案的具体实施。[1]

[1] 梁雪《华盛顿中心区的形成和发展》，URBAN SPACE DESIGN，第 63 页。

城市规划的综合性和复杂性要求其必须具有宏观视角，有政府委托专家团队或机构协助执行，并赋予其必要的行政、执行和监管的权力，以保证规划方案的实施。当然，“权力”背后必然蕴藏政治目的和特定阶层的利益，如何在规划中体现社会公平，均衡考虑城市各阶层市民的居住、工作和社会服务功能的整体和谐，也是规划不容忽视的问题。这也是现代城市规划发展以来市民要求参与规划的呼声越来越高的重要原因。实际上，城市作为人们聚集的承载空间，其构建过程本身就是威权主义和自由主义，集权和民主之间博弈、对抗与相互平衡的过程。

· 总体评述

城市美化运动作为现代城市规划的早期探索，的确具有形式化和极端化的表现，但从一开始就被一些批评者冠以“特权阶级的好大喜功”，只追求美化和装饰而完全忽视社会问题的确也有失偏颇。实际上，威廉·威尔逊在他的《城市美化运动》一书中已经做出过客观的评价。他认为“城市美化运动所进行的城市设计是由政治介入的社会改良运动。”[1]它从没有像我们看上去那样表面。他进一步解释道：作为城市美化运动的支持者，他们多数来自城市中的中产及中产以上阶层，并且以男性为主。他们所从事的职业有会计、律师、医生等。城市美化运动的支持者们来自如此相近的阶层，他们的动机是什么呢？一种普遍的认识是社会政治因素起了决定作用。就像一般我们所认识的那样，我们能够从改革者和他们的集体所确立的规范和标准中看出他们究竟想要什么。这些要求表现出不同的目的性，包括通过集权管理的方式确定城市功能；对财产以及财产价值的保护；以及对社会阶层运动包括对可能造成动荡的阶层运动的控制等方面。另外的更具体的目标包括，建立一个有效的城市管理部门以专注于城市清洁方面的基础设施建设；在城市改造中鼓励追求合法的商业目标；同时，聘用大量的专家来谋划改善城市的不良状况，例如公众健康和城市交通等方面的问题。要达到这样的多重目的并不容易，一些措施在实施上可能会有所折扣。包括具有某些有倾向性的政策表述的影响，以及社区活动对城市政策

[1] William H Wilson, The City Beautiful Movement , Baltimore: The Johns Hopkins University Press, 1989.P75.

[1] William H Wilson, The City Beautiful Movement , Baltimore: The Johns Hopkins University Press, 1989.P76.

[2] 同上。

的干涉等。[1] 可见，城市美化运动下的城市建设，其根本目标是提高城市环境的整体品质，根本上也并不是不具备市民基础。所有的得到都是需要有所牺牲的。由此而引起的容易被人们盲从的错误观点是："城市美化运动过分的集权而不允许地方的自主权利，官僚主义和专家论断总是和民主是相对的。"而我们应当相信的是"城市美化运动的支持者的洞察力是敏锐的。多数城市美化运动的措施得到最初的民众的认可，例如为了实施而进行的债券发行等……因此，在公众和专家以及市民董事会之间的关系并不是独裁或不民主的，而是互惠的。"[2]

城市美化运动为我们提供了在城市规划领域威权和民主如何达到平衡的案例。这个"平衡"并不是指两方面完全的对等关系，而是指在特定时期如何通过城市政策和机制使规划更好、更有效地为城市建设服务。今天的城市面貌的缺失和混杂，足以引起人们的重视。今天所宣扬的自由竞争，利己重于利他的个人主义，主张资源私有化，反对国家层面干预，在不同程度上削弱了公共基础，而作为公共资源的城市风貌以及城市形象，它的整体性也在空间私有化过程中失去总体的把控，使复制、拼贴手段蔚然成风。显然，自由主义和缺乏集权约束的"民主"只会使今天的城市面貌越来越糟糕，而相反，完全依赖威权方式解决规划问题也必然困难重重。因此，在当下的城市状况，我们需要认识到，构建城市形态的完整性，体现城市面貌的整体与特色，就需要站在重整体轻个体、重公共轻私有的立场，以城市总体风貌的维护和强化作为规划设计的重要内容之一来推动城市建设，如此，城市才能走向"美化"，才能塑造富有魅力和记忆的城市。

4.5 城市应当走向美化

4.5.1 城市美的模糊性

从柏拉图时期人们就已经开始探索美的本质，这一过程的艰难可以说源自美的现象的混沌恍惚，令人捉摸不定。对于美的表象和美的传达，人们总是通过对物质形态的体察去感受或者依赖于语言的界定，而无论借助于“感受”还是更加严谨的语言，都很难无限穷尽和精确传递美的含义——美可以被体察却不易被描述，语言也只能界定那些能够用语言界定的特征。美自身的模糊性决定了其内在的复杂性和不确定性。对于城市而言，依附于不同的自然环境、社会人文与技术条件，在自下而上自发性生长或自上而下的规划构建中，形成了不同类型的城市形态，这些形态迥异的城市都无一例外地表现出内在的异质性和复杂性，以及外在的美学表象上的模糊特征。

从城市形态所传达的美的特征看，城市作为最庞杂的人工构筑体，其亦具有自然特性的一面。它的形态应当是既复杂多变，又整齐有序的。如前文所例举的，理想的城市形态犹如树叶的脉络，既有主动脉连接的“骨架”结构——这些动脉往往呈现出直线或曲线的简单几何形，又有均质网状的连接各城市功能的“基底”结构——这些网状基底则有呈现出各种特征的可能。并且，这些结构间存在着丰富的尺度层级，它们相互连接使城市成为一个有机整体，这便是分形城市所表现出的基本特征。从美学的表征看，这一特征在形态学上总是表现出一种整体性中的“力”的趋向。无论是中世纪城市的自由蔓延的网络结构，巴洛克的多点连接、相互交织的菱形结构，还是古代中国的以南北轴线为依托的矩形网格等，这些城市在形态上都表现出一种物理的“力”的趋势。这一趋势“描述”了古代分形城市在美学上所表现出的难于言表的复杂性。对于这种复杂性，如德国科学家艾伦堡（G. Eilenberger）所感叹的：“为什么一棵被狂风摧弯的秃树在冬天晚空的背景上现出的轮廓给人以美感，而不管建筑师如何努力，任何一座综合大学高楼的相应轮廓则不然。在我看来，答案来自对动力系统的新的看法，即使这样说还有些推测的性质。我们的美感是由有序和无序的和谐配置诱发的，正像云霞、树木、山脉、雪晶这些天然对象一样。所有这些物体的形状都是凝成物理形式的动力过程，它们的典型之处就是有序与无序的特定组合。”[1]

[1] Gleick J，著，张淑誉，译．混沌开创新科学 [M]．上海：上海译文出版社，1991，P126-127。

艾伦堡的话表明“有序与无序的和谐配置”是“物体的形状”能够展现出美的特征的内在规律，这应当是大自然的特质也应当是判断城市美的可能方式。显然，“有序与无序的特定组合”会使城市如同自然一样展现出一种“模糊”美，但这种模糊性并不是源自内在的繁复无序，而恰恰是一种高度有机的秩序组合。所以，现代主义所期望的通过完全清晰条理的城市功能性组织方式和后现代以来的“碎片”、“拼贴”而忽略城市元素的有序联系，都不能使当代城市形态呈现理想的有机秩序美。

4.5.2 城市美的本质

对于城市美的本质，从形态学的研究方法看，我们总是容易将城市物质空间和景观的问题放在第一位。显而易见，城市的物质空间和景观最直接地表现了城市的视觉美，这也是城市的美作为人的生物性需求得到满足的重要内容。城市结构本身反映了人们生存的需要，这也是城市存在的根本。从传统城市看，一切的城市结构与建筑、街道的建造技艺、材料都与人的需求紧密相关，同时这种需求又是深深扎根自然的。可以说，城市只有满足了人们的生物需要，才能达成最基本的美。所以很多城市之美和记忆都印刻在承载人的最基本生物需要的物质形态之中。

例如，古罗马遗留下来的砖石建筑给人的印象，这种材料铭刻了时间，使城市度过近两千年的光阴保留至今。

这无疑得益于取材的方便。而在欧洲的部分地区，建筑用石总体上是十分匮乏的。幸运的是，大多数缺乏石材的地区黏土充足，因此砖瓦取代了石材和石瓦片。于是在欧洲许多北部城市，制砖用的砾石黏土遍布这个地区的大部分地方。如此一来，许多像阿姆斯特丹、吕贝克、格但斯克（Gdansk）这样的城市，都变成了红砖城市，并一直保留到现在。[1] 所以城市总是不能脱离地球这个生态系统，不论是资源的利用还是废弃物的排放，都需要与自然进行交互。因此，只有实现自然和谐的情况下，城市本身才能持续。因此，与自然的和谐是城市美的基本要求，无论是纯粹的自然还是人工化的自然，对于城市形态来说，自然系统是城市美永远的发生器。

[1]（英）诺尔曼庞兹 著，《中世纪城市》，刘景华、孙继静译，商务印书馆。

当然，我们也不能将城市美仅仅看作是城市物质形态方面的表象。城市形态学与社会形态学是密不可分的，城市是具有文化意义的存在。从城市的社会形态看，城市作为人聚集的场所，人们在特定的物质资料生产基础上相互交往、共同活动，形成了的各种关系相互交织的有机系统。城市美的本质在于既能满足人的生物性需求，又要满足人的社会性需求——即交往的需要。人在交往中社会化，社会交往让人产生自我认知，获得他人尊重，这是自我价值实现的过程。所以，城市需要公园、广场等不同层次的交往场所，混合不同的城市功能，以引导、激发城市活力——真正有活力的，体现人的生活的社会价值的城市才是富有魅力的城市。

城市美的本质体现于城市的物质形态，又贮藏于城市的社会形态：城市所创造的文化，凝聚的历史，这同时也是城市精神层面的体现。对城市的美应当作为一个整体来理解，所以从本质上看，无论是精神层面还是物质层面，现实中的城市都应当是生动、复杂和多变的，我们也不应当把其划分为不同的部分去对待。

4.5.3 城市的精神性与美

城市的物质和精神的结构，具有强大的惯性和生命力。城市在漫长的生长过程中，逐渐凝聚其形态与精神特质，这些与城市的美紧密联系——美不仅源于形态，同样源自城市的精神性。

芒福德指出："远在活人形成城市之前，死人就先有城市了。而且，从某种意义上说，死人城市确实是每个活人城市的先驱和前身，它几乎是活人城市形成的核心。"[1] 芒福德所说的死人城市主要是指圣祠和墓地。显然，"纪念性"首先成为城市精神体现的重要方面。而由此形成的对城市空间的理解，也随之分为祭祀空间和生活空间。不少现代西方学者在讨论城市分类时仍常常使用这种二元分发，如A·拉普拉特（A·Rapoport）在《住屋形式与文化》一书中指出："我们可以将建筑分为两大类：归属于壮丽设计传统的和归属于民俗传统的"。[2] 拉普拉特所说的"壮丽设计传统"的建筑是指城市的纪念性建筑。对于城市精神而言，这些建筑往往是城市的象征，每每想到这个城市，眼前浮现的总是这些最有代表性的建筑。无论是圣祠、教堂还是皇宫，如麦加的大清真寺，意大利的佛罗伦萨大教堂，曼谷的大皇宫，这些纪念性建筑都记载了这些城市历史存在的绝对价值，它们赋予城市的精神特质是唯一的不可替代的，它们总是持久地保持着这座城市的精神气质，也赋予了城市独特的美。

作为城市的"纪念物"，它们也不仅是承载着宗教或皇权的象征性，如纽约的自由女神或巴黎的埃菲尔铁塔，时代赋予它们新的精神象征性。在埃菲尔铁塔下仰望其绚丽灯光下的身影，或者在曼哈顿岛远眺矗立于水面的自由女神像，都会是令人铭记的城市体验，这是城市精神所传达出的独特魅力，这种"美"的传达超越了城市的物质形式本身。

[1] 刘易斯·芒福德著：《城市发展史》，宋俊岭，倪文彦译，中国建筑工业出版社 2005 年，第 4 页。

[2] 朱文一著，《空间·符号·城市》，中国建筑工业出版社。

相对于具有纪念性的空间，城市的更主要的部分是由街道、广场、住宅等日常生活空间构成的。罗西在《城市建筑》一书中认为，城市中两个主要的、持久不变的部分是“纪念物”和 “住宅”，它们构成城市中的基本要素。纪念物作为具有象征功能的场所的性质与城市中的另一要素——住宅区分开来。[1]这并不能说两者在空间象征性上是毫无联系的，或者说生活空间不具有精神性。实际上，生活化的日常空间同样具有城市精神性与象征含义。

[1] 参见沈克宁，意大利建筑师阿道尔·罗西，世界建筑，1988，P50-57。

例如城市街道，它们以不同的层级构成城市的主要公共空间。其特征是突出路径属性、场所属性和领域属性。城市大街一方面满足了市民之间的交流和沟通，另一方面，也是更重要的，它把市民引向城内或城外的某一个目标。这种对指向性和连续性的突出是与其中的市民所带有“个体的情感”相关联的。在城市大街上骑自行车或乘坐汽车的人都有一种体验，那就是急切地盼望能尽快地到达目的地。当多条大街汇聚一处时，它便具有了内向沟通性和外向延伸性特征。这便是一种个体的感情，也就是说，城市大街带有某种卡西尔所言的宗教色彩。[2]正如卡西尔所言，“语言、艺术、神话、宗教绝不是互不相干的任意创造。它们之间以及与人的整个生活世界之间总是相互影响、相互映射的。”

[2] 朱文一著，《空间·符号·城市》，中国建筑工业出版社，第82页。

人们对城市的“敬慕”是建立在对城市的形态结构在头脑中形成的整体意向的基础之上的，从这方面看，城市精神应当存在于整体、秩序、有机的空间结构之中——这种形态结构必然是城市美存在的根本——而繁杂、无序和混乱的城市形态很难使人对城市产生意向上的整体认知，没有对城市的集体认知的基础，城市的精神性难以形成，美亦很难产生。只有一个安全的、健康的、公平的，有包容性又充满活力的城市使人自然反馈出具有地域共性的情感特质，才能成为城市的精神，这样的城市也一定是美丽的城市。

4.5.4 城市应当走向美化

城市是一个复杂运动的矛盾体，城市演化的过程似乎就是在有序与无序之间寻求平衡的一种复杂动力学过程。[1] 为了解决功能混杂和城市结构紊乱等城市问题，从现代主义早期，城市美化运动倡导的以“美化”为目标的重新梳理城市空间结构，以形成更加完整、有序的城市，从而改变工业革命之后的城市混乱与环境恶化；到现代主义成熟阶段以功能分区法为核心，以建造更加高效、秩序的现代城市——实践证明这种方式忽视了城市的有机性与复杂性；再到后现代以来，新都市主义提出的建立城市新的有机秩序，以及“拼贴”理论对城市的“碎片”化造成的无序的认可，对城市问题的研究始终没有脱离城市形态。完全放弃功能分离又很容易造成城市功能紊乱，过分强调城市的“自发”与“多元”的构成方式又难以使城市形成整体、有序的城市景观。城市是各种矛盾综合的共同体，其演化过程是在有序与无序之间的一种摇摆与平衡。在这一过程中，从城市形态角度看，今天的城市面貌，无论是面貌趋同造成的城市“秩序”的单一化，还是城市景观的碎片与混乱，城市形态的美学问题应当被关注并作为未来城市发展的重要内容。

[1] White R, Engelen G. Urban Systems Dynamics and Cellular Automata: Fractal Structures between Order and Chaos [J]. Chaos, Solitons & Fractals 1994, P 563-583。

城市应当走向美化。一方面，无论是精神层面还是物质层面，现实中的城市都应当是生动的、复杂且多变的。只有和谐、秩序、各城市元素相互连接的城市才是美的城市。这是一个作为整体的城市。另一方面，我们从不同尺度和不同立场来看，对于形态学的研究需要我们有时将城市形态和景观的问题摆在第一位。尽管形态并非一切，但对于承载着城市精神与美的物质空间，它应当具有某种持久的延续性和生命力——在一种恒定的结构中缓慢的变化。

对城市形态的美学问题，应当建立系统观念。对于美的形态的系统化，需要依照系统观念，使城市美的种种表现形态放在一定的系统中加以研究和进行组织，从而显现不同文化背景下形成的城市美的独特的形态体系。按照系统论的创始人，美国学者贝塔郎菲（L.von Bertallanffy）的解释，系统指的是相互作用着的诸种成分的综合体。“系”者为联系，“统”者为统一，“系统”就是互相联系的统一的整体。[1] 前文提到的以分形城市为基础的“分形梳理”的概念，意在建立一种系统的城市形态的认知和实践方式。

[1] 徐苏宁 编著《城市设计美学》中国建筑工业出版社，2007年版，第153页。

尽管城市规划不可能找到完美无缺的解决方案。但不得不面对的现实是，城市是人生活的聚集地，是满足人们的物质和精神生活的空间载体，也是市民进行审美活动的对象。如城市美化运动的倡导者 George B.Ford 所说的，“我们的小镇需要的不只是安全、健康和方便……人对于美的需求是与生俱来的”。他告诉他的听众美“不是装饰品”而是“基本原则和所有设计方案的基础”。[2] 尽管 Ford 对于城市美化运动的赞扬有些过度，但我们仍不能否定在城市规划中考虑美学的重要性。

[2] William H Wilson, The City Beautiful Movement , Baltimore: The Johns Hopkins University Press, 1989.P299.

城市需要营造一种能够使人产生愉悦心情的环境，因而要求城市规划者将城市的审美创造、审美体验纳入规划设计中，进行综合性的考虑和研究。有理由相信，城市的“美化”的问题仍旧是城市形态发展的重要内容，并且，关注城市美学问题，也能够为解决城市形态演化的各种矛盾提供新的思路。

4.6 本章小结

当今的时代，构成城市最深刻矛盾的，是人类行为越来越多的可能性和思维的杂多性之间的矛盾。反映在城市现实中，一方面是全球化背景影响下的形象趋同，一方面是现代主义以来城市建筑单体和类型概念日益被突破，城市逐步呈现碎片化的趋势。城市形态从内在至整体，由人的尺度逐步到超人尺度的不断突破，思维的杂多性超越空间结构的约束，行为的多重可能性不能与功能的复合性很好的结合，这些都成为城市形态由传统城市到现代城市演化中逐渐失去秩序性和整体性的重要原因。

城市发展是可持续的过程，而可持续城市的多样性则深深植根于复杂和令人感到混乱和迷惑的现实中。今天全球的城市化使我们似乎没有时间去等待如历史古城般慢慢壮大，但是向历史中的城市学习一定是我们解决城市问题，在迷惑中找到出路的捷径。我们应当关注城市美化运动在城市发展中的特殊贡献，同时立足于包含伟大智慧和传统习俗的本土文化，结合有关地形学、社会学和城市文化的新变化，在延续千年的城市历史中不断创新。

第五章　城市分形与美化的当代认知

芒福德把城市比作“文化的容器”。可以这样理解：城市作为文化生长的产物，也作为文化贮藏的物质载体，城市的精神属性和空间属性本身是一个融合的整体。如果把文化看作是人类通过长期创造沉淀而成的，它必然有其内在的一致性、延续性和复杂性。城市作为其“容器”，应该具有同样的特性（反映在城市形态上）。这些特性反映出城市发展的普遍规律，而这些规律能够帮助我们在纷繁复杂的城市现象中更加清晰地认识城市形态的完整、清晰、复杂和多样的重要性。显然，这些对于城市“美”的表达也是至关重要的。

5.1 城市——作为“容器”

5.1.1 城市的中心意向

· 古代城市

一般来说，城市的中心总是和城市的整体网路结构保持着紧密的关联，并且道路表现出以明晰的结构方向“突出”中心的独特性。中世纪城市的重要建筑，如城堡、大教堂、修道院等，表示了城市中心的位置关系。以正式的轴线对应主教堂的方式来标示城市中心是16世纪以后才出现的。以大教堂作为市镇中心，再以此为放射线向外扩展的城市结构一直是西方古代城市形态的主要格局。并且，从中世纪建立城市以来，古代城市在扩张的过程中始终呈现以教堂为中心的功能分散方式布局（表现为教堂数量的均匀增加，常常一个社区会有数个教堂），这种功能的分散化，防止了机构上的臃肿重叠和不必要的来往交通，从而使整个城镇的尺度大小保持和谐统一。这时，以中世纪城市为代表的西方古代城市表现出由一个主要中心串联多个次要中心的复杂网络，这个网络保证了城市的健康运转和有机生长。并且，这些城镇中心往往不仅具有空间上的中心性，在功能上也表现得十分具体，它常常是和市民的生活紧密相连的。例如一般集市或市场都设在大教堂前面的广场、空地，教徒或市民进出礼拜、参与集市，教堂往往成为市民常常相聚的地方。对于古代城市来说，这些有层级的城镇中心是城市活力的重要节点。

至巴洛克风格时期，这种中心递进的格局呈现越来越明晰的几何图形的趋势，显得十分的直接。以人的视线去看街道与主建筑的关系，这种风格很清晰地表达了城市恢宏、庄重甚至华丽的气势。城市美化运动恰恰借鉴了这种形式美学。抛开背后的政治性因素（尽管这点很重要），我们今天在感受一个城市的空间美感时，我们仍然不难得出一个结论：城市的中心对于城市形态的表达是至关重要的。当然，这不是指城市的唯一中心，而是多个层级中心联系的节点网络，对于城市的整体形态来说，重要的是这些中心所展现的吸引力、公共性以及它们之间的连续性及互补性。

城市多个层级中心相连的节点网络本质上和分形城市的连续形态是相一致的，并能够相互叠加。虽然分形形态不强调中心及节点（次中心）的重要性，但显然，对于“分形”来说，其生长过程恰恰表现了由一个中心点向外发散再由此生成新的节点发散生长的蔓延结构，从分形形成的连续的网状形态看，多“中心”节点仍然是这一连续的均质结构的重要特征。从分形城市的形态看，连接的城市中心节点有效调解了城市功能的均衡性，并促进了城市生活的融合，增进了人们的互动和交往。在分形梳理的过程中，需要主动的发挥城市中心的连接、凝聚、疏导的作用，促进分形城市的连续形态的更有效的生成。

· 城市美化运动时期

城市美化运动为我们很好地展示了构建城市的中心性的方式之一。丹尼尔·伯纳姆在1909年的《芝加哥计划》一书中，关于公园、运输和街道一章中强调了在当代城市规划中城市中心的主导地位。关于具体的规划方法在第二章中已有描述，这里就不再展开。需要强调的是，几何形平面和中轴的景观大道带来的对中心的“加强”，尽管这种方式并不全然适合当代城市的规划模式，但必须承认“轴线”是强调城市中心的空间性的最常用和有效的手段。“美化”是城市美化运动的重要内容，当然，对于市中心来说，尤其如此。更重要的是，城市美化运动通过对城市形态的组织将各种城市功能与城市空间结合在一起，强调了各中心点之间所构建的层级性及连续性（这又涉及分形城市的特征）。经历了数十年的城市变化，今天的这些城市中心（如巴黎、华盛顿等）依然富有活力，没有出现中心衰退的状况。

· 现代主义时期

现代主义城市在如何确立城市中心以增加城市功能在有效连接方面做出更直接的尝试，但也由此带来许多城市问题。其以功能分离为主导的城市规划使城市逐渐转化为分散的重要功能“区块”，每个“区块”再产生自身的中心，并且通过最高一级的交通将这些中心相连。由于这些功能的特性倾向于其所属区块的功能特性，为达到沟通、交往、生产等基本的社会目的，城市功能区域间的交往就变成“钟摆式”的单一目的的人员流动，大大加剧了区域间的交通流量。所以，这些中心串联的网络关系看上去与中世纪为代表的古代城市相似，但每个节点空间表现出的综合性与公共性却是截然不同的。于是，现代主义城市形态下的城市中心意向反而开始变得模糊——已经不存在实质意义上的中心，无论是在空间位置上的，还是在象征意义上的。

现代主义的这些问题也影响到当代城市格局。多数城市或是结构分散，形不成整体的中心意向；或是在由单中心向多中心转变时，其原本的城市中心意向由空间性向概念性转变，原本功能性慢慢消退（例如北京）。这些中心点之间的失衡使得城市很难形成一个清晰有益的总体意向。所以当代城市往往忽略了都市空间最核心的本质或属性——构成性中心（centralite）。并且假设“如果没有一个中心的话——如果在空间中出现和生产出的东西没有被集中，所有的‘客体’与‘主体’都没有进行任何现实的或者可能的集中的话”，那么“无论在哪里，我们都无法确定都市的现实。”[1]

[1]（法）亨利·勒菲弗著：《空间与政治》，李春译，上海人民出版社，2008年11月版，第17页。

· 后现代时期

今天来看，合理的城市中心的布局方式应该是层级丰富而相对匀质的，并且每个中心点也应该具有一定的综合

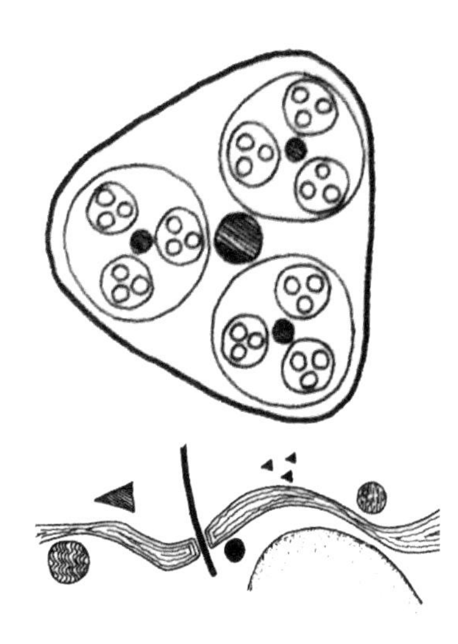

图 5-1 凯文林奇提到的可以构造“大都市区域的整体可意象”性的两种方法（图片引自：《城市意象》P86 页）

[1]（美）凯文·林奇著：《城市意象》，方益萍，何晓军译，华夏出版社，2001 年 4 月版，第 86 页。

性与多样化特征。这些中心自身的向心性及关联性有益于市民形成整体的城市形态意象，帮助人们理解城市以及在自身与城市间建立联系。对于城市整体意象的形成，凯文·林奇曾说：“一个大都市区域的整体可意向性，并不等于其中每一个点的意向强度都相同，而是应该具有主导的轮廓和相应更宽广的背景、关键点以及连接组织。”他进一步分析认为，整体意向的构建可能有两种方法：一是“将整个区域组织成一个静止的分级体系，比如它有可能有一个主要的区域，其中又包含三个分区，每个分区下面又有三个小分区，等等。所有的主要节点有序排列，并在整个区域唯一的首要节点处达到高潮。”第二是“利用一个或两个非常巨大的主导元素，让许多小一点的元素与之发生联系。一个强大的标志物，比如市中心的一座山丘，甚至有可能呈辐射状形成与之相联系的一个大环境。”[1]（图 5-1）这些论点都说明了在形成城市的整体意向时其中心性（无论是一个或多个）的重要意义。

在当代的城市环境中，特别需要考虑重要的建筑群落的相互位置，以及能够为周边集群提供方便，并有效连接行人、汽车和交通之间的所有城市地区。城市与其以人们的生活、工作、休闲为主的丰富的功能元素，包括中央核心，市民中心、住宅社区和公园体系等，都应该被设想作为一个整体集成计划，并为新的和重要的交通连接提供一个统一多层的框架。这些城市元素被整合在一个有效的系统内，包括社会生活的组织，形成城市的中心——既是功能上的中心，又是精神意向上的中心。尽管在当代城市，这两者常常呈现分离的特征，如北京，其功能上的中心（国贸、西单、三里屯等）和精神意向上的中心（故宫，也是空间上的中心）的分离，形成城市中心的“虚化”的效果。

综上所述，无论是作为象征性的意义还是作为城市交往的功能，城市中心对于城市形态的表达都至关重要。当以分形梳理作为城市形态的构建方式时，就需要注意到城市中心所承载的重要意义，这既反应在城市空间上，也产生于城市生活的需要。这个建立在分形城市基础上的多层级中心连接的节点网络使城市形态更加清晰、高效，其在城市空间景观上使城市形态更富有韵律和节奏，更具普遍意义的美学规律（从前文贝尔拉格的案例中能够找到层级连续的中心意向；在曼哈顿规划中则首先产生于纽约中央公园，然后是中央火车站，以及之后的第五大道与百老汇大街的交叉口——时代广场等）。

5.1.2 公共空间之美

· 古代城市

与城市“中心”相比，城市的“公共空间”具有更广泛的含义。公共空间并不是一个纯粹而抽象的概念，相对于“空间”来说，“公共”空间更增加了一层社会性。这其中掺杂了复杂的社会经验以及人们在视觉、听觉、触觉等感知领域接收及交互信息后的组合。更具体的说，我们对一个城市的理解一定是从公共空间开始的，今天几乎所有的城市活动都是在公共空间中进行的。一个城市的公共空间是反映这个城市的文化及活力的介质，也是城市形象及美学在空间形态上的直接反映，可以说，公共空间的“质量”决定了城市的“质量”。

公共空间场所在中世纪一直是围绕教堂展开的。到17～18世纪，这些公共场所和广场又逐渐被安排在市政厅、绿地或公共市场之前，自然地成为人们见面的场所。到19世纪，欧洲林荫大道和景观公园的形式逐渐传入美国，在为人们提供休闲环境的同时，改变了城市景观。城市的公共空间不仅是由这些“场所”演进、连续而逐步扩展，更重要的是，由城市每一阶段形成的公共空间的相互叠加，形成了复杂的公共空间系统。这种相互叠加形成了城市形态的丰富与多样，也塑造了城市公共空间的历史意味和独到美学。

· 城市美化运动时期

从历史片段看，城市美化运动也是这种叠加与转变中的重要角色。在物质形态上，城市美化运动首先最直接的使城市和社区面貌获得极大改观，使公共空间变得格外清洁，改变了城市形象。美国作为一个年轻的国家，它的城市没有古典建筑，也谈不上历史积累，城市美化强调的古典建筑与环境景观从整体上推进了美国的城市建设。伯纳姆曾说："五十年前人们可以生活在极度拥挤的城市而现在却不能了，公园等公共空间加强了各个阶层的联系。"[1] 可见，城市美化运动在改善城市公共空间环境的同时，并未忽略公共空间的社会性与社会价值。

[1] CITY AND REGIONAL PLANNING(2000) In Encyclopedia of the United States in the Nineteenth Century www.credoreference.com

芒福德一直强调城市是文化的传播者和流传者，城市具有"磁体功能"，并认为"一个城市的级别和价值在很大程度上就取决于这种功能发挥的程度"，"城市的主要功能就是化力为形，化权能为文化，化朽物为灵活的艺术造型，化生物繁衍为社会创造。"[2] 城市美化运动对于城市公共空间的再造，无论在城市功能还是在城市形象上，都促进了特定时期公共空间的社会交往与文化凝聚的形成，在审美上突出了城市中心的作用，显现了城市的整体结构，无疑发挥了城市公共空间的磁体功能。

[2] 刘易斯·芒福德著：《城市发展史》，宋俊岭，倪文彦译，中国建筑工业出版社，2005 年，第 9 页。

· 公共空间的公共景观

城市公共空间的公共景观同样应该是具有内向吸引力和开放性，从奥姆斯特德的自然主义城市景观到城市美化运动城市中心景观的打造，具有内向吸引力和开放性的景观价值一直被强调。城市公共空间的景观不应该是简单的、封闭的表面——但我们今天城市的很多公共景观还在以这种状态呈现，如围绕道路或街区展开的公共景观多数以"绿化"的形式被界定在一个清晰的边界内；而能够提供一定的交往功能的公共景观则同样以"公园"

图 5-2 曼哈顿的两处“街心花园”
（图片引自：基于 Google 地图）

的名义被围合在一个封闭的区域，真正意义上的公共景观几乎少之又少。当公共空间以一种封闭状态存在时，其“公共”性的价值就几乎难以体现。

公共空间景观应该描绘并塑造城市的空间形态，同时发挥着自然与社会的双重作用，其“公共空间”的意义在于容纳社会的复杂“差异性”并使之独立并存，而不是抹除这些差异性。城市公共空间的开放性与吸引力恰恰是容纳这些差异性的先决条件。曼哈顿的这两处“街心花园”完全以开放的边界与周围城市肌理相融合（图 5-2），步行者会不经意进入此公共区域，居民的集会、旅行者的短暂休憩、街头舞者的表演、儿童游戏、行乞等各种社会活动会在这里发生。这样的“街心花园”在城市中随处可见。

显然，在审视当代城市的公共空间时，其“美”的价值会自然地转向城市精神的一面，这会带来一些不同层面的含义诠释。例如，纳道伊（L. Nadai，2000）进一步强调了公共空间的社会性。他认为：“‘公共空间’这一术语被城市学者从社会政治范畴引入建成环境就是为了区别于其他城市空间的概念。首先，不能将它简单等同于‘开放空间、开敞空间、休闲空间、绿地、广场、公园’等强调功能属性的空间类别。其次，它也不同于现代主义规划者在1940年代提出的‘市民空间’（civic space）或‘公民空间’（communal space）概念。”显然，“公共空间”就不能够站在功能分离主义的背景上去看。同时，他指出：“‘公共空间’概念的出现是一种城市领域中出现的新的文化意识，即从现代主义所推崇的功能至上的原则转向重视城市空间在物质形态之上的人文和社会价值，并因其中含有的‘公共’与‘空间’的双重概念而使其自产生开始即成为一个跨学科的讨论议题。”[1] 因此，研究城市环境问题的理论方向由作为物质空间形态的特性转向背后的政治、经济、文化等方面的因素。并逐渐地将城市的社会学意义与物质空间环境相结合，形成了对公共空间及空间的公共性的进一步认识。

[1] 陈竹 叶珉：《什么是真正的公共空间》，国际城市规划 2009 VOL24，NO3，第45页。

[2] 同上，第47页。

·“公共”概念的延展

此外，随着后现代主义的影响和对自由文化的推崇，哈贝马斯（Habermas, 1989年）于1960年代提出了另一个具有广泛影响力的“公共领域”哲学理论。他认为：“由自发形成的、独立于政治和经济力量干预的、能容纳自由的社会交流的公共领域对于形成一个健康的政体至关重要。公民在公众交往中所提供的社会融合的作用和政治机制及经济体制对社会发展所起的作用同样重要，且不可或缺。因此，公共领域是社会生活中的一个关键组成部分，其性质应该是中立的、对所有公众开放的、能产生对话的领域。”[2] 可以看出，哈贝马斯将公共空间的透明、开放放在了至关重要的位置，并且强调了公共空间应该是一个能够为所有公民提供平等言论和行动的场所。同时，笔者认为他提到的“自发形成”也很重要，这一概念将“公共空间”放到了具有更加纯粹的具有某种独立特征的位置。他的观点如果和纳道伊“不应该忽略空间背后的政治、经济以及文化背景”的观点融合，能够看到公共空间在社会背景中的“独立”特征和“植入”特征的矛盾统一。或许也恰恰是这种矛盾统一，使今天的城市公共空间表现出复杂和多样的一面。

总之，在今天多元的背景下，我们对于城市公共空间的关注，须将其作为物质空间实体的视觉和审美价值，与作为精神层面的开放的社会价值相结合，使公共空间系统成为分形梳理的城市设计中的重要环节，并且既需要关注在规划中主动设置城市公共空间的合理性与景观上的完整连续，又应使局部的公共空间具有自发生成与调节的可能。

5.1.3 步行的街道

在传统城市中，“步行”毫无疑问是城市形态空间尺度的重要参照标准，是人与城市空间建立联系的尺度依据。对于分形城市的空间形态来说，其连续的、具有自相似性的城市空间，无疑是充分尊重了“步行”的尺度。可见对传统城市而言，分形模型已经烙印在人们的行为里，所以它自发形成的东西必然会具有分形的结构。

分形梳理的城市形态的构建中，自下而上的生长与自上而下的规划中的大小尺度同样以人为中心，即以“步行”尺度为参照，其自相似性的形态延展由此展开。这其中步行的街道应当再次成为城市生活的重要内容。

· 城市美化运动时期

汽车城市到来以前，城市内部的主要交通模式是步行或马车，城市间的联系则多靠铁路。城市美化运动时期的城市大致处于这种状态，这是一个由传统城市向汽车城市过渡的转折时期。但是并不像多数评论家所说的，城市美化运动更多地关注了空间的象征性，仅仅是指“建立城市标志性建筑”[1]。实际上，对城市交通的整体组织亦是城市美化运动的重要目标。

[1]（美）简·雅各布斯著：《美国大城市的死与生》，金衡山译，译林出版社，2006年版，第21页。

城市美化运动之前的城市街道系统在当时被广泛认为是与工业化时代设计不相称的，总体上阻碍了经济增长和城市功能的延展。城市美化的倡导者提出新的市中心街道设计，以改善城市功能。例如，查尔斯·芒福德·罗宾逊主张以宽广的街道来引导市民中心：“狭窄的街道是一个严重的问题……汽车还没有占城市交通的主导地位，因此觉得宽阔的街道将提供足够正式非正式的公共集会和游行的空间。”他还说：“这里很多的道路将是径直的、宽敞的、整齐的和没有分量等级的。在集中位置上会有开放空间，并且辐射到很多街道。”[2]

[2] Daniel Baldwin Hess: Did the City Beautiful Movement ImproveUrban Transportation? Journal of Urban History 2006, 32: 511.

城市美化运动形成景观层次清晰的街道、大街和林荫大道，以理性模式组织和精心规划的狭长街景；以及通过改善和安置城际轨道设施，并通过改善多样化地面交通连接来增强城市街道空间的功能效率和视觉美感。“运用城市美化的审美方式来构思城市流通网络，对于交通规划而言是一个重要的且常被忽略的贡献，并且改善城市交通是城市美化的改革者的一个重要目标。”[3]城市美化形成的是在步行（我们把马车和步行理解为一个交通层级）系统和新的交通模式（汽车、火车）交叠的丰富的交通网路，它的连续性在一定程度上适应了新时期的需要，又保留了传统步行系统的完整。

[3] 同上。

· 现代主义以后

对步行系统的摧毁是进入现代主义时期以后。威廉·怀特（William H.Whyte）在《城市：重新的发现》中提出对“空洞无物”的城市中心区的评论认为：“在一场反对街道的圣战中，它们将行人向上布置在高架高速公路，向下布置在地下中央大厅，或布置在密闭的中庭与走廊内。它们将行人布置在任何地方，但却惟独不将他们布置在街道上。”[1] 步行的街区成为汽车城市来临的牺牲品。

[1] 王军著：《采访本上的城市》，三联书店，2008 年 6 月版，第 14 页。

20 世纪 60 年代以后，人们逐渐重新认识到步行街区对于城市的重要意义。它已不再是简单的交通问题，而上升到社会学层面（如本章前一节所述），成为城市公共空间不可或缺的部分。“让我们看一下步行系统的连接，它是把城市节点连接起来的最小尺度的网络系统，没有步行网络系统就根本不会有城市生活。”[2] 无论从萨林加罗斯分形城市的空间角度，还是雅各布斯更加社会化地将街道看作是“一个日常的自制的机构”[3]，我们都应意识到，街道对于当代城市空间来说，应给予重新的认识。在这一方面，雅各布斯明确地指出现代主义规划中的两大缺点，其一是：轻视了“街”的问题。她认为东方城市在街的空间化方面很有特色，往往将“街”作为生活的场所（图 5-3）。实际上西方的传统城市在这一层面的体现也并非相去甚远。中世纪城市和欧洲文艺复兴时期的城市以及以几何学形式建造的城市中，人们也依其智慧营造出一种“街道”上的生活，街道即是展示生活的舞台。所以，将街作为生活场所的习惯，东西方是具有一定相似性的。雅各布斯曾通过很细微的例子阐述了“街道”作为生活场所的重要性，这一点前文已有所描述。

[2]（美）萨林加罗斯著：《城市结构原理》，阳建强等译，中国建筑工业出版社，2011 年版，第 114 页。

[3] 在谈到在城市街区中追寻成功的标准时，雅各布斯说：如果我们将街区看作是一个日常自制的机构，那么我们就会抓住问题的实质（引自：《美国大城市的死与生》，第 102 页）

图 5-3 街头
上、下图片为：新中国成立前北京街头；19 世纪末的日本街头

其次一点是，雅各布斯指出：街道在城市中所起到的作用，实际上就是混合功能和用途。这一点是站在现代主义的功能分离特征的基础上说的。黑川纪章对此曾举例说：“比如东京的丸之内，我们看到的几乎全是办公大楼，即办公空间。在早晨上班时间、午休及傍晚。职员们突然一下子拥挤到街道上，但是，他们或是去公司、回家，或是去食堂，目的都非常单一，此时的道路也几乎仅仅具有交通的意义。傍晚以后，这一地区被寂静所笼罩，漆黑一片，完全变成了只有猫狗出没的‘虚无空

间’。像这样只在特定的时间产生活力的道路，在城市中难道能不引起犯罪和人际关系的疏远吗？”[1] 在我国如北京一样的大城市何尝不是如此，功能分离带来的钟摆式的交通模式使传统街道的生活化的情节全部消失，“街道”变得越来越冰冷。

[1]（日）黑川纪章著：《共生思想》，覃力等译，中国建筑工业出版社，2009年7月版，第176页。

· 当代认知

1996年拟定的《新都市主义宪章》[2] 写道：“在这些城市中，人们逐渐认识到一种特殊的城市形式遗产——街区的大小、街道的类型以及建筑的类型。”功能分离和按等级划分的城市道路被认为是为汽车设计的，这造就了“最糟糕的步行环境”，因为，“人们的住所与目的地之间极少直接相连，甚至经常需要穿越主干道或停车场等恶劣环境。”[3] 此时，老城市的街道获得平反。

步行街区的回归使城市空间美学又回到人的视线的尺度层级中。“所有城市空间的核心都是行人，任何结构都是用来加强而不是破坏这一核心的。”[4] 亨利·勒菲弗的话为我们道出了城市形态美学的核心内容。今天来看，传统城市的街道生活仍然让人怀念，街道成为人们与城市之间建立情感联系的纽带。当我们与城市亲密联系时，总存在温馨的回忆。这种回忆由视觉、嗅觉、听觉和触觉等多种感知联系而成。并且毫无疑问，这些回忆主要形成于“步行”的尺度。“在潜意识里我们对城市的记忆很大程度上形成于我们身体内部，并存在于身体的生理尺度上。城市的‘灵魂’恰恰存在于建筑的最小尺度上。这包括了现代主义想方设法消灭的‘碎屑’——不整齐和扭曲的墙、小的色块儿、剥落的油漆、建筑装饰、台阶、行道树、小块铺地、可倚靠的东西和室外可坐的某处，等等。”[5] 这种类似于传统城市街道空间的多用途和功能共存的道路空间将更富意义。

[2] 1993年，新都市主义协会在美国维吉尼亚州的亚历山大市召开首次会议，170名来自政府、学术机构、民间团体的人士汇聚一堂，反省近代以来城市发展模式，后来在1996年形成了《新都市主义宪章》。

[3] 王军著：《采访本上的城市》，三联书店，2008年6月版，第11页。

[4]（法）亨利·勒菲弗著：《空间与政治》，李春译，上海人民出版社，2008年11月，第4页。

[5]（美）萨林加罗斯著：《城市结构原理》，阳建强等译，中国建筑工业出版社，2011年版，第145页。

5.1.4 城市更新与分形

· 对现代城市的反思

城市的更新与再生是城市发展到一定阶段的必然过程，随着技术进步和社会关系的转变，城市的空间结构往往表现出时代叠加与演进的复杂性。虽然这是城市活力表现的一个方面——没有复杂性的城市是僵死的，但如果城市复杂而没有条理，也必定将混乱不宜居住，城市景观的美的体验也不可能存在。分形梳理的城市形态构建是尝试在城市的复杂性与条理化程度之间取得恰当平衡的可能。兼具复杂性和条理化程度的城市形态实际并不像看上去那样好实现。在这一点上，传统城市为我们提供了范本，而现代城市也曾由此经历了城市建设的教训与经验。

柯布西耶所构想的“光辉城市”的机械、高效（包括高速立交桥）的设计本应该是使城市更加“条理”的，但事实并非如此——凌驾于城市上空的快速路割裂了城市的自然元素、建筑元素以及人类活动之间的关联，这成为很多当代城市的问题。所以，“条理程度”一定是在保持城市的连续性前提下的城市结构。在这一点上，美国波士顿的“大开挖计划”能够为我们提供一个城市在恢复“条理”化层面付诸实施的较为成功的案例。

· 大开挖计划

波士顿的大开挖计划（The Big Dig）又称“中央干道/隧道计划”，是美国有史以来规模最大、技术难度最高、环境挑战最强、工期最长和造价最为昂贵（约146亿美元）的基础设施项目。这个计划涉及波士顿滨海地区约13千米范围的区域，将一条城市高架快速路拆除，改建为地下隧道，逐步恢复地面的城市肌理。这条修竣于1959年的高架干道自修建之初，车流量就逐年增加，交通拥堵不断，且事故发生率逐年增高，几乎是全美城市州际高速路平均水平的四倍。当年为修这条道路，两万居民被迫拆迁，换来的现实却是："事故发生率上升、车辆停候浪费燃油、运输延迟——因交通拥堵而给驾车者带来的损失，每年估计为5亿美元。"[1] 大开挖计划的领导者、美国麻省高速路管理局主席兼首席执行官马修·阿莫约罗（Matthew J. Amorello）曾说："这条中央干道给波士顿带来的问题不仅仅是交通……它把城市撕成了两半"，"它阻断了波士顿北端、滨海地区与市中心的联系，限制了这些地区参与城市经济生活的能力"，"我们通过空间的设计鼓励大家直接走到海滨，更好地使用水边的资源，更好地欣赏海上美景。"[2] 自20世纪80年代起，波士顿市政府就已经开始酝酿拆除计划，自1991开始，至2006年主体基本完工，历时15年的"大开挖计划"终于使波士顿的这一区域恢复了原有肌理。经历这场工程浩大的城市肌理的恢复，波士顿市长托马斯·梅尼诺得出这样的结论："一个城市的未来是它的过去合乎逻辑的延伸。"[3]

[1] 转引自：王军《波士顿"大开挖"震荡》，www.blog.sina.com.

[2] 王军著：《采访本上的城市》，三联书店，2008年6月版，第45页。

[3] 陈天：《城市设计的整合性思维》，天津大学博士学位论文，2007年5月。

对比建成前后的图像可以看出，大开挖计划拆出来的开阔地被用来建成公共景观长廊。主要有文化艺术中心、市民活动中心、零售商业等公共建筑，也有住宅建筑，包括部分的低收入住房等。这一城市空间结构成为周边区域的"景观中心"，不仅在景观上与周边肌理融为一体，而且提倡功能混合，很好地依托了周边街区的城市功能（图5-4）。

图5-4 波士顿"大开挖计划"改造前后的对比图（参见彩图）

这个计划被认为是在缝合波士顿近半个世纪的"城市伤口"，并被作为恢复城市活力的当代案例。波士顿的遭遇完全是20世纪五六十年代美国城市化进程中城市改造运动所产生的遗留问题的长期积累所造成的。当年联邦政府在许多城市发起的这个运动，希望通过大规模的城市改造，改善老城的基础设施建设以加快城市发展，于是大量的高架桥、立交桥纵横于城市之中，造成了城市肌理被破坏，城市区域被分割的后果。这与中国九十年代后的快速城市化进程的状况非常相像，尤其如广州、北京、南京等大城市。

大开挖计划的地面恢复工程向我们展示了三层面的内容：第一，“连续性”是判断一个城市是否具有生命力的根本。对此，凯文·林奇曾经引入“可读性”的概念：城市的可读性是指城市中容易被人认识到并能组织和归并到一个连贯的整体模式的那些部分。同样，合理的“分形”式的网络连接才能够为人与人之间的交往提供可能，才能够在人与城市间建立联系。第二，当所有的关联都是一种类型时，它们之间会相互竞争，并使得最主要的通道流量超过负荷。更具体的说：在多种连接汇合时，相比之下较弱的连接会消失。步行道和自行车道不可能存在于高速道上。所以，唯一的方法是让这些不同层面的关联交错存在，而不是以汇聚的方式。当代城市的交通问题一定不能只依赖高架快速路来解决。而更重要的是要结合快速公交、自行车道以及局部的步行系统等综合的方式。最后，“大开挖计划”也向我们指出了城市发展应该向老都市回归的方向——街区功能混合、有较高的城市密度、道路密而不宽、公共交通和步行系统发达，步行者可以安全而惬意地在城市畅游，而这些都是建立在人的尺度上的。一个城市本身就不应该是割裂历史的，而应该表现出一种缓慢的渐进性，这是传统城市的魅力。

· 对比城市美化运动

透过“大开挖计划”恢复城市肌理带来的启发，我们再度审视城市美化运动时期的规划策略和交通组织，“美化时期建立的交通走廊仍然有效地分配交通，深刻地影响着城市的自然景观。此外，公园、公园大道和开放空间等城市美化的重要标志成为了在塑造城市景观艺术的重要提示。最重要的，或许是，城市美化运动激发了都市的公共视野，成为了一个连接与协调遥远的和断开部分的交通网络城市的典范。”[1]

[1] Daniel Baldwin Hess: Did the City Beautiful Movement ImproveUrban Transportation? Journal of Urban History 2006, 32: 511.

从城市形态的角度，波士顿大开挖可以看做是新时期对城市形态的“梳理”过程——使城市局部的不合理的、断裂的城市形态重新恢复活力，并重新“连接”原有城市肌理，使城市恢复到分形城市的形态。当然，新时代建设技术发展为这一城市更新提供了可能（隧道等技术使交通呈现更复杂的形态），并呈现更立体和综合的形态特征，这也预示着未来城市形态“分形”的更多样的可能。

5.1.5 当代都市“景观化”

针对后现代主义出现的城市形态问题——尤其是城市视觉空间的混乱无序，一些城市理论家开始提出重塑城市景观形象的理论尝试。建筑史学家肯尼斯 · 弗兰姆普顿在 1983 年的论文“走向批判性地域主义：抵抗建筑学的六个要点”[2] 中提出批判性地域主义的论断，他认为城市建设应该“抵抗建筑学”，在其所依附的地域内寻求“缓和全球化冲击”以及“映射和服务于有限的区域和人民”。在之后谈到现代城市的塑造过程时，他又进一步指出：“至关重要的是与景观的协议一致，而不是独立的建筑形式。”[3]

[2] Kenneth Frampton,“Towards a Critical Regionalism: Six Points for an Architecture of Resistance”.

[3] Kenneth Frampton,“Towards an Urban Landscape”, Columbia Documents No.4(1994) 90.

· 景观都市主义

至 21 世纪之初，景观都市主义[4] (Landscape Urbanism) 的提出使人们再次认识到城市的“景观”价值。如发起人查尔斯·瓦尔德海姆所说：景观都市主义，将景观作为理解和介入当代城市的媒介，体现了时代对“景观”的呼唤。[5] 景观都市主义以自然景观为基底，强调景观是

[4]“景观都市主义”一词，由现任哈佛大学设计研究生院风景园林系系主任 Charles Waldheim 提出，他与他的同事 Alex Krieger 和 Mohsen Mostafavi，以及宾夕法尼亚大学的 James Corner 一同致力于该概念的成形。

[5]（美）查尔斯·瓦尔德海姆编：《景观都市主义》，刘海龙等译，中国建筑工业出版社，2011 年 2 月版，第 4 页。

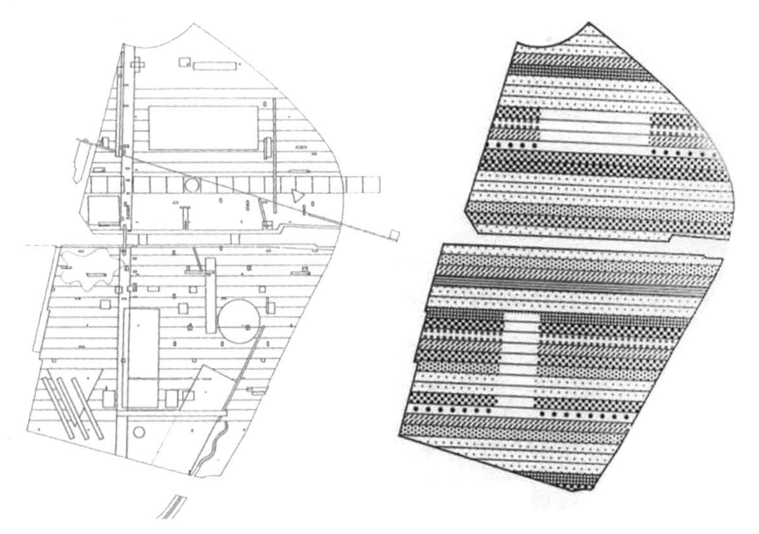
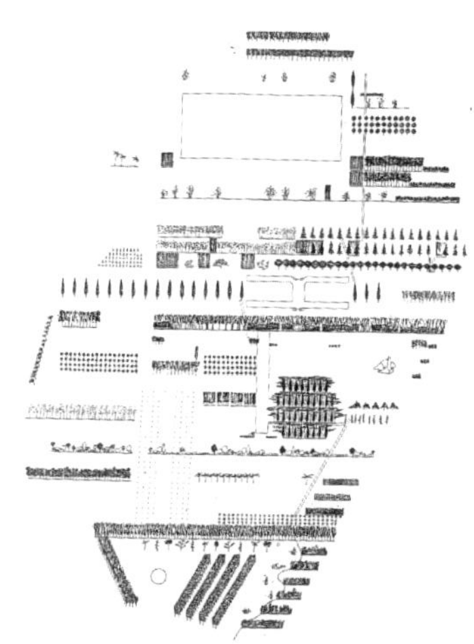

图 5-5 库哈斯的拉维莱特公园分解图
左、中、右图片为：基础结构；条带图解；种植图解

所有自然过程和人文过程的载体，以此使得城市生活得以延展。在景观都市主义理论中，景观取代了建筑，成为当代城市发展的基本单元："由此通过跨越多门学科的界限，景观，不仅成为洞悉当代城市的透镜，也成为重新创造当代城市的媒介。"[1]

景观都市主义将城市形态理解为一个生态系统，希望通过将自然体系与城市公共基础设施的结合，来达到城市功能满足及随时间变化的更易，空间景观的连续及当代审美特征等多层面的结合。这一方式对现代城市化中由于"标准化"生产使基础设施不能充分体现社会价值，也无审美特征的问题提出可能的解决方案，对面临现代城市由于工业重新选址而遗留下来的污染、荒弃的病症场地的再生也十分适用。并且，景观作为一种媒介，应该随着时间而转换、适应和延续。

建筑师库哈斯和屈米的巴黎莱维莱特公园（Parc de la Villette）设计（后者的方案获得了实现）是这方面实践的最早案例。两个方案异曲同工，都大胆探索了城市功能在一个基本网架结构中的随机并置的可能，并且这些功能关系可以随着时间的变化去安排调整城市功能和社

[1]（美）查尔斯·瓦尔德海姆编：《景观都市主义》，刘海龙等译，中国建筑工业出版社，2011 年 2 月版，第 9 页。

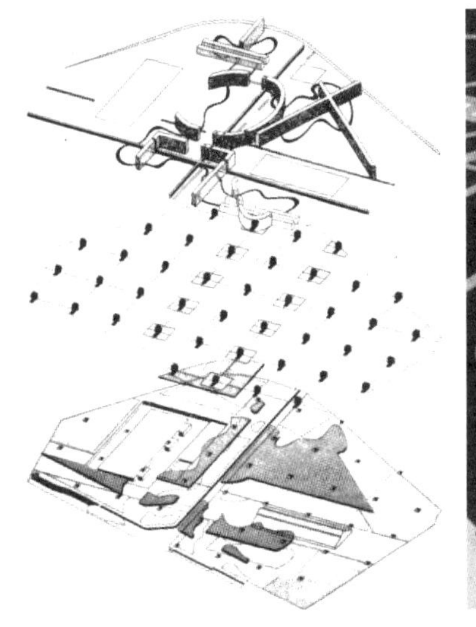

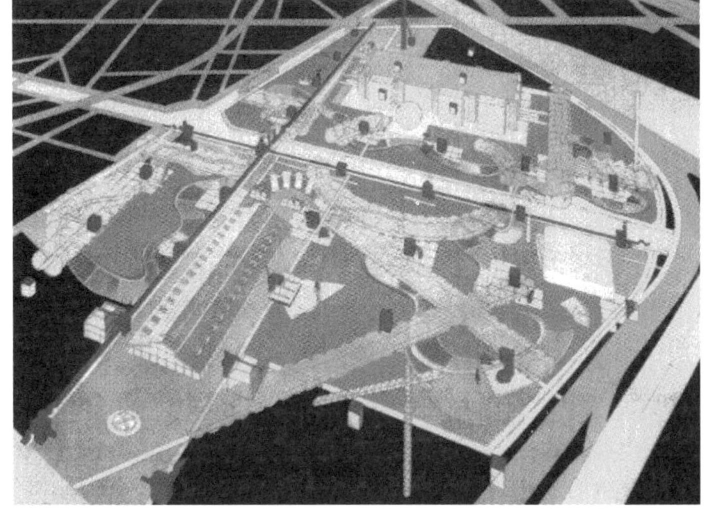

图 5-6 屈米的分解图 将公园各系统分别设计后“叠加”在一起

会需要（图 5-5，图 5-6）。在这两个案例中，公园不仅承担着休闲等传统功能，而且通过城市空间的“开放”设置，在引导和启发人们的行为体验中起到重要的作用。在这里，“景观”成为一种结构——并且和城市美化一样，它直接地表现出这种结构独特的形式美感——一种开放的、组织性和功能性的空间体系。

景观都市主义的多数实践案例都是关于城市局部区域的公共环境改良，很少上升到涉及多重因素（比如政治性因素，或城市整体结构）的城市尺度。但这并不妨碍其在城市层面所带来的启发。如上两个案例，其空间结构带给我们的最大启示是：清晰开放的空间结构即有利于随时间而产生的城市功能更易——这是城市活力生成的重要因素——又能够保证这一形态在更易过程中保持相对的完整。可见，城市活力与城市空间结构的组织方式有关，和功能配置的多样、匀质、灵活有关，而和空间结构的物理形态无关：城市形态可以表现出多种多样的空间物理特征。

进一步分析，其强调在尺度层级上的多层结构的并置或叠加，每层因为不同的功能性或一些不确定因素（时间性）的不同而表现出不同的特征。这些不同层级形态表现出丰富的“创造力”：可能是各种各样的“几何”式或“有机”式的网架。这些网架系统的交织使这一形态结构具有了“分形”特征。但和一般分形城市不同的是，这些层级间不像一般分形那样有明显的“主从”关系，而常常表现出不完全的关联性，甚至有时是“偶然”或“随意”的——这些层级交叠过程中产生了可调整的局部形态。在这个过程中产生的不可预知的偶发性细节为之后的演化提供了样本，这些在各层级尺度的形态演化使城市具有了复杂而丰富的片段，这些片段既相互连接，又相互区别。地理自然因素，人文因素，社会需求，甚至到某种个人化的“偏好”，都在不同尺度上影响和改变着城市空间的景观效果，这些关联与非关联性的因素编织成一张复杂而充满变化的空间景观网络。并且这是一个动态的过程。这种碎片化的匀质布局的方式使景观都市主义表现出明显的后现代性——最初设置的网架系统起到了从上至下的“控制”作用，防止了“偶然”性对整体的破坏。最终，丰富的层级和结构形态为当代城市景观带来了更多的可能性和更加可持续的发展模式。

从景观都市主义的启发中可以验证前文的观点，“分形梳理”并不完全等同于严密的分形城市结构，而注重启发城市多层尺度层级的结构具有多种形态的可能。弯曲自由的主从街道关系，正交的网状结构和古典的中轴、放射线等城市手法在城市形态美学上是同等的，并且同样能够激发城市活力，这在今天具有更开放的启发价值。

· 城市美化运动中的“景观性”

从历史角度看，城市美化运动同样包含对城市景观价值的认同。最典型的莫过于奥姆斯特德（城市美化运动的推动者）的纽约中央公园。著名景观设计师简·简森（Jens Jensen）认为：“城市是为健康生活而建……不是为了盈利和投机，未来城市规划师关心的首要问题是将绿色

[1] 郑曦：《绿色综合体——当代城市公园特征与发展战略研究》，2012年国际风景园林师联合会论文集。

空间作为城市综合体的重要组成部分。”[1] 可以说对简森、奥姆斯特德，这种以公园和绿色开放空间存在的绿色城市主义，都包含着这样的理念，即这种环境能够给城市带来文明、健康、社会公平和经济发展。所以，将景观作为定义城市形态、满足城市居民游憩与生活的基础设施，作为调节社会关系的公共空间，前辈亦有清晰的认识与实践。

另外，阿尔多·阿尔贝汉德（Aldo Alphand）在他的《巴黎散步道》（Les Promenades de Paris,1867~1873年）一书中，记录了他作为奥斯曼的景观设计师的全部作品。他从城市的整体“景观”效果出发，规划了林荫大道、公园、广场和纪念性建筑组成的网络，使之就像被刻入城市的物质实体形象之中。杰奎琳·塔坦（Jacquelin Tatom）在提到这一设计时认为：林荫道如同一个“自发生长的系统，深深嵌入了城市肌理。”并且，林荫道同时考虑了“行人和其他交通工具的实际功能需要，既为休闲功能服务，也为商业功能服务。排列在两旁的公寓建筑，以及为之添彩的各种纪念物，都被作为整个交通系统的一部分来考虑”，“其建筑风格是从对整个系统及其城市文化的体验出发来设计的，因而能够很好地嵌入历史城市的肌理当中；它们创造了形态上的一致性，从而使旧的和新的城市发展以及旧的和新的社会习俗和谐共存。”[2] 今天来看，更重要的是，这些都是建立在城市美学基础上的，在各项功能的复杂组织中，城市形态的美学秩序没有被削弱，恰恰被一步步增强了。建筑风格的选择同样考虑并增强了城市景观的整体美学效果。

[2]（美）查尔斯·瓦尔德海姆编：《景观都市主义》，刘海龙等译，中国建筑工业出版社，2011年2月版，第165页。

显然，这些先驱作品同时也包含了一些景观都市主义思想的重要潜质：“转换尺度的能力、将城市肌理整合在城市的区域和生物背景之中的能力，以及设计动态的环境进程和城市形态之间的关系的能力。”[3]

[3]（美）查尔斯·瓦尔德海姆编：《景观都市主义》，刘海龙等译，中国建筑工业出版社，2011年2月版，第11页。

有理由相信，城市美化运动本身具有城市“景观性”，它是希望从城市“景观”的角度，通过传统的平面和透视图的方式，来构建城市的视觉空间效果。尽管今天来看这种城市空间的表达方式显得过于“静态”，然而这种“静态”的城市景观方式丝毫没有影响其在之后的城市变化更新中的适应性。这或许也是城市美化运动下的城市在今天仍然呈现清晰形态的原因。景观都市主义强调“采用流动的步行通道和坡道，创造了鲜有前例的、激进的新城市符合形态——既是景观，又是城市。”[1]从城市景观构建的“静态”和“动态”两个方面来说，虽然两者构建城市景观形态的方式与结果不同，但能够看出城市形态的景观价值在今天再一次被重视，并以一种新的方式改变着城市面貌。

[1]（美）查尔斯·瓦尔德海姆编：《景观都市主义》，刘海龙等译，中国建筑工业出版社，2011年2月版，第47页。

5.1.6“满视野”的美学体验

·“满视野”的提出

“满视野是指站在区块的中心区域360度视野范围内具有统一的视觉感受，让这种感受充满人的视野和感官，让城市观察者完全沉浸和融入整个文化氛围中”——这个构想是笔者跟随导师潘公凯先生完成《海南国际旅游岛先行试验区建筑民族风格问题研究》的城市策划项目时，潘先生提出的一个关于城市形象整合的概念。这个概念的目的是为了让整个项目建筑群落在不同的区块内能够形成合理而统一的风格，以期在未来的城市空间美学上达到和谐且富于变化的状态，避免区块建设陷入无法控制的风格杂乱之中。

这个课题所强调的“满视野”的审美体验，一方面基于城市形象的整体控制（整体项目约占地80平方千米），另一方面也期望完整协调的城市形象能够成为旅游经济最宝贵的视觉资源，并为市民及游客提供最有吸引力和最独特的审美体验。“在各个区块内部，在视野所及的范围内，强调建筑风格的统一性，这种统一性是强化‘风

参考手法	传统复兴式	新中式		片段提取式
风格描述	有明确传统符号和民族或地域风格的表达 强调建筑的“景观”性	现代形式基础上对传统符号的高度概括 强调建筑的“当代审美”		满足现代功能为主，强调建筑的“高技术”和“未来”特征
空间意向	单元的，可复制	变化，连续的空间		自由空间
建筑风格意向	**传统强化型**	**传统 / 折中型**	**现代 / 折中型**	**现代主导型**
建筑类型 （功能主导）	地方风情商业 （水镇） 国宾馆	低密度住宅 （村港小镇） 码头 博物馆	度假酒店 会所 别墅 游乐主题公园	会议中心 办公商务（高层） 高级私人住宅 高层公寓 剧院和艺术中心

图 5-7　项目设计中的风格类型划分示意图表

[1] 引自：《海南国际旅游岛先行试验区建筑民族风格问题研究》，2012 年。

格强度’的最有效手段。‘风格强度’越高，游客的审美体验就越浓烈，新奇感就越强，就越能流连忘返。”[1]并且，根据不同功能区块的风格选择以及风格强度问题，课题进一步提出了可能的分类方式，以便于实际的建设指导：“根据项目地不同区块的功能，研究确定不同区块的独特风貌。将项目地切成若干区块单元，为不同风格的确定提供底图。与总规划密切关联区块单元的风格确定，需要同时考虑功能定位、区块间关系、不同视角的天际线与区块内的满视野的视觉感受等不同因素的配比协调，所以区块设计应该是考虑多种因素有机协调之后，严谨、独特的视觉呈现方式。”研究报告中并就此提出两点策略：策略一，将区块分成不同类型在海南旅游实验区中，根据不同的区块功能决定建筑设计的传统风格与现代风格的不同比重，简略分为以下几种类型（图 5-7）：

(1) 传统强化型

适合旅游观光的特殊要求，以再现传统特色风貌和体验传统文化氛围为目的，包括传统风格形式的恰当夸张、繁殖和演绎，并兼具商业等其他功能的观光型建筑区块。

(2) 传统 / 折中型

适合多种功能要求，具有明显的中华文化特征而又进行过现代手法的抽象变形处理，展现现代中国风格的新建筑形态。

(3) 现代 / 折中型

适合多种功能要求，在现代材料和建筑理念基础上充分融入中华建筑风格特色，展现中国现代风格的新建筑形态。

(4) 现代主导型

适合超高层建筑和大型文化项目，以现代材料和现代理念为主导形态，适当融入中国建筑理念和文化象征意义，与本土环境相协调的国际化风格的变体。

研究课题对这几项类型分别列举了相关城市的案例加以说明。第二点策略是：提出“协调比例”概念和“风格比重”要分层级的策略。指出“明确区块风格的前提下，使这些区块风貌在整体范围内具有内在联系性，同时针对不同区块，尽可能打造区块风格的不同特色，使其具有独特的风格与鲜明性表征。‘风格比重’是指建筑形态中各种不同的风格来源在整体风格中所占的比重。比如说，探讨是中国传统风格语言所占的比重大还是西方现代风格语言所占的比重大，这个比重虽然难以用准确的百分比来计算，但是在专家们的眼中各种不同来源的比重还是可以感性衡量的。不论哪一种风格比重，语言的整体协调性和形式美感，都是艺术作品的本质要求。”[1] 显然，这两条策略都是围绕打造“满视野”的城市景观而展开的，并且把城市形象整体化，对一些模糊的关系进行了大胆的艺术性的“度量”，这对一般的城市建设亦有一定的指导意义。

[1] 引自：《海南国际旅游岛先行试验区建筑民族风格问题研究》，2012 年。

本质上说，“满视野”的美学体验是通过整体控制下的多样性和韵律来实现的。既需要整体控制下的统一性，又需要系统内部的多样与韵律带来的变化。四种类型中，笔者认为前两种（传统强化型和传统折中型）是最利于表现“满视野”的视觉美感。原因是相对而言，这两种类型的建筑尺度会更小，城市密度会更大，也就意味着更丰富的空间变化；同时，其中的传统因素会成为重要的文化线索使整体的空间面貌更和谐统一，并且可能充满令人愉悦的细节。

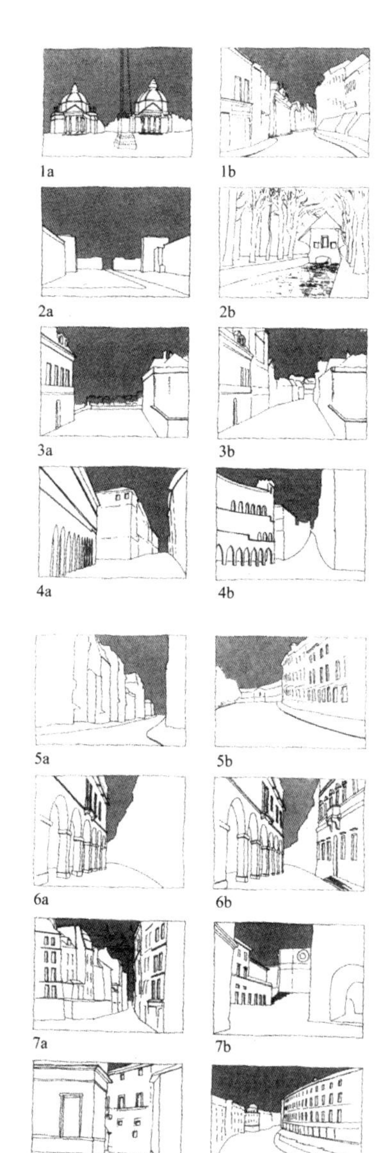

图 5-8 传统城市空间图画要素所产生的“场所”感
（图片引自：《城市形态》P398）

[1]（法）Serge Salat 著:《城市与形态》，中国建筑工业出版，2012 年 9 月版，第 398 页。

[2]（美）萨林加罗斯著：《城市结构原理》，阳建强等译，中国建筑工业出版社，2011 年版，第 16 页。

·解读“满视野”

“满视野”在一定层面上也提出了使城市回到步行的尺度的观点，并借鉴了传统城市带给我们的空间意向。如果我们把这种空间意向称作“场所”，满视野的美学体验便是强调城市空间的“场所”感。我们从一个城市空间中穿过，在作另一个空间时，又自然地进入到下一个空间，这种连续的空间场景只有在周围的“立面”形成完整的内在关联与变化时，才能构成具有包围感的场所精神，这是空间特定氛围的体现（图 5-8）。“立面”内在关联的完整度帮助我们形成场所感，而“立面”的变化帮助我们在空间中定位。显然，“场所”是具有个性和灵魂的，这一点完全不同于毫无区别的现代主义空间。现代主义空间往往让人“茫然不知身在何处”，而高层建筑也常常超出满视野的可观范围。

“满视野”所倡导的空间结构，是将城市景观（沿着步行路径）根据视野的转换划分成各种片段序列。每个片段序列的图形、景象或图画以及期间过渡可采用语义网格加以分析，如德沃尔夫（1963 年）所提议的工具。“在对地区形态进行干涉时，必须将这些因素考虑在内，只有这样才能实现某些效果、才能检测肌理的初始意图。”[1] 这一点上，和我们分析传统城市的空间连续和完整性是十分相像的。卓越而成功的规划来自于视觉关联和连接人们出行活动的道路之中（图 5-9）。正如凯文·林奇（Kevin Lynch）所强调，后来又被比尔·希列尔（Hillier）进一步推进的理念所言：“视觉的联系不仅对于定位十分必要，而且对于创建城市设计视觉画面的连贯性也是至关重要的。”[2]

那么，具有“满视野”的美学特征的城市内在组织结构上会是怎样的呢？对此，可以对比梁思成先生在《市镇的体系秩序》一文中提出的“城市是一个有机组织体”的概念。他说：“一个市镇是会生长的，它是一个有机的组织体。一个组织是由多数的细胞合成，这些细胞都有共同的特征，有秩序地组合而成物体，若是细胞健全，有秩序地组合起来，则物体健全。若细胞不健全，组合秩序混乱，便是疮疥脓包。”在城市的形成过程中，他认为：“我们计划建立市镇时，务须将每一座房与每一个‘邻居’间建立善美的关系，我，必须时刻顾虑每个建筑个体的特征或个性；顾虑个体建筑之间的相互关系（correlation)，务必使城市成为一个有机的秩序组织体。它们必须建立市镇体系上的形式秩序（Form order）。在善美有规则的形式秩序之中，自然容易维持善美的‘社会秩序’”。[1] 从城市形态的美学角度看，梁思成先生把城市的秩序的形成归结为作为建筑个体的“自相似性”，同分形城市的内在规律一样，建筑个体作为一个单元，既要有其个性，又要相互地“相似”而组合为一体，才能形成邻里的层级，乃至逐步放大到城市尺度，城市的‘社会秩序’才得以呈现。

显然，“满视野”的空间美学具有分形特征，这是“满视野”具有传统城市审美的一面。城市美化运动可以看做是以“满视野”为美化目标的某个风格片段的历史形态构建。

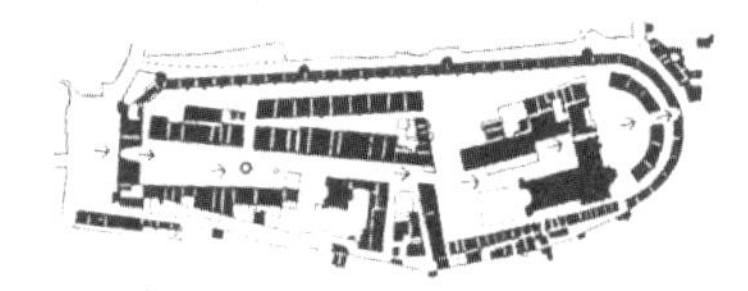

图 5-9　传统城市空间的视觉连续性
（图片引自：《城市形态》P392）

[1] 刘小石：《城市规划杰出的先驱 - 纪念梁思成先生诞辰 100 周年》，城市规划，2001 年 5 月。

5.2 城市美化背后的矛盾

5.2.1 全球趋同与自我塑造中的城市美化

“空间不仅仅是被组织和建立起来的，它还是由群体，以及这个群体的要求、伦理和美学，也就是意识形态来塑造成型并加以调整的。”[1] 亨利·勒菲弗的话提醒我们在关注空间的物质形态美学时，同样应该了解对空间产生影响的社会形态。

[1]（法）Serge Salat 著：《城市与形态》，中国建筑工业出版，2012 年 9 月版，第 398 页。

我们今天理解城市形象，不能仅仅把它看作是有关城市物质空间形态的视觉品质的问题，而应该将其作为经济、政治、文化等社会综合层面作用于城市空间的整体结果来进行评价。因为城市本身的复杂性以及近些年各城市对“形象”问题的关注，使得城市在构建自身形象及相互竞争中存在着复杂的矛盾性。了解这些矛盾性，可以帮助我们从社会性的更广义的层面来理解城市形态。

在经济的全球化背景下，激进的城市化进程、财富的重新分配、资源的再整合以及分工的专业化，都使得城市作为一个国家单位之下的经济体，必须对其做出回应。一方面城市必须融入全球化的洪流，已取得话语权以及在各个层面尤其是经济领域的国际“对接”。而通信、互联网及交通技术的发展为这种对接提供了可能。这使得城市打破了地理的约束，使其具有在同一“空间”表面参与竞争的可能。这一大舞台形成了全球化趋同的必然趋势。反映在城市形象的一个具体方面：外来的族群或设计师可以把新的建筑风格引入本土的城市景观中，给地方带来某种“风格上的多样化”，以及产生相应的新的标准。同时，文化的渗透同样呈现同一性的趋势，人们的审美观点、语言方式、生活习惯都会随之发生改变，世界范围的现代主义风格就是这一趋势的最好证明。

而另一个方面，各城市在被动或主动地形成自身城市“形象”的过程中，其只有在全球化浪潮中不断巩固自身形象的特色或所谓的“地域”性才能更好的生存。当然，我们有理由相信，全球化虽然不断地对城市进行着新的定位与塑造，却不可能完全抹杀地域性差异。但也应该认识到，现代主义以后文脉的观点被受到越来越多的重视。“尊重现有文脉就是人性化民主化的一个简单手段，也是解决美学争论的一种较稳妥的办法。”[1]后现代建筑及城市的研究即是在这一角色领域的代表。

[1] 杨宇振主编：《城市与阅读》，机械工业出版社，2012年1月，第193页。

于是，城市形象的竞争及“美”学特征就表现出一种在全球趋同与自我塑造之间的矛盾状态。当然，结果可能并非想象的那么糟糕，或许在全球化大舞台上，地域性也同样大放异彩。这既是城市间形象竞争的状态，也是目的。如果反映在一个城市的空间面貌以及生活细节上，可以看到这样一个结果：尽管城市的总体结构与面貌呈现趋同，但城市精神和带给人们的生活方式却越来越丰富了。

就城市的总体结构与面貌趋同而言，全球化经济浪潮势必有其所需的空间结构，这一点恐怕很难逆转。但对城市空间本身来说，它应当避免“空洞”，竭力地反映并塑造集体价值——这是城市空间避免趋同的最内在因素，这也指向了文脉的延续问题。并且，重要的是，集体价值应该转换成一种城市尺度的空间关系、一种空间效果得以延续。不管我们是欣赏大都市，还是推广小城镇式的微观城市；抑或是老城区的扩展或再造的新城，作为城市，都应该具有一个明确清晰的整体结构。结构足够清晰和明确，在数十年甚至上百年的城市进程中，就不会被城市的不断改进所完全抹灭。城市规划者要有完整的“大规划”意识，城市美化运动的很多规划没有完全的实施，但是多数规划思路在今天的城市仍然留有痕迹。“田园城市”的规划没有真正严格意义的样板，但规划思想影响了很多的城市面貌；由此，我们历史的城市规划思想应当在顺应当下语境的框架中有所传承。

另外一面，从城市形象的自我塑造来说，根本上就是表现城市的独特性。在独特性上，除了表现在城市空间方面，更多地体现在更宏观的城市精神的层面。抛开对城市理解的个体差异不说，从集体意识[1]的角度看，城市精神更多地体现在哪些层面呢？贝淡宁在他的《城市的精神》一书中把有助于推广城市精神的因素分为六点，其中包括民族和种族、竞争关系、城市权威及“特征标签”等。其中重要的两点提到了通过城市权威，利用法律、条例、地方法规，“以及保护和繁荣其特别身份和精神的规定”，以及城市规划在城市精神的形成中起到的作用，即规划者用“道德的、政治的或法律的权威来推行旨在利于实现共同的公共思想的城市改造计划。”[2]从贝淡宁的观点看，他一方面认为昌迪加尔等这些几乎从零开始的城市规划是“极端的例子”，并认为巴黎改造的奥斯曼、纽约的罗伯特·摩西、蒙特利尔的德拉波都是“伟大的城市规划者”；另一方面，又认为“这并不是说规划总是成功的，除非它们扎根于居民关心的某些潜在的精神气质。”[3]贝淡宁的观点总体上是客观的，但仍就看的出他对通过强有力的规划手段来实现市民的公共理想，进而塑造城市精神的方式是认同的。

值得注意的是，贝淡宁所列举的多数例子都与城市美化运动有着紧密的内在关联，或许这仅仅是一种城市发展的巧合。不过这让我们再次关注到城市美化运动强调通过“美化”去塑造“城市形象”的目的是明确的，不仅包含规划手段的多样化，而且具有通过美化来达到社会意义的层面表达。同时，城市美化运动既有明确的“现代性”，又有对古典文化的传承。在对古典符号的“借用”方面，又具有些许“后现代主义的特征”，表现出一种开放性。从更宏观的角度看，城市美化运动因为其“教条”的几何规划格局曾遭到广泛的批评，但却影响了20世纪初世界范围的城市（尤其是首都城市）建设，并能够在不同的国家、不同的民族背景下按照不同的方式推进，在当下对这些城市形象的树立仍起到关键性的作用。

今天各城市追求城市“形象”的独特性与自身城市间的

[1] 集体意识当然是由个体组成的，但在面对城市精神形成的要素分析时，我们不能说清楚哪种意识更重要或更主流。

[2] 其他四点分别是：这个城市要没有贫富差距或民族和种族群体间的巨大鸿沟；某个城市和另一个城市有长期的竞争关系，这往往发生在国家内部；城市的身份认同受到外来力量的威胁，因此，居民拥有一股强大的动力来争取维持这种身份；一个外部机构如广告宣传活动或电影给城市贴上拥有某个特征的标签。

[3]（加）贝淡宁（以）艾维纳合著：《城市的精神》，吴万伟译，重庆出版社，2012年11月版，第13页。

“面貌”趋同已经成为不可避免的矛盾现象。城市在探求甚至“创造”自身城市精神的同时，面对城市空间的日益无特征也只能表现出一种无奈。都市资源的集中带来的丰富与多彩容易让人们忘记空间本身的苍白，而后现代主义“娱乐”空间所表现出的繁荣景象也不确定能够持续多久。

5.2.2 时间——空间与城市美化

在历史上，按照笛卡尔的观点，空间被当作事件发生的容器，相对时间而言，空间表现出一种持久的、静止的状态。城市在工业化以前的漫长岁月里，表现出一种“永恒”性，一种相对于流动的时间，更为开放的中立状态，在这一时期，空间占有绝对的优势。在J· B·杰克逊看来：“我们中的大多数人仍然习惯用建筑的思维来理解城市——形式上表现为街区体块，精心设计的建筑。”[1]而城市似乎不像建筑一样有着明确的从建成到消亡的时间阶段，建筑就像城市的细胞，不断的消亡，再生，而城市就在这种过程中不断生长。所以，我们去观察城市的演进，会发现城市自出生的那天起就在不断地发生着改变，只是时而迟缓，时而剧烈。因此，时间对于城市空间的认知起着越来越重要的作用。并且随着信息技术及交通技术的发展，空间逐渐被压缩，时间“战胜”空间，逐渐成为改变城市形态中越来越重要的因素。

时间与空间的对抗和共同作用下使我们形成一种“时空”观念。按照哈维的观点：“审美实践与文化实践对于变化着的对空间和时间的体验特别敏感，正因为他们必须根据人类体验的流动来构建空间的表达方式和人工制品。”[2]对此，哈维具体指出：后现代社会的出现直接源于人们对“时空压缩”的体验。我们可以从很多后现代城市观点中，看到在“时空压缩”背后的多元、混杂与绚丽多彩的城市主张。时间性被放到了一个更重要或某种戏剧化的位置。

[1]（美）约翰·布林科，霍夫·杰克逊著：《看得见的景观：美国一瞥》(Landscapein Sight: Looking at America)，第 239 页。

[2] 杨宇振主编：《城市与阅读》，机械工业出版社，2012 年 1 月，第 42 页。

托尔特·雷布钦斯基(Witold Rybczynski)同样提醒我们，不能将城市空间看成是空洞的，而应该将相应的时间和行为置入空间中，从而强调人们对空间的场所感知。换而言之，我们对物质归属的实际感觉，主要不是靠建筑和城市设计，而是靠每天每周或每个季节共同分享的事件来界定的。也就是说，这是一种时间的感觉……空间不仅是由它们的自然特性定义的，还是发生事件的场所。所以说城市在一定程度上是非物质的，是时间与精神的建造。时间在城市的“塑造”中起到了重要的作用。时间将不同时代的痕迹烙印在城市空间中，它随着城市不断生长、更新，被撕成片段，在空白处又生成新的形态。最终，这种城市“印记”的更替为城市刻画了独特的区别于其他城市的形态，这就是时间的魅力。“事实上，我更倾向于伟大的城市场所是开始与适应，而不是清除过去文化的碎片。”[1]

[1]（美）科尔森著：《大规划》，游宏滔、饶传坤等译，中国建筑工业出版社，2006年2月版，第184页。

城市美化运动的“远见”之一即是在保留了过去“文化的碎片”的同时植入新的城市肌理，并使两者能够完美的融合。但我们很快会发现一个问题，城市美化运动的规划实践似乎忽略了“时间”的问题——或者说，城市美化运动的规划方式本身就是与时间相对抗的，因为几乎不会有一个这种规模的城市能够“一次性”建成。时间成为了这种图景式的规划方式的致命障碍。但戏剧性的结果是，也恰恰是这种对抗性，城市美化运动能够构建一个意向明晰、空间连续并能够经得起时间“侵蚀”的城市，在今天看来这样的城市依然让人激动和令人印象深刻。

我们再次回到城市美化运动的具体案例来看。在克利夫兰综合区的建设中（1895年），由伯纳姆担任规划委员会顾问之一，来承担整体的规划工作。委员会的主要职责是：规划适合克利夫兰城市尺度的主要公共建筑并使其和其他附属构筑物沿主要道路构成合理序列。[2] 规划严格地按照十字形的布局，光荣广场呼应着中央广场，并有安大略街和邦德街护卫。建筑风格采用了统一的意

[2]《克利夫兰的公共建筑的组团规划》，丹尼尔·伯纳姆等起草。转引自：（美）科尔森著，《大规划——城市设计的魅惑和荒诞》，游宏滔、饶传坤、王士兰译，中国建筑工业出版社，2006年2月版，第57页。

大利文艺复兴风格——并且采用了通常的装饰要素（比如纪念碑式的、对称的、均衡的檐口线等），致力于强化已有的公认的与白色城市最具可比性的实体的整体性。重要的是“与过去任何有过物质存在的城市相区别，这个地区是一次性建成的，洋溢着一种激情，在一个时代、在同一个知识和艺术时代……无需追求任何渐进的理念演进，既定的建设日程没有受到任何新思想的干扰。整个工程看起来是一次性筹划并加以完美的规划且不再经历任何形式的演进发展和范围扩展。”[1] 客观地看，克利夫兰规划区在近一个世纪中仍然是一个逐步实施的城市美化运动的极端案例，当然这个综合区规划也留下了无尽的遗憾。但事实就是这样，越是综合性的庞大计划越需要在“完整计划”的理性与长时间的实施过程中所产生的各种可变性之间取得平衡。多数城市就是这样，是在空间与时间的并置与斗争中形成的。

[1] 坎达丝·惠勒著，《梦幻城市》，第832页。转引自：（美）科尔森著，《大规划》，游宏滔、饶传坤、王士兰译，中国建筑工业出版社，2006年2月版，第59页。

毫无疑问，城市美化运动是一次用理性的工具去尝试构建审美“永恒性”的过程。将城市空间放在时间中去看，人对空间的体验必须要有时间的过程，因为时间因素的存在，城市形态（在城市设计或规划过程中）的理性过程是不断变化的，“理性”被转换、代替甚至消亡，但审美却表现出永恒的一面。作为城市来讲，尽管真正的完美不可能达到，但总有这样一种在与时间的对抗中趋于平衡的趋势。

今天，时间和空间成为了人们生活的基本范畴：“时间与空间的概念通过物质实践与生产过程被社会构建出来，因而不能脱离社会行动来理解；同时时空概念也会反作用于物质实践，在社会生产中扮演重要角色。”[2] 因此，在不同的社会时期会有不同的时空体验，而每个人在这个过程中扮演的角色不同也会有不同的体验，这些“时空”体验的积累逐渐使人与城市间建立起情感维系。

[2] 杨宇环：“揭开后现代的神秘面纱-读大卫·哈维的《后现代的状况》”，室内设计，2010年6月。

5.2.3 城市与“乡愁”

表面来看，城市与“乡愁”没有太多的关联，因为乡愁总是会让人的记忆追溯到一片能够寻根的“故土”。周国平先生曾经撰文称：“城市不是乡愁的产地，城市是乡愁的坟场……因为乡愁萌芽在朴素的地方，乡愁发生在辽阔的原野。”但讽刺的是我们不得不承认，今天的“乡愁”更多地存在于城市生活之中（城市生活与乡村生活相比，表现出更明显的流动性和暂居性，这激发了城市生活的乡愁）。今天城市生活的最大特质就是：唯一的确定性就是不确定，唯一的延续性就是变化。城市化的快速转变带给人们情感上的不适往往表现为一种普世的“乡愁”，这时，乡愁也具有了“现代性”。一方面现代城市在不断“拆”的过程中，增强了人们对曾经失去的记忆的“乡愁”；另一方面，快速“建”的城市更新又重新定义着生活，乡愁被快速地稀释在城市生活中。现代城市生活的丰富多彩总是将人们从偶尔的短暂的乡愁中拉回到现实中来。快速地转变让人们越来越少有时间去回忆城市的过去。今天的城市“乡愁”就是在这样一种矛盾状态中被不断激起，再被渐渐淡化。

“乡愁”始终伴随着城市的发展，并且印记在每一片砖瓦之中。古老的建筑往往是在历史和地理层面对记忆的最好承载。老建筑的拆除最能反映城市变迁和引起人们“乡愁”的情结。在巴黎奥斯曼改造中，资本的“破坏性创造”曾经激起一个城市的乡愁。大卫·哈维在《巴黎城记》中描述：“在新巴黎中，居民丧失了归属感，群体意识解体，他们分散成新的没有历史深度的阶层、人群。在他们周围，已经没有认同的环境依据。金钱共同体取代了所有社会联系的纽带关系。”[1]“奥斯曼的做法让社会上所有的阶级对已逝的过去产生深刻的乡愁。”[2]在杜米埃以怀旧为题材的漫画中，讽刺地描绘了市民在奥斯曼所造成的变迁中丧失的东西（图 5-10）。在一幅画中，男人惊讶地发现他的房子被拆了，那种感觉就像遭遇了丧妻之痛。另一幅画中，男人抱怨工人的

[1]（美）大卫·哈维著：《巴黎城记》，黄煜文译，广西师范大学出版社，2010年1月，第5页。

[2] 同上，第249页。

图 5-10 杜米埃的讽刺画
（图片引自：《巴黎城记》P279）

冷淡，他们拆迁的房间可能正是男主人当初的蜜月婚房，而工人对男主人旧日的记忆毫无表现出尊重之意。所以，在城市乡愁的情结中，老建筑常常被赋予超越物质形态的情感因素：老建筑成为我们与历史的连接纽带。

如果我们把城市看作如同自然的一部分是有生命的，那么老建筑就像这个生命体的细胞一样，不断的死亡，再生，这就是城市。现代性发展以来的城市更新速度超过以往任何一个百年，这是现代性“革命”的一面，也是和“传统”在时代上的分界线。我们很难用一种传统的时间观或社会心理去判断现代城市的转型。所以基于现代城市的片段、拼贴、转换的诸多不确定性，城市乡愁也不会是清晰地基于特定时间、地点、人物的再现（我们可以把具体到某个场景的回忆叫做“怀旧”），而往往是一种共性的心理体验，无处不在而又深入细微，此时“乡愁”以一种共同体验的方式转换为某种“集体意识”。

令人困惑的是，城市中的“乡愁”在表现出的短暂的对物质空间逝去的回忆时，又总是伴随着对新空间更替的感叹与欣喜。人们一方面向往“乡愁”所重构的自然、本真的生活场景；另一方面，又很难放弃今天的物质文明，回到更加“原始”的生活状态。在这种自我意识的矛盾斗争中，集体意识很容易被瓦解。所以，更多的事实是无论被移置者的失落感或“丧失家园之痛”有多大，集体记忆实际维持的时间往往出乎意外的短暂，而人类的自我调适的速度也出乎意料的快。

现代城市人也常以“活在当下”的理念来主动淡化“乡愁”。这也表现出一定的世俗性和对乡愁的无奈。“本身就不能够将人从当下的时空中相分离”——这句话今时看来也具有一定的“科学性”，梅洛·庞蒂在《知觉现象学》中指出：“不应该说身体在空间或时间中，而是身体生活了空间和时间。更全面地说，应该是身体形成和塑造世界，同时身体也被这个世界所塑造。”[1]因此，我们自己成为建筑与环境；同时，建筑与环境也变成了我们。我们身体的一部分陷在建筑中，建筑的一部分则嵌入我们的身体。从这个观点看，人本身就是城市的一部分，而且是“当下”的一部分，人无法逃离当下。但转而回味，这些最真切的“当下”的情节会最终随着时间转变为“乡愁”的某个片段。

[1] 转引自：郭宇力，《历史的栖居》，天津大学硕士论文，2008 年。

最终可以肯定的是，“乡愁”作为人在环境中成长的历史记忆的凝结，永远无法将之抹除。城市作为人类生活的情感凝聚与物质载体，它有责任以恰当的方式、恰当的步伐记录并展现这一切——这是城市魅力的最深层的表现。就像诺伯格·舒尔茨所认为的：“城市的精神与魅力恰在于它能提供给人的存在感安全感、归属感、满足感和认同感。”[2]对于城市形态与城市美学来说，我们必须向历史学习，才能更清晰地面向未来，“承上启下”是最恰当的城市形态的演进方式（现代主义和后现代时期的城市实践为我们提供了经验教训）。所以，虽然现代主义的均质化和后现代的世俗化也令我们困惑，并且显然城市化的速度不会停止，但是毫不怀疑的是，我们正处在人类文明历史长河中前所未有的层面，而城市作为人类文明的物质载体，记录和铭刻了深厚记忆与传承，这些都会以“美”的形式加以展现，这是城市最真切永恒的一面：城市“美化”将是城市形态发展的持久话题。

[2] 黄普王蕾：《寻找“失落”的空间——对我国城市空间扩展的若干问题的认识》，上海城市规划，2009 年。

5.3 新“城市美化运动”

5.3.1 新首都模式下的“美化”

城市化的进程都是伴随着经济发展与政治因素而展开的，尤其是当代的城市化：政治因素与经济推动往往是城市化以何种方式演进的根本力量。自改革开放 20 世纪八九十年代的城市化，以“圈地建楼的房地产模式”伴随着城市“美化”现象的出现，广泛地影响了中国城市的面貌。在这个过程中，以北京为中心的首都模式始终成为一个样板，影响着其他地区的城市化进程。

至 20 世纪 80 年代中后期，房地产市场的逐步开放，使过去“单位公房”中的“同事邻里”向更加自由的“空间邻里”转变。而空间的使用权逐渐地从土地所有权中分离出来（到 2007 年《物权法》明确空间使用权的私有化），进一步促进了经济的高速发展与快速的城市化。

到 90 年代这一城市化潮流达到高潮。以北京等大城市为中心，在全国更广泛的城市建设中，城市化被理解成建马路与盖房子，其实质已经演变为一种政府主导的土地及空间使用权的私有化运动，并在短时间内形成了所谓的“中国式的圈地运动”。我们可以看到大量的住宅小区等房地产开发项目不断涌现，新城建设成面状迅速扩散。而很大一部分新城或新城区的规划建设不是建立在自然发展需要或自身城市功能调整的基础之上的，而是一种宏观发展政策的实践，往往是建立在一种理想的“计划目标”之上的。并且在这个过程中，北京作为发展策略与规划法规的制定中心，成为地方政府城市化规划方式的“模板”。这个模板的“借鉴”并不是因为其城市系统本身被科学地检验过，而是因为其作为一种政策的抽象象征，地方的城市发展在向中央保持一致的过程中获得了合法性。“王朝时代业以存在的首都模式在今天以‘新首都模式’出现，并塑造和激励着中国的城市化运动。”[1] 并且，我们可以看到，这种新首都模式影响下的城市进程今天还在继续。

[1] 车飞著：《北京的社会空间性转型》，中国建筑工业出版社，2013 年 10 月版，第 145 页。

新首都模式下的城市化，是以政治或政策手段为指导的空间再分配过程。这个分配过程改变了社会关系；同时，旧的城区被拆除，新的城市形象也随之产生。新的空间结构的转型使城市适应了新社会发展的需要，我们也可以将其理解为一种自上而下的"城市更新"。在这一点上，新首都模式与城市美化运动表现出一定的相似性——政府政策成为城市化更新的主要内在推动力。政府政策的强有力的推动使得快速的"大刀阔斧"的城市更新成为可能。这说明了空间的政治性，或者说，空间成为政治手段或媒介。按照亨利·勒菲弗的观点："空间是一种在全世界都被使用的政治工具。它是某种权利（比如一个政府）的工具，是某个统治阶级（资产阶级）的工具，或者一个有时候能够代表整个社会，有时候又是它自己的目标的群体的工具，比如技术官僚……在这一假设中，空间的表现始终服务于某种战略。"[1] 所以，伴随着政策法规对于城市规划的"调控"，自上而下的城市规划模式依然会是城市化的主导模式。新首都模式不会消逝。

[1] （法）亨利·勒菲弗著：《空间与政治》，李春译，上海人民出版社，2008年11月，第29-30页。车飞著：《北京的社会空间性转型》，中国建筑工业出版社，2013年10月版，第145页。

对于城市的整体空间结构而言，自上而下的"规划"方式的确为整体结构的清晰条理与合理的功能调配提供了可能。但是，如果我们进一步类比新首都模式与城市美化运动，从更多的方面看，则呈现各自不同的特点。例如，城市美化运动主要集中在首都城市的市中心位置，是以政府职能机关建筑群落为核心，通过开辟新的主要交通要道与城市的各功能节点相连，从而通过一种中心网状的结构更新城市格局。并且多数情况下这个网状结构在"破坏性创造"的过程中是与原城市肌理相衔接的。相比之下，新首都模式则影响了包括从中心城市到中小型城市的广大范围，城市次中心位置及一些卫星城的建设几乎构成一种区片状的发展模式，原先低密度的老城区许多被毫无保留的拆除，代替以多层及高层建筑为主的新城区，这些城市肌理几乎与老的城市肌理形成一条鲜明的分界线。

其次，在城市的文化符号的传承上，城市美化运动多借用了欧洲古典符号语言，并在此基础上尝试了风格变化的可能，以求得局部的丰富与整体统一的视觉效果。其现代性的一面更多地表现在其空间规划的格局上：轴线与放射线的平面、宽阔的林荫大道和开阔视觉的草坪广场等。而新首都模式影响下的建筑风格则多为典型现代主义的方盒子样式，并且之后出现各种欧美样式复制的混杂的建筑风格，在“规划”上也多是无创新和美感的功能主义方式。再加之快速的城市化的模仿、复制，使全国范围的城市陷入一种整体面貌趋同与局部城市空间景观的混乱无序。这一现象曾经受到广泛批评，可以看到，重新认识自身城市文化的价值，尊重并考虑采用传统风格，将之进行谨慎的现代语汇转译并影响于城市面貌的转变，是 90 年代中后期才逐渐开始的。

5.3.2 传统建筑风格转型与城市美化

城市文脉在形态上的最直接的外在反映便是建筑的“风格”问题，传统建筑风格的继承与转型的讨论一直是城市公共景观的文化属性的重要内容。中国传统建筑在经历了 20 世纪以来的西方现代主义及后现代思潮的影响下，转型之路曲折而艰辛，既充满了睿智的思想和至今不断被纪念的出色作品，同时也充满了歧途、尴尬和失败的教训。这些百年来的以传统建筑的传承和复兴为目标的探索，为我们的城市形态的发展方向探索出一条可行之路。

如果从时间脉络去划分，我们大致可以将传统的建筑转型之路划分为四个阶段：从民间的自发性探索，到西方建筑师的研究，再到中国近现代建筑师的实践以及国内当代建筑师在全球化背景下的实验。在这样一个大致的时间线索中加以分析对比，可以将这四个阶段对“形式”的探索总结为“拼装式”、“传统复兴式”[1]、“新中式”和“片段提取式”四个部分，这可以帮助我们清晰地概

[1] 传统复兴式的四个阶段：第一阶段，西方建筑师对中国形式的探索（19 世纪末——20 世纪初）；第二阶段，第一代中国建筑师对民族形式的探索（20 世纪初——20 世纪 40 年代）；第三阶段，新中国成立初期的探索——以十大建筑为代表（20 世纪五六十年代）；第四阶段：“大屋顶”风潮下传统风格转型的曲折之路（改革开放以后至 90 年代）。

传统建筑风格的现代转型方式分析 表5–1

19 世纪末～20 世纪初	20 世纪初～20 世纪 80 年代	20 世纪 90 年代至今	21 世纪以来
拼装式	传统复兴式	新中式	片段提取式
早期外来文化与传统文化碰撞时期的民间自发的形式探索	在现代主义影响下对传统建筑的创新，具有中西融合的特征；基本上是由专业建筑师完成的	对传统建筑元素的高度的抽象概括，符合现当代的时代背景和审美特征；并且具有明显的地域特征	片断化的提取使用传统建筑元素，手法上具有“断章取义”的特点，是多元化背景下的产物
琼北民居 开平碉楼 石库门	四个阶段 西方建筑师的探索 （以墨菲为代表） 中国建筑师的探索 （以吕彦直、梁思成为代表）	以贝聿铭、冯纪中、李承德为代表； 向现代商业转型	以刘家琨、王澍为代表；以程泰宁、王辉为代表； 以李晓东 张永和为代表； 官方的意味
早期的民间自发探索	中国官式建筑的转型之路	中国传统士绅及乡土建筑的转型之路	当代建筑师的在多元背景影响下的转型之路

括描述“转型”这一过程在不同时代背景下所表现出的特征以及所使用的手法之差异（表 5-1）。

自 19 世纪末起，民间自发的“拼装式”探索虽然在手法上略显粗陋，但今天看来却“偶然”地具有一种后现代的审美性。从今天保留的一些完整建筑组团来看，既有美学上的“标本”价值，又值得用当代视角再次审视。相比之下，传统复兴式几乎都是由官方倡导和推行的，带有浓厚的政治色彩。传统复兴式多基于维护民族和文化生存权的主观意愿，无论是“民族固有形式”还是“社会主义内容、民族形式”，都具有明显的复古色彩，显得相对保守。这种文化折中主义方式，并不能从本质上体现现代建筑的科学理性和技术美学的原则。

自 80 年代至今的“新中式”与“片段提取式”的转型方式都为新的建筑及城市形象的产生提供了可能，也更多地为未来的城市“美化”提供了可借鉴的经验。与传统复兴式不同的是，这一轮的文化复兴不是由官方肇始的，而是由文化精英参与发起的自下而上的文化运动。“新中式”是一种具有严谨的内在逻辑的现代风格，而“片段提取式”则更多地具有后现代色彩。这两种转型方式都是从单体建筑的“实验”的方式开始的，形成一种在传统与现代间“争论”的文化现象，并逐渐融入当代生活，进而形成城市化进程之当代潮流中一支重要的支流。这两种方式都在继承传统建筑语言的基础上向前迈进了一大步，不仅契合了现代社会生活的需要，而且为城市的多样性发展以及在国际主义背景中找到自身独特文化定位提供了新的可能。由此可见，对于城市化带来的，对文化断层的反思和传统文化的再认识将成为城市形象研究的重要线索，而城市的丰富与多元也更加需要自下而上的建设模式。

传统建筑的“转型”无疑是与城市文化形象紧密相关的。在实际的城市化过程中，不同时代的转型方式成复杂交叠的状态，需要甄别对待。以实际的案例分析，传统复

图 5-11 传统复兴式转型
左、中、右图片为：西安“大唐文化景区”；苏州博物馆；中国美院象山校区

兴式的转型手段在当下城市化中依然可见，西安是比较典型的案例。西安自 21 世纪初开始围绕雁塔区建设“大唐文化景区”（图 5-11 左）。2003 年兴建大唐芙蓉园，位于古都西安大雁塔广场东侧，园内唐式古建筑全部为当代仿古建筑，几乎集中了唐时期的所有建筑形式。其规模堪称世界上最大的古建筑群落。紧接着西安又于 2009 年提出打造“博物馆城”的构想，随后大量的仿古博物馆一一落成。至 2013 年，随着位于曲江新区大唐不夜城的源浩华藏博物馆的挂牌，西安市博物馆达到了 100 家，比 2009 年净增 60 家（北京公布的博物馆数字为 110 座）[1]。西安的“古城”风貌逐步形成，此种传统折中的方式，本质上与 20 世纪 80 年代以前的传统复兴式无异，但或许对于西安这样的历史古都来说，也是一条稳妥的道路。

[1] 引自：《生活三联周刊》768 期，品味西安，2013 年。

对于像苏州、杭州这样更加年轻而富有人文气息的城市，则存在更多的可能性，其建筑的文化形态也更加开放。例如，贝聿铭设计的苏州博物馆，将传统文人生活与园林空间的独到领悟相结合，对传统建筑语言进行形式上的简化、抽象，运用现代建造技术，体现典型的新中式风格。苏州博物馆以现代建筑语言再现苏州建筑风格，并使得整体博物馆群落与周围城市肌理很好的融合（图 5-11 中）。而以王澍为代表的具有后现代特征的转型尝试又有不同。这种方式更着力于对传统建筑空间形式、材料组织等方式进行细致的分析，并从中总结出某个“片段”的独特的建筑语汇应用于当代建筑之中，这种方法与当代国际建筑学界对于材料与形式研究的重视相互融合（片段提取式的转型方式）。如他设计的中国美术学院象山校区的园区，其空间布局与材料运用上带有明显的地域主义与中国传统风格，但同时其形式上又具有强烈的现代简洁意味，这种以传统空间与传统材料为母题的建筑现代化之路成为当代建筑发展的一类倾向（图 5-11 右）。透过这两种转型方式的项目实践，我们能够将其“放大”，映射出未来的更大尺度的城市形态转型方式的可能。

如图 5-12 所示，是将传统建筑的现代转型作为一种设计“方式”放在一个更大的背景下去解读。可以这样概括，当下传统建筑的现代转型应该是以后现代美学观点为“视角”，以传统古典文化为“元素”，以西方现代主义方式为“手段”，进行的文化糅杂与形态重塑。并且这一“方式”本质上是世界性的，工业技术的发展与文化融合使得现代城市在物质基础和文化基础两个方面都不可能完整连续并与传统城市对接。这个矛盾在西方同样存在，多是先颠覆传统，再在后现代中去找回，逐步形成多元的社会现状。但总体上说，我们离不开传统，只是对待传统的态度在逐步改变。

城市美化运动的思想就是处在传统与现代选择之间的一次态度转换。我国 80 年代以来的，传统建筑的现代转型是城市化过程中的一个支流，是新“城市美化运动”的现象之一。如果按照城市美化运动的城市形象“标准”——城市应该具有清晰的空间结构；城市应该是区片性的、具有完整和序列的形象，“突兀”的建筑是不被允许的。

芒福德指出：“城市作为人类文化的容器它所盛装的生活比这容器更重要。”[1] 人类的知识、技能、智慧、经验通过在城市中的交往，逐渐积累并被加工成一种约定俗成的生活秩序。这种秩序又被不断的提炼与整合，最终形成一个城市特有的文化，而城市文化从内在影响并“控制”着城市的演进。所以，要在尊重城市的传统文化脉络的前提下，去判断当代城市形态的可能趋势，从而形成适应于时代特色，又符合自我需求的城市空间及生活方式。

[1]（美）刘易斯芒福德:《城市发展史——起源演变和前景》，中国建筑工业出版社，2005 年版，第 138 页。

	中国古典	西方现代	全球化后现代
理性	礼制形制第一、“间”，“进”单元 正交的轴线关系	功能第一、直线、正交	形式第一、斜线或曲线
感性	大象无形 师法自然	自由构图（由平面到立面） 连续空间	自由构图（空洞的立体） 随机性、偶然性
特征	人工的、不可复制的、 延续性、叙事性、 对社会关系的反映、 崇尚装饰	机器的、可复制的、高效的 冷漠的、忽视文脉、 不反映社会关系 去除装饰、反对历史因素	生态的、多元的、傲慢的， 非人的、 尊重文、允许装饰 打破现代主义原则
方式	手工劳动	工业化生产	独特的私人产品
态度	尊重文化	功能至上	强调特征
	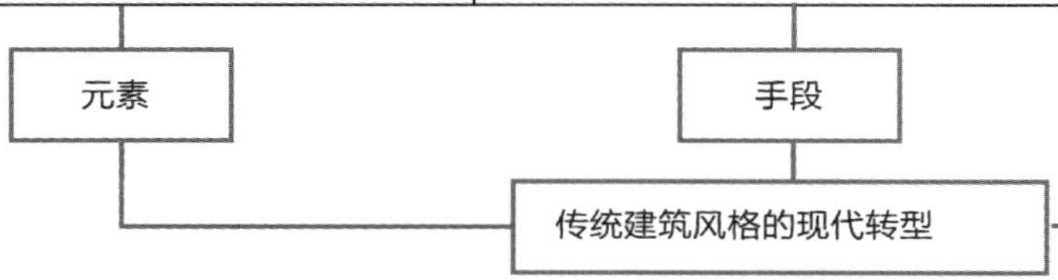 元素	手段	视角

传统建筑风格的现代转型

图 5-12　对传统风格的现代转型研究

当代城市形态的特征即是“多元”，但多元并不意味着混杂无序。文化传承仍然是城市生活与空间形态相一致的根本内在。亨利·勒菲佛曾指出：“建筑师在微观的世界里，而城市规划者则在宏观的世界里。然而，今天的问题，就是要消除这些分割。”[1] 他期望展示出一种物理空间、精神空间和社会空间之间的理论统一体，他认为每个时代都应该产生符合自身特征的城市空间。并且由文化传统作为内在控制因素，从建筑到城市形态的整体的关联性、组织的系统性，到风格的整体协调性与局部的多样性，使综合与统一成为未来城市形态发展的主要趋势。建筑风格的转型实践将作为催化剂，逐步引导并改变，从而形成合理有序的城市面貌。

[1]（法）亨利·勒菲弗：《空间与政治》，李春译，上海人民出版社，2008 年 11 月，第 15 页。

5.3.3 城市综合体的兴起

城市综合体是现代城市在将建筑与城市结构融合，更系统、有效地组织城市功能，以建造“合理有序”的城市形态方面进行的一次激进的尝试。城市综合体是指“将城市中商业、办公、居住、餐饮、娱乐、酒店、会展、交通枢纽等城市功能在空间上进行组合，并在各功能间建立一种相互依存、相互补益的能动关系，从而形成一个多功能、高效率、复杂而统一的综合体。”[2] 多数城市综合体是由一个超尺度的连续的建筑体或由一个区域建筑群落构成，是一种具有城市功能的建筑组团形态。

[2] 郑小华：《怎样拥抱城市综合体》，施工企业管理，2011 年 2 月。

美国建筑师哈维·威利·科贝特，在 1925 年就曾预言“城市综合体的”形态，他将之称作“奇迹之城”。他预言到 50 年代，城市将采用多层立体交通的方式来解决拥堵问题：步行道、车行道和有轨电车分层设置，屋顶将作为飞行器的着陆场。城市功能高度集中，学校和操场都被设置在大楼内部。而直到 70 年代，在一些重点城市，如纽约、伦敦、巴黎等，才逐步开始出现现代城市综合体的形式。

在我国，城市综合体是自90年代以后逐渐出现的，如北京华贸中心、上海新天地、深圳华润中心等。近些年，城市综合体正成为中国一二线城市商业地产的主要开发模式，从某种意义上说，未来城市的开发竞争也反映在综合体的开发竞争。所以，城市综合体的形态研究也从某个方向上引导着城市整体形象的完整性与连续性的建立。

城市综合体虽然是一种建筑组团形态，但由于其占有空间的超尺度（在100万~200万平方米之间），使其具有“微型城市”的特征，也可以称为“城中城”。如果我们把城市综合体看作介于建筑单体与城市系统之间的中间形态，那么从空间组织层面来说，城市综合体既比建筑单体的空间形态丰富，又不同于城市以街道为核心的平面化的组织形式，可以说是将原本平面化的城市功能关系进行了空间性的压缩与叠加，更加强调了立体交通系统的内在作用。多功能与高密度的组织形式成为复杂并丰富的空间形态的基础。

从城市综合体的项目运行角度看，其建设运营的方式为内在功能组织和外在形象景观的整体性提供了可能。一般情况下，城市综合体以政府调控，企业（开发商）主持的模式，这样利于更多专业人员参与其中，实现各方面资源的调配整合，以及运营管理的统一性。这将为城市综合体的整体功能（或称业态）组织及运转提供可能。基于这种自上而下的构建及组织模式，未来实现城市综合体的外在形象的统一性就变得相对容易。当然这种统一性并不单指风格上的一致，还可指不同功能或尺度的建筑在形象的连续性与过渡层面会实现得更好，更有序，从而避免空间视觉的混乱。

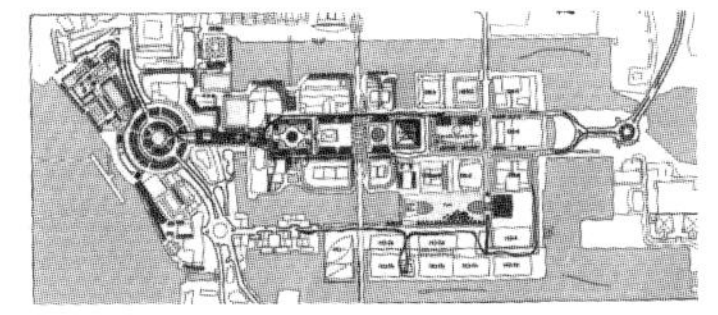

图5-13 金丝雀码头（Canary Wharf，参见彩图）

以英国的金丝雀码头（Canary Wharf）为例（图5-13），此区域通过整体有序的规划，逐步地成为道格斯岛企业特区的核心地带。它以国际金融及咨询机构的入驻为核心，加之休闲、娱乐、公园景观等设施的配套，迅速成

图 5-14 上海新天地区域
左、中、右图片为：城市肌理；局部鸟瞰；城市街景

为伦敦新兴商业区的中心。金丝雀码头地上功能以高端商务、办公、酒店为主，地下空间开发以零售为主，商场连着商场，餐厅连着餐厅，同时地下空间又同多条地铁相连接，商业围绕主要交通干线布局，形成地下步行街。该区域通过功能的有序组织与有效控制，建筑尺度的关联及空间的连续性，构建成一个形象完整、有序又便捷高效的城市综合体。

相比新区域的规划建设，在老城区开发城市综合体的建设则更加复杂，并需要付诸更长的时间。例如上海新天地的建设，由于涉及老城区改造等因素，前后经历了大约 15 年的时间。从 20 世纪 90 年代开始，上海市政府为配合卢湾区的开发，将这一区域的老弄堂也列入改造范围。开发单位于 1999 年取得这一区域约 52 公顷的土地改造资格，以逐片开发的方式，从“新天地”（零售）、翠湖天地（住宅）、企业天地（办公楼）、翠湖天地御苑（住宅二期），以及酒店和国际学校的开发，再依次配套三期住宅及办公的模式，并将景观与环境打造同步进行，逐步完成庞大的新天地综合区域的建设。该区域最终形成了高层住宅、办公建筑、老城区及以零售为主的传统街区的空间融合，在空间秩序上相互连接，功能互补的同时又各具特色。如图 5-14 所示，能够看到老建筑与背后新的高层之间相互映衬，形成了比较独特的城市空间效果。

项目中值得一提的是，由于需求功能、社会目的发生变化，使得几近淘汰的老建筑物群落被再度修复、更新，而重新置入酒吧、餐厅、艺术品销售等现代功能，这种城市更新方式实现了社会性与景观性的双重目标。“新天地中心区的老弄堂改造采用了‘存表去里’的方式，即对保留建筑进行必要的维护、修缮，保留建筑外观和外部环境，对内部进行全面更新，以适应新的使用功能。原本用于居住的区域被改造成具有国际水准的商业、餐饮、娱乐、文化等多功能汇集的休闲步行街。这个过程中仅拆除了少部分无法利用的老房子，开辟绿地和水塘来美化环境。”[1] 最终，此区域不仅恢复了活力，而且文脉的继承使其具有了独特的城市魅力，特有的“景观性”使其成为城市综合体的核心部分。

[1] 李海龙：《万达商业综合体规划设计策略研究》，北京建筑大学，2012年。

城市综合体的发展在不同的城市背景下呈现着不同的形态模式，新天地是一种相对“扁平”化的空间模式，而在香港这样的土地利用更加密集的城市，状况则全然不同，城市综合体的组织模式更加依赖立体的交通组织模式。如图5-14所示，围绕中环的一个称为Alexandra的建筑，在5个不同标高上具有14个出入口，通过电梯的连接，这个建筑实现了不需要将入口放在建筑外部，同样可以有多个入口的转变。这个立体交通的组织形式将人行和车行分流，尽量地减少交叉，以提高城市效率。其中多数的商业围绕天桥展开，或者通过天桥相互连接，购物基本不用走到地面上来。与之相应的其他公共空间，包括景观空间也被搬离地面，成为空中花园、屋顶花园等。虽然这种“街道”的组织形式没有“建筑”感（行人只能看到高层建筑的底部的立面间的连接），也缺乏小尺度的细节，但上下错动的空间关系和密集的商业使得“街道”的变化十分丰富，是十分契合城市肌理的一种综合体的空间组织模式（图5-15）。

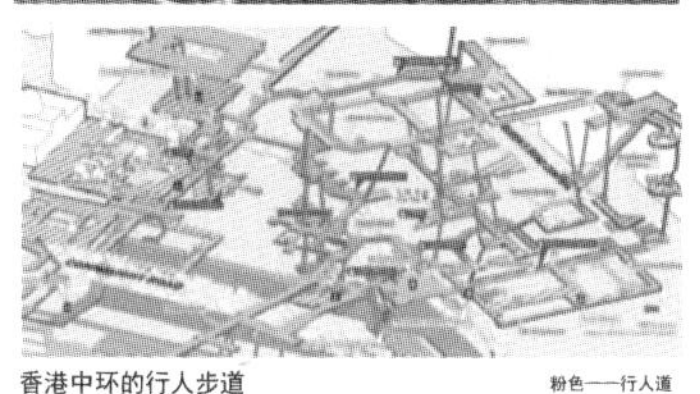

图5-15　香港中环Alexandra综合体（图片引自：http://aoyahk20130410.gotoip3.com，参见彩图）

如果把城市综合体的建设模式放到更大的城市尺度去看，或许能够为如何建立更加秩序的城市景观提供帮助。世界著名城市思想家彼得·卡尔索普曾经提出了一种“新城市主义”的主张，其核心思想是：“强调让职业、居住、

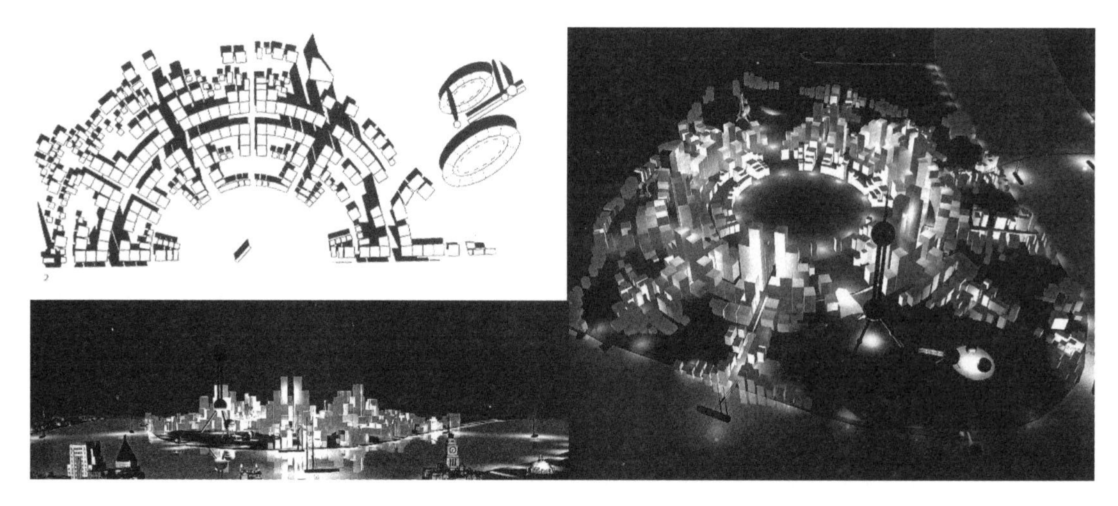

图 5-16 理查德·罗杰斯上海浦东规划（20 世纪 90 年代）

商业、社会服务等公共功能更加集中，以区域性交通站点为中心，取代汽车在城市中的主导地位。具体而言，他希望城市街区规模不应过大，同时要有细密的道路网络、便捷的公交、必要的非机动车专用道，绿地公园和集中的公共建筑。有了这些，人们步行或骑自行车出门，大约几百米就可以抵达公共设施，并且穿行在公园、绿地之间，没有尾气污秽，体现以人为本的规划理念。”[1] 这一思想具有典型的综合性的规划理念。

[1] 耿海军：《城市规划“以车为本”带来的恶果》，新华每日电讯，2011 年 9 月 22 日。

英国杰出的建筑师理查德·罗杰斯（Richard Rogers）在 20 世纪 90 年代，曾经为上海浦东新区的开发做过一个十分系统完整的城市规划，这个规划在某些构想上与“新城市主义”十分一致，并且也可以说是一个超尺度“城市综合体”的形态模型。例如，其中提出的以综合的交通枢纽连接区域边缘（罗杰斯设计了若干交通节点成环形连接），以解放区块内部的交通压力；居住、商业、服务等公共建筑成环形依次布局，形成一个密集的环形网络；环形中央为一个圆形公园，成为城市的中心绿肺。显然，这个规划具有明显的秩序组织的美学特征，是对城市“美化”在功能上的反映。在城市整体景观上，罗杰斯同样提出并强调建筑群落的整体视觉关系至关重要，尤其是要避免高层建筑间的无序造成的对城市空间的连续感与关联性的破坏（图 5-16）。可惜他的方案没有被采纳，现在的浦东真的出现了高层建筑间缺乏协调并各自为政的景象。并且，由于道路尺度过大，以及缺乏功能配套等问题，在新区建成之初曾一度出现“荒凉”的城市街景。后来经过数年的调整及不断的景观完善，新区才逐渐恢复活力。

城市综合体作为高度功能复合的项目，不仅体现出城市内在活力及发挥区域磁场的作用，而且城市综合体作为城市的标志性建筑组团，对于城市形象的整体性控制，内外部空间的连续性、完整性，是十分具有参考价值的城市实践。

总之，城市综合体作为城市的一个“单位”或“片段”，其通过自组织既有效地与城市系统相连接，同时又在结构上保持相对的完整和清晰；在总体形象上保持着相对丰富的连续性与可能性。城市综合体在整体的城市形态产生的逻辑结构上与城市美化有着一定的联系，或者说其本身就具有“城市美化”的内容。

5.3.4 未来城市之美化

许多城市学者都将城市综合体看作未来城市发展的趋势之一。以当代的视角来看，如果我们说城市综合体具有一定的未来特征的话，那应是指其功能的立体、复杂的组织形式以及形态的整体关联性，而不应指向密集的高层摩天楼的样式。我们应该消除城市综合体就一定是密集的摩天大楼的印象，“综合”和摩天楼之间不应该是“必然”的联系。过于高度集中的城市资源必然需要更庞大的交通设施来维持，由此会导致逐渐消减周边的城市活力，这不应该是未来城市形态发展的方向。

一般来说城市形态的发展是一个由秩序到混乱，再回归到更高层次秩序的螺旋上升的过程。中世纪城市出现的拥挤杂乱产生了巴洛克的“开阔和清晰”；工业化造成的城市环境污染和破坏产生了现代主义的“机械秩序”；而后现代主义表现出的多元的无序是否需要一种“超秩序”的产生来应对呢？现实是，我们的多数设计师或城市规划者倾向于将未来城市形态带入一种超理性主义状态中。进而产生一种错觉：凭借当代科技的发展，未来城市将更加密集、有序，犹如一个更加精密的机械，将城市功能“单纯化”，用“建筑”（或者说更像一个“产品”）的形式去模拟城市形态，这成为一种普遍的未来城市的构想模式。而这种方式也形成一种令人兴奋的充满未来感的“城市美化”。

我们从近些年的一些城市设计竞赛中可窥见一斑。如美国非政府组织海洋家园协会（Seasteading Institute) 于2009年举行的未来海上城市设计竞赛，致力于构建融合最新科技的宜居家园。美国建筑师凯文·朔普费尔设计了一个三角形的构筑物，概念的出发点是“如何抵御新奥尔良的飓风”，方案的名字叫做“新奥尔良理想城市栖息地”（图5-17上）。

“这个立体城市高达1200英尺(365.76米)，占地3000万平方英尺(278.71万平方米)，可容纳4万居民。从酒店到商店、娱乐场和学校，只要是普通城市有的，这里都一应俱全。甚至配备有花园、专用快速电梯和为步行者提供的移动人行道。”[1]

参赛的许多作品都具有类似的特征，当时的作品评论写道：参赛作品除了完美的外观外，还体现了诸如环境循环系统、太阳能设计原理和植物控制室内气候等生态理念，为“海上城市”的实际运作奠定了可操作的基础。[2]

另一个案例是，2009年万通地产宣布要在6年之内建造一座面积达到600万平方米，可容纳10万～15万人居住的立体城市，并由此邀请了许多世界知名设计事务所为其提出概念方案。其中荷兰MVRDV事务所设计的“中国山”方案，提出未来的城市模型不仅要真正地实

图5-17 城市设计竞赛
上、中、下图片为：“如何抵御新奥尔良的飓风”；“中国山”MVRDV；“跳城”车飞

[1] 转引自：“海上漂浮城市有望与7年后问世”，http://blog.sina.com。

[2] 转引自：网络 http://discover.news.163.com/11/0823/15/。

现可持续和自给自足，也将平衡现有城市可持续发展的要求。提出通过结合住宅、办公、休闲等满足基本的生活需要，同时通过结合森林、农业、能源生产的相当一部分，以形成真正的混合城市（图 5-17 中）。从模型中能够看出由“盘山”公路连接的模拟梯田的超尺度构筑物，“建筑”已经完全消失在这个体量之中。这个巨大冰冷的人造物因其自然特征的迷人外观而具有了“生态的”、“可持续”的假象。

上述思路同样影响着中国建筑师对自身生活的城市的未来构想。居于北京的建筑师、城市研究学者车飞曾于 2011 年提出“跳城”——中国都市主义的未来城市模型。“跳城”计划试图从通过摧毁旧有邻里来建立新型社区的现代城市发展模式的困惑中摆脱出来。作者在依据对现有北京的社会性和空间性的自我批评基础上，希望重构一种既保持城市整体稳定的框架系统，同时又具有以家庭为单位的建筑自建和搬迁灵活性的城市发展模型（图 5-17 下）。“跳城——一种建立在现有中国城市社会空间性结构之上的，由高层永久性结构与平层自建独宅相结合的全新的城市开发模式。跳城不再是光辉城市 + 广亩田城市，而是既是此亦是彼。”[1]

[1] 引自：筑龙网上传人，发表时间为 2011 年 11 月。

对比这些未来城市的构想，所共通的是都以超理性主义的方式构筑了具有科技性、综合性、密集有序的未来城市。但是，观察其外部形态，会发现它们具有一定的相似性——取消直线而多采用曲面，是这些“有机”形态呈现反现代主义机械论的最明确的符号。同时，民族或城市的文化特征也全部被消除，我们看不出这些城市模型和文化或地域之间的丝毫联系。这些“去文化”现象的本质是现代主义的思想延续，毫无疑问当人们处于这样一种庞大的看不见边际的曲线空间中时，一定会从一种趋同转向另一种趋同，结果都是一样的“乏味”。

其中，“街道”作为城市功能的连接和城市生活的核心空间在这些城市模型中同样被抹除，代之以完全理性的城市结构框架作为其空间系统，这使得城市又回到了现代主义的机械论之中。这个结构框架自身是无法生长、更新的（这在本质上不同于城市），丰富的、多元的生活方式无法实现于这样一个封闭的空间。过度理性的控制城市结构毫无疑问会成为城市发展中的病态要素。查尔斯·穆尔曾提出批评现代主义建筑的观点，他说："强调外向性的感觉，实际上就是鼓励那种认为外在世界大于内在世界的观念。虽然这种观念在量上是正确的，但在质上却是不正确的，尤其是当我们考虑到所有的感觉活动都伴随着身体的反应时，就更是如此。"[1]

[1] 沈克宁：《建筑现象学》，中国建筑工业出版社，2008年1月版，第136页。

未来城市不能通过以"建筑"的形式来"容纳城市功能"，或者说通过将建筑"放大"的方式消灭建筑。建筑也不应该是自身的终结，它还起到组织、限定、表现和赋予意义的作用，以及还有联系、分割、沟通和禁止的作用。人们用整个身体的存在去感受、接触、聆听和衡量世界。"体验"世界是围绕着身体来组织和构造的，住所是人们身体记忆和特征的避难所。人们不断地与环境对话和互动，因而无法将自己的形象与空间和"情景存在"相分离。

大多数科学幻想式的未来城市构想是将城市形态呈现一种"产品"式的精致美学，各种社会活动和人们之间的互动被包裹在一个巨大而连续的表皮之内，使得城市变得越来越"封闭"。事实上，未来城市不应成为对"现代性"的更加极端的再现。我们已能意识到"现代性"正成为有意义的，但又常在意识形态上给我们造成错误的干扰，并被强加在这个世界之中。如果我们能够克服这些干扰，从本质上了解城市结构是怎么形成的，以及它是如何动态改变的，便能够基于合理的理念构想新的城市，吸纳传统城市的最佳特点，同时利用最新的技术来促进而不是阻止人们之间的互动。

5.4 本章小结

后现代主义时期城市景观的“无序”迫使我们重新审视城市美学在形态上呈现的一般规律，城市的中心意向、公共空间、合理的尺度回归、“满视野”等，是从不同侧面对城市“美”的一般规律性的片段描述。同时，当代城市“美”学背后的矛盾与复杂使得城市形象和城市景观总是处于一种动态的不平衡状态中，进一步增加了“规律性”的复杂程度。所以，如果我们还认为当前存在着一种普世性的城市美学，那么毫无疑问，它应是在一种特殊的进程中形成的。

城市的公共景观作为城市美学的、直接的、物质空间层面的反映，其和城市形态的形成过程一样，是一个长期的不断变化着的连续体；是一个各种系统和各个时代相互交织的复杂运动过程；是无数历史时刻被压缩在一个特定空间内的聚合体。对于城市“设计”者来说，当今最缺乏的无疑是一种能清楚地解读这种复杂性，并将各种因素有机组织起来，最终整合到设计思考当中的能力。所以，当代城市不是某种单一思想的产物，也不是一部杰出规划的成果，或某个显赫人物的作品，而是连续的、多层次的、但又相互有关联的不断决策过程的结果。城市形态设计的整体观念的缺失，以及异质元素的粗暴拼贴，使得城市总产生一种与外界隔离的空间视觉现象。传统的城市美学需要再次的回归。对未来理想城市形态的构想，既要回顾历史，向历史学习，又要避免陷入某种未来主义的极端形式之中，进而结合今天的城市“美化”实践，进入一种对城市美学与空间形态的相互关联与连续统一体的更为全面的构想。

第六章　结语

6.1“传统”和“秩序”的回归

信息时代的今天，全球化背景下的文化扁平化趋势从根本上影响和改变着城市生活。同时，城市景观面貌上的“同一”化和地域间的“匀质”化成为城市形态发展不可忽略的现象。城市形态不能无视城市文脉，传统文脉的回归应当成为抵制全球化影响下城市面貌趋同的重要方式。像传统城市一样，文脉应当成为城市形态演进中的内核，使城市景观面貌以持久、连续的方式发展。

当下的城市景观现实是，后现代主义在否定现代主义的“机械秩序”的同时，所刻意追求的多元化与“混乱”，强调城市结构的开放、功能的叠合、形式的多样都为城市的丰富性提供了新的可能，但是当“丰富”呈现一种“无序”时就成为了真正的混乱。后现代主义这种希望通过为城市提供一个“激发刺激讨论”的模糊模式，允许每个城市公众独立参与的自发式的城市模型几乎不可能达到“不和谐之和谐”的目标，尤其当社会的整体运作处于一种追求利润与效益最大化的生产过程之中时。这种状况下，城市设计就必须发挥在城市形态“秩序”层面的“控制”作用——“秩序”是推进城市运转的根本，也是保证城市形态发展的连续性和城市景观完整的基本要素。今天的城市是处在新的历史条件下“传统”和“秩序”回归的时代。

按照芒福德的论述：人类文明的每一轮更新换代，都密切联系着城市作为文明孵化器和载体的周期性兴衰。换言之，一代文明必然有其自己的城市。今天理想的城市形态应该是自下而上的，趋于完整性同自上而下的不断修正过程的共存，这种持续的复杂性构成形成了丰富多彩的城市。分形梳理作为城市形态的解读方式，从抽象结构的角度帮助我们去理解理想城市形态——其尺度的层级、连续性、自相似，以及可持续的变化与生长，这是一个完整而结构清晰的体系；分形梳理又作为城市形态美学的构建方式提出构建整体、连续、和谐的城市景观的方式，这是一种多元价值下的开放性的“城市设计”过程，秩序、文脉、尺度都是这一设计过程的重要内容。并且，其超越了理论化的纯物质性的表现方式——城市功能的转换、社会关系的影响，以及作为城市生活，这些既模糊又具体的内容，都试图被包容在这个开放体系内。

城市美化运动是一场具有明晰理念（如第二章所述，威廉·威尔逊对其思想体系进行了概括）的城市实践，在本书中，以分形梳理的城市形态构建方式重新审视其在“秩序”和“传统”上的营造活动，使城市美化运动对当下及未来的城市建设具有了新的启发价值。城市美化运动所构建的城市形态既具有整体、清晰、连续而有文脉传承的城市景观空间，又具有城市美学的自由、差异的细节和随时间变化的“不确定”的一面。今天看来，几乎所有经历过城市美化运动的城市都是极富魅力的城市。

分形梳理从城市形态建构与城市景观塑造（这也是“美化”的重要内容）角度再次认识城市美化运动理念与实践应被肯定的一面。城市形态的组织不但要高度复杂，而且应当整齐有序——这是所有生机勃勃的城市要具有的一个共同必要因素。多重要素在几何层面上加以整合，并且形成连贯性，从而塑造了理想的城市形态。

随着人们对工业化和城市化带来的社会和环境灾难的觉醒，我们又重新认识到城市价值应该重新回到更为整体、稳定和持久的城市形态上来——城市美化运动为这种“回归”提供了样本。对于“秩序”和“传统”的回归，表明我们的现代城市完全低估了层级街道网格的连续性、步行尺度以及承上启下的建筑风格等城市美学的价值。

6.2 理想城市形态建构

总体而言，观察城市美化运动所主张的城市策略和其所进行的城市实践，结合第三章所述的城市形态发展过程中不同时期对城市形态的观念转变，以及第四章和第五章对理想城市形态从不同“侧面”的补充，我们不难发现城市形态美学中关于整体性、秩序性、偶发性以及尺度、连续、样式等相关的一般美学规律。“分形”为这些规律描述了形态上的脉络。“分形梳理”做为城市形态的认知与组织工具，再次解读今天复杂的城市面貌，希望从中得出对城市形态整合及构建理想城市景观的可能性观点。进一步总结，形成可借鉴的城市形态模型，那么这个形态模型应该具有以下几个方面的特征。

(1) 城市形态的增长与构建应该以城市的整体性为前提，同时体现整体对局部的依赖性。

城市的每一次新的形态构建与增长都应该不断地在其周围创造连续的整合结构。城市规划在形态构建层面应该有明确的整体性目标，使城市形态在随时间的演进中，局部形态的发展始终与整体形态相和谐。在这个过程中，城市应该保留其原有特色，并在城市的各个层面增加更人性化的新内容。

整体性是任何艺术作品的基本特征，也是我们评判一件作品的美学价值的标准之一。如果我们把城市作为一件艺术品，或者说城市具有艺术性的话，我们有理由认为城市形态的完整性是城市美学体现的最基本要素。人口的不断增长和土地资源的有限，使得城市有限的空间承载着越来越复杂的居住、工作、娱乐、教育等的城市功能，这需要城市多重功能在一个合理规划的大结构框架下运转。只有这样，城市有限的资源（包括空间本身）才能够得到合理与高效的利用和相对公平的分配。理性而整体的规划方式正是对城市发展中的一些局部的“偶然性”与“不协调因素”的修正与控制。但同时，小尺度的城市局部关系仍然不能丧失，这两者之间的对立讨论只能通过兼顾与均衡的方式求得平衡。总之，城市设计整体层面的大尺度与局部层面的小尺度的兼顾与均衡仍然是构成一个城市结构清晰，运转良好的基本前提。

“有序”是构成城市形态完整性的重要内因，也体现了局部和整体间各尺度层级的关联性（分形是这种秩序性的形态表达之一）。后现代破坏性的建立秩序的方式本身违背了审美和艺术的规律，也违背了这种完整性。没有引导的“无序”的生长不会使城市形成良好的景观，我们无法靠这种“无序”来建成一个完全没有艺术的城市。后现代主义所强调的多元化的微妙的城市关系若没有自上而下的引导，是无法建成的。今天看来，至少不能奢望在没有整体规划的情况下自发地形成理想的城市景观。

城市形态的整体构建应当促进城市功能的混合与变化。平面、几何模式、对称性、轴线，这些对于表现城市的整体结构虽然重要，但相对于产生城市活力的要素来说，都是次要的。如果这些几何的构成方式成为功能区分的界限，那么这个城市必然是僵硬和无生命力的。如前文所述，健康的城市肌理产生于综合的用途，而不是隔离。所以，清晰整体的城市结构并不一定表现为直线、几何或对称。景观都市主义的启发恰恰是在城市形态在形式和内容上的新的可能。所以，城市独立整体设计思路真正的问题不是形式，而是其功能的分隔状况带来的“单一性”和“边缘”问题。功能单一往往影响尺度的单一，使城市空间缺少变化；而城市大尺度和局部层面小尺度的兼顾则暗示了功能和空间的丰富组合的可能性。所以，城市尺度层级的丰富与整体，大尺度与局部层面的小尺度的兼顾、均衡，都对城市结构的总体生成（有活力的城市结构）至关重要。

从这一点来说，城市美化运动在城市整体形态上首先嵌入了多重连续的城市尺度层级，并且这些尺度层级与传统城市肌理“叠加”，形成了尺度丰富且富有变化的空间效果。常用的放射线、对称性等，是表现城市结构，并持续这种结构的清晰性的重要手法（尤其对于政治性城市），其对城市景观效果和空间序列的象征性尤其明确。当然，这些空间美学的形式语言对应到今天的城市形态表达，并不是必须的选择，一个有活力的城市结构可能表现为多种多样的形态。

⑵ 城市形态应当具有丰富的尺度层级，并且各尺度层级间应该表现出结构的连续性。

当代城市纷繁复杂的城市功能需求要求城市形态在不同尺度层级有相应的表达。尺度层级的丰富多样是复杂城市空间构建的基础，也是构建有活力的城市空间的基础。但当下对于构建理想的城市景观来说，如何在丰富的尺度层级结构间建立连续性显得尤为重要。

城市结构的连续性首先表现在视觉的连续，更具体的说，应该是城市公共空间的视觉景观的连续。我们对城市的整体认识是由一个个连续的空间片段构成的，这些片段最终形成一个整体意象。显然，这一连续性是建立在人的视线关系基础上的。[1] 人们行走在城市的街道上，这个组织辨认环境的过程就是我们将自身与城市建立关系的过程。卓越而成功的规划来自于视觉关联和连接人们出行活动的道路之中。正如凯文·林奇所强调，后来又被比尔·希列尔（Hillier）进一步推进的理念所言：视觉的联系不仅对于定位十分必要，而且对于创建城市设计视觉画面的连贯性也是至关重要的。[2] 连续的视觉景观帮助我们理解城市，而且这也是城市环境美学在空间层面反映的重要特征。在涉及城市尺度的环境规模和复杂性方面，连续性尤其重要。除了空间层面，连续性给人的心理上亦能够带来安全感，并且由此在自身与外部空间之间建立协调的关系。由此可见，城市尺度层级结构和城市景观的连续性都应以人的尺度为核心。

分形城市的重要特征之一是“连续性”。有活力的城市在各个尺度层级上总是表现出错综复杂的相互连接。并且，分形梳理强调了自上而下的“规划”对城市空间的连续性的表达的重要性。“梳理”本身成为建构和修补城市空间的方法，行人、广场、街道、汽车、公共交通等都应被有效地整合在一起，并且在不损害对方的情况下进行无缝连接（当代城市的最大疏漏就是缺乏汽车和行人相衔接的界面）。城市形态在空间结构上的连续性是城市活力的内在要求。

在构建城市形态的连续性时，城市永远不会呈现完美的树叶般的匀质分形，如第三章 3.1 所述，城市在不同尺度层级上，需要能够融合不同时代城市形态的“叠加”，并适当地允许局部的“断裂”与区域间的“拼贴”（因为这难以避免）。城市形态作为一个复杂的结构体，其形态增长的过程应当包含修补、填充、调整以使城市空间呈现连续的景观效果，最终使城市形态趋于整体。

城市美化运动所刻画的城市是十分关注城市景观的连续性的。虽然有时更多地表现在视觉的焦点、转折与对称方面。但在空间形态控制方面，除了城市的平面结构，

[1] 凯文·林奇把这个特征称作城市的“可读性”，并解释为：容易认知城市各部分并形成一个凝聚形态的特征。引自：《城市意象》，第 2 页。

[2]（美）萨林加罗斯著：《城市结构原理》，阳建强等译，中国建筑工业出版社，2011 年版，第 16 页。

城市美化运动同样关注以人的视角为尺度的城市空间的景观效果，在这一点上，城市景观的连续性一定比建筑的完整性更加重要。

(3) 要主动构建形态的自相似性，自相似对表现城市特色与城市的丰富性至关重要。

城市形态在各层级的自相似性与多样变化（历史因素）上，从本质上讲是和地域文化紧密相关的。古代城市的文化传承往往以一种符号的样式，使城市形象以一种丰富而整体的方式缓慢转变。“中世纪城市表达了一种不可能断然终止的习惯和趣味的顽固内核。”[1]这个内核在文化的推动下转化为一种持久的城市形象，并且随着人们的时代创造力不断地左右偏移，但始终不会完全地背离这个内核。和地域文脉紧密相关的形态自相似使古代城市在很长的历史时期内保持了相互间的异质性。相比之下，现代主义以后的城市形态总表现出一种脱离地域与文化根源的创造，使得城市形象不会按照一个清晰的脉络演进。并且，脱离地域和文脉缺失使得现代主义后的城市景观的同一化趋势成为一种必然。所以，当今天“多元”文化下的城市已无法像传统城市一样沿着一种单一而稳定的地域文脉演进时，主动构建城市形态的“自相似性”应当成为城市设计的重要内容。城市形态的自相似性从内在影响着城市形态的完整与城市景观的连续。

[1]（美）柯林·罗，弗瑞德·科特著：《拼贴城市》，童明译，中国建筑工业出版社，2003 年版，第 88 页。

在另一个层面上，城市形态的自相似对表现城市特色与丰富的城市肌理十分重要。自相似意味着在整体规则下的无限变化的可能。这就要更加关注城市“细节”：城市形态的多样和丰富恰恰存在于建筑的最小尺度上。这包括了现代主义想方设法消灭的“碎屑”——如萨林加罗斯曾提到的不整齐和扭曲的墙、小的色块儿、剥落的油漆、建筑装饰、台阶、行道树、小块铺地、可倚靠的东西和室外可坐的某处等。这些能与对人的内心直接产生触动的小尺度因素恰恰是城市的丰富的最直接的表现，也是城市之美的自然表达，这些最终使城市具有了迷人的独特风格。

对于传统城市而言，我们更多地是从小尺度连接的自下而上的生长方式中观察到形态的自相似规则，这是城市的文脉力量的自由表达。此时，文脉直接转换为形态，或者说文脉即形态。然而，在今天多元的文化融合背景下，“文脉”很难以一种自发的力量形成区域的自相似性（尤其在城市尺度中），所以对于城市文脉的延续——我们需要做的是一些鼓励、引导和控制，以能够确保局部形态的“自相似”。可惜的是，今天大部分自上而下的干预都在破坏着这些有活力的结构。城市需要自上而下地“梳理”，并且必须坚持以城市结构如何生长和维持为前提。

（和传统城市一样）城市文脉将是城市形态构建与增长的内在驱动力，城市形态的“自相似”应以此为基点，表现出时代所应有的开放性；主动构建自相似所创造的连续的整合结构，将成为具有时代特色的新城市景观。在这个过程中，城市应保留并逐步增强其原有特色，并在城市的各个尺度层面尊重人的尺度，增加更为人性化的内容。城市形态的整体性不可缺失——最终，城市在构建理想城市景观中（自相似的、连续的），局部形态的发展始终应与整体形态相和谐，使城市形态的整体性在发展中得到不断增强。

6.3 三个关键词

毫无疑问，以上原则作为分形梳理的概念成果，其中闪烁着城市美化运动的智慧——城市美化运动留下的思想财富和物质遗产，启示了未来的城市建设的可能方向。在当下，结合第四章围绕城市形态展开的更宽泛的内容，我们可以大致概括如下三个关键词，这三个关键词表明了对待当代城市形态美学应持有的态度。

· 文脉形态

城市文脉的延续将成为城市生存的关键。今天复杂的城市形态演进过程，城市文脉不会再是城市物质改革过程的自发产物，也不会是时代或社会角色的纯符号性范畴。相反，文脉将越来越具有物质上的重要意义——尤其当城市不再依赖传统的生产资源和技术时，文脉的物质意义就显得更加重要——从城市地理或城市文化的继承方面看，仍旧应当以城市文脉作为城市形态发展的内在驱动。

文脉形态的延续是城市形象保持整体性、复杂性和丰富性的根本内在因素，这是一种批判继承的延续。城市美化运动对城市文脉的“破坏性创造”（要看到其破坏的一面，更要看到其创造性的一面）对今天的“多元”城市文化背景下的城市形象问题，具有了现实意义。中国传统城市文脉在未来城市形态的转型中将发挥越来越重要的作用。

· 分形梳理

分形梳理将为文脉形态的建立提供理论认知和方法论意义。城市形态建构在整体的统一性与局部的复杂且丰富性这两个方面同等重要。从分形城市引发得出的“城市形态的各尺度层级的多样性、连续性和自相似构成一个理想的城市模型”的结论帮助我们从“局部到整体”的模式中认识一个具有复杂逻辑结构的城市。同时，“梳理”的方法是从“整体到局部”的控制、疏通、填充、修补等模式中逐步形成丰富的城市细节——当然这是呈现在整体形态系统之下的。从另一个角度来讲，分形梳理希望在“必要的规划”和“不必要规划”之间寻找一条模糊的边界。

城市美化运动的综合性规划理念和对传统城市肌理的“缝合、修补”（使城市形态在总体结构上具有了统一的协调性，是一种梳理过程），而非无视，使城市美化改造下的城市进一步增强了城市形态的分形特征。对城市美化而言这种“分形”是十分具体的，它依托于立法，从城市尺度，到街区，到景观甚至建筑立面均进行了详细的风格或样式的界定。这是一种兼顾自下而上和自上而下的“分形梳理”过程，这形成了完整、连续而又富于细节的城市景观。

· 人的尺度

分形城市构建了从最小尺度连接到最大尺度的复杂而单纯的城市形态体系。这些从“小物件到建筑、街区和巨大的城市”的“人造物”，都应该是以人的尺度为参照的。人的尺度必须隐藏在设计和复杂的结构组合之中，从而有力地约束城市形态的演进。然而，“现代性”和“后现代”在尺度上的极端再现正成为一种意识形态上的错误，干扰并影响着城市形态，我们必须努力克服这种干扰。当然，客观地讲，不同的时代会产生不同的城市空间，不同城市区域会存在不同的尺度，但是，在城市文化的更宽泛的角度，城市文化是人性的文化，城市形态在空间尺度上的表达始终不应脱离人的尺度。

以规整化和城市形象景观设计作为“改善物质环境和社会秩序”的主要途径，城市美化运动始终关注以人的尺度观察城市的景观性和空间的连续性等空间“美”学效果。虽然某些批评直指其几何的平面和“宏大”的纪念场景的“非人性”，但必须承认，城市作为人类文明的物质载体和历史积累的文化承载需要体现特定时期的某种精神象征，“纪念性”等“大尺度”的城市空间的出现都是特定历史时期的必然片段。只是在今天来看，“几何性”和“放射线”已经不是城市形态表达的关键形式——城市内在活力与丰富可以表现为多样的城市形态。

6.4 展望未来

未来城市形态的发展方向应该是建立在“传统”和“秩序”回归的基础上的一个更加开放性的城市综合体系。寻求从传统城市结构中提取符号和历史信息，赞同现代性与传统结构的兼容，体现现代和未来社会对人性的回归的期望。同时，这个开放的城市综合体系将更加促进人们在城市间的沟通、互动与信息的传达，围绕这些城市要素所构成的城市空间结构将进一步呈现“一个没有边际的整体”意向，而这个有机体将在一种动态的自动平衡中维持其秩序。总之，未来的城市形态应该是在一种恰当的形态、恰当的结构、恰当的文脉和恰当的速度中演进发展。

参考文献

外文著作

[1] William H Wilson, *The City Beautiful Movement* , Baltimore: The Johns Hopkins University Press, 1989.

[2] John S. Pipkin, *The Moral High Ground in Albany: Rhetorics and Practices of an 'Olmstedian' Park*, 1855-1875.

[3] Irving D.Fisher, *Frederick Law Olmsted and the City Planning Movement in the United States*, in Stephen C.Foster.

[4] U. S. Department of Commerce, *U.S. Census Bureau, Statistical Abstracts of the United States*: 1954, 75th Edition,Washington D.C.,1954.

[5] Jon A. Peterson, *The City Beautiful Movement: Forgotten Origins and Lost Meanings.*

[6] RayHutchison. *Encyclopediaof Urbanstudies* [M]. SagePublication, 2010.

[7] Gournay, Isabelle, *Washington: The DC's History of Unresolved Planning Conflicts,* in David L.A. Gordon ed.

[8] *Planning Twentieth Century: Capital Cities.*

[9] Howard P.Chudacoff, *The Evolution of American Urban Society.*

[10] Daniel Baldwin Hess *Transportation Beautiful: Did the City Beautiful Movement ImproveUrban Transportation?* Journal of Urban History 2006,32: 511.

[11] Peter Hall, *Cities of Tomorrow: An Intellectual History of Urban Planning and Design in the Twentieth Century.*

[12] Kenneth Frampton, *Towards a Critical Regionalism: Six Points for an Architecture of Resistance.*

[13] Kenneth Frampton, *Towards an Urban Landscape*, Columbia Documents No.4(1994) 90.

[14] Preparing the ground: parkways, *park systems and the City Beautiful movement.*

[15] *Studies in the History of Gradens and Designed Landscapes,*P137-143 by[UNSW Library].

[16] Rose, Julie K *City Beautiful :The 1901 Plan for Washington* D.C. xroads. virginia.edu.

[17] William H. Wilson. *Harrisburg's successful city beautiful movement* 1900-1915.

[18] *Pennsylvania History,* Vol. 47, No. 3 (JULY 1980), pp. 213-233.

[19] *Christopher Silver Preparing for the Urban Future: The Theory and Practice of City Planning Journal of Urban History* 1991 Vol.17 No.2.

[20] Stach Patricia Burgess. *Preparing for the Urban Future: The Theory and Practice of City Planning* 1991 Journal of Urban History Vol.17 No.2.

国外译著

[1]（加）艾伦·泰特著：《城市公园设计》，周玉鹏，肖季川，朱青模译，北京：中国建筑工业出版社，2005 年。

[2]（美）埃德蒙·培根著：《城市设计》，黄富厢，朱琪译，北京：中国建筑工业出版社，2003 年 8 月版。

[3]（加）贝淡宁（以）艾维纳合著：《城市的精神》，吴万伟译，重庆：重庆出版社，2012 年 11 月版。

[4]（法）巴内翰等著：《城市街区的解体》，魏羽力等译，北京：中国建筑工业出版社，2012 年 1 月版。

[5]（美）查尔斯·瓦尔德海姆编：《景观都市主义》，刘海龙等译，北京：中国建筑工业出版社，2011 年 2 月版。

[6]（美）大卫·哈维著:《巴黎城记》,黄煜文译，桂林: 广西师范大学出版社，2010 年。

[7]（美）丹尼尔·布尔斯廷：《美国人》，上海：上海译文出版社，1988 年版。

[8]（法）菲利普·巴内翰著：《城市街区的解体》，魏羽力等译，北京：中国建筑工业出版社，2011 年版。

[9]（美）简·雅各布斯著：《美国大城市的死与生》，金衡山译，南京：译林出版社，2006 年版。

[10]（美）约翰·布林科，霍夫·杰克逊：《看得见的景观：美国一瞥》（Landscapein Sight: Looking at America）。

[11]（日）黑川纪章著：《共生思想》，覃力等译，北京：中国建筑工业出版社，

2009 年 7 月版。

[12]（法）亨利·勒菲弗著：《空间与政治》，李春译，上海：上海人民出版社，2008 年 11 月。

[13]（美）凯文·林奇著：《城市意象》，方益萍，何晓军译，北京：华夏出版社，2001 年 4 月版。

[14]（美）柯林·罗弗瑞德·科特著：《拼贴城市》，童明译，北京：中国建筑工业出版社，2003 年 9 月版。

[15]（美）科尔森著：《大规划——城市设计的魅惑和荒诞》，游宏滔、饶传坤、王士兰译，北京：中国建筑工业出版社，2006 年 2 月版。

[16]（美）吉尔伯特·C·菲特，吉姆·E·里斯合著：《美国经济史》，司徒淳，方秉铸译，沈阳：辽宁人民出版社，1981 年版。

[17]（丹麦）拉斯穆森著：《城镇与建筑》，韩煜译，天津：天津大学出版社，2013 年 1 月版。

[18]（美）刘易斯 · 芒福德编：《城市发展史——起源演变和前景》，北京：中国建筑工业出版社，2005 年 2 月版。

[19]（法）勒·柯布西耶著：《光辉城市》，金秋野，王又佳译，北京：中国建筑工业出版社，2011 年 5 月版。

[20] （美）罗伯特 · 文丘里（Robert Charles Venturi, Jr.）著：《建筑的矛盾性与复杂性》，周卜颐译，北京：知识产权出版社，2006 年 1 月版。

[21]（美）彼得·霍尔著：《明日之城》，童明译，上海：同济大学出版社，2009 年 11 月版。

[22]（英）尼格尔·泰勒著：《1945 年后西方城市规划理论的流变》，李白玉陈贞译，北京：中国建筑工业出版社，2006 年版。

[23]（美）萨林加罗斯著：《城市结构原理》，阳建强等译，北京：中国建筑工业出版社，2011 年版。

[24]（美）萨林加罗斯著：《反建筑与解构主义新论》，李春青等译，北京：中国建筑工业出版社，2010 年版。

[25]（法）Serge Salat 著：《城市与形态》，陆阳、张艳译，北京：中国建筑工业出版，2012 年 9 月版。

[26]（美）科林·罗费瑞德·科特著：《拼贴城市》，童明译，北京：中国建筑工业出版社，2003 年版。

[27]（意）阿尔多·罗西著：《城市建筑学》，黄士钧译，北京：中国建筑工业出版社，2006 年版。

[28]（罗）维特鲁维著：《建筑十书》，高履泰译，北京：知识产权出版社，2001 年版。

[29]（美）肯尼斯·弗兰姆普敦著：《现代建筑：一部批判的历史》，张钦楠等译，北京：生活 . 读书 . 新知三联书店，2004 年版。

[30]（英）诺尔曼·庞兹著：《中世纪城市》，刘景华、孙继静译，北京：商务印书馆。

[31]（奥）卡米诺西特著：《城市建设艺术》，仲德昆译，南京：东南大学出版社，1990 年版。

[32]（美）E·沙里宁著：《城市—它的发展 衰败 与未来》，顾启源译，北京：中国建筑工业出版社。

[33]（美）E·D·培根著：《城市设计》黄富厢、朱琪编译，北京：中国建筑工业出版社，1989 年。

[34]（美）《城市读本》，理查德·T·勒盖茨、费雷德里克·斯托特英文版主编，张庭伟、田莉中文版主编，北京：中国建筑工业出版社，2013 年版。

[35]（德）雷德侯著：《万物》张总等译，北京：生活·读书·新知三联书店出版社，2012 年版。

中文著作

[1] 黄安年著：《美国的崛起》，北京：中国社会科学出版社，1992 年版。

[2] 罗小未主编：《外国近现代建筑史》(第二版)，北京：中国建筑工业出版社，2004 年版。

[3] (民国) 国都设计技术专员办事处编：《首都计划》，南京：南京出版社，2006 年 9 月版。

[4] 俞孔坚，李迪华著：《城市景观之路：与市长们交流》，北京：中国建筑工业出版社，2003 年版。

[5] 孙群郎：《美国城市郊区化研究》，北京：商务印书馆，2005 年版。

[6] 沈克宁：《建筑现象学》，北京：中国建筑工业出版社，2008 年 1 月版。

[7] 王军著：《城记》，北京：生活 . 读书 . 新知三联书店，2003 年 10 版。

[8] 王军著:《采访本上的城市》,北京: 生活 . 读书 . 新知三联书店,2008 年 6 月版。

[9] 王受之著:《世界现代建筑史》,北京: 中国建筑工业出版社,2002 年 9 月版。

[10] 杨宇振主编：《城市与阅读》，北京：机械工业出版社，2012 年 1 月。

[11] 冯磊著：《理解空间》，北京：中央编译出版社，2008 年版。

[12] 张敬淦著:《北京规划建设五十年》,北京: 中国书店出版社,2001 年 1 月版。

[13] 王杰著：《城市背景线》，长春：吉林出版集团，2012 年版。

[14] 车飞著：《北京的社会空间性转型》，北京：中国建筑工业出版社，2013 年 10 月版。

[15] 王富臣:《形态完整——城市设计的意义》,北京: 中国建筑工业出版社,2005 年。

[16] 徐苏宁编著：《城市设计美学》，北京：中国建筑工业出版社， 2007 年版。

[17] 朱文一著：《空间•符号•城市》，北京：中国建筑工业出版社，2010 年版。

[18] 沈玉麟：《外国城市建设史》，北京：中国建筑工业出版社 ,1989 年版。

[19] 吴良镛著：《世纪之交的凝思：建筑学的未来》， 北京：清华大学出版社，1999 年版。

专业论文

[1] 王少华：《19 世纪末 20 世纪初美国城市美化运动》，东北师范大学硕士论文，2008 年。

[2] 何东：《论自觉误读：一种当代建筑与城市文化创新方法初探》，中央美术学院博士论文，2010 年。

[3] 熊文思：《浅析我国人工湿地景观在工业景观设计中的应用》，湖北工业大学硕士论文，2012 年。

[4] 郭宇力：《历史的栖居》，天津大学硕士论文，2008 年。

[5] 李亮：《模糊设计方法在城市形象设计中的运用》，中央美术学院硕士论文，2008 年。

[6] 郑曦：《绿色综合体——当代城市公园特征与发展战略研究》，2012 年国际风景园林师联合会论文集，2012 年。

[7] 顾芳:《非线性视角下的地形建筑形态设计探讨》,清华大学硕士论文,2012 年。

[8] 陈天：《城市设计的整合性思维》 天津大学建筑学院 博士论文 2007 年 5 月。

[9] 李夙：《城市美学探赜》，华中科技大学，博士论文 2014，来源：知网。

[10] 余颖：《城市结构化理论及其方法研究》，重庆大学博士学位论文，2002 年，来源：知网。

[11] 王骏：《中国近现代城市规划中的西方古典主义思潮研究》，武汉理工大学硕士学位论文，2009 年，来源：知网。

学术期刊

[1] 吴良镛：《积极推进城市设计提高城市环境品质》，建筑学报，1993 年 3 月。

[2] 陈恒 鲍红信 :《城市美化与美化城市》,上海师范大学学报，2011 年，第 40 卷，第 2 期。

[3] 吴之凌 吕维娟：《解读 1909 年芝加哥规划》，国际城市规划，2008 年，第 23 卷，第 5 期。

[4] 林墨飞 唐建：《对中国“城市美化运动”的再反思》，城市规划汇刊 2012 年，第 10 期 36 卷。

[5] 李强 张鲸:《理性的综合城市规划在西方的百年历程》,城市规划汇刊 2003 年，第 6 期。

[6] 李准：《“中轴线”赞——旧时新议京城规划之一》，《北京规划建设》，1995 年第 3 期。

[7] 郭琼莹:《台湾的另一波无形空间革命——城乡风貌改造运动的意义与效益》，中国园林，2010。

[8] 杨峥嵘 :《浅谈城市美化运动》, 山西建筑，2004 年第 11 期。

[9] 俞孔坚：《一个不散的幽灵——暴发户与小农意识下的城市化妆运动》，公共艺术，2009 年第一期。

[10] 俞孔坚、吉庆萍:《国际“城市美化运动”之于中国的教训(中)》, 中国园林，第一期，27-33。

[11] 俞孔坚、吉庆萍:《国际“城市美化运动”之于中国的教训(上)》, 中国园林，2000 年，第 16 卷，第 67 期。

[12] 俞孔坚、吉庆萍:《国际“城市美化运动”之于中国的教训(下)》, 中国园林，2000 年，第 16 卷，第 68 期。

[13] 洪铁城：《“城市化妆运动”是一条有许多弊病的老路》，建筑时报，2007 年 12 月，第 7 版。

[14] 杨宇振：《矫饰的欢颜 : 全球流动空间中的中国城市美化》，国际城市规划，2010 版。

[15] 仇保兴：《19 世纪以来西方城市规划理论演变的六次转折》，规划师，2003 年第 11 期第 19 卷。

[16] 孙群郎：《城市美化运动极其评价》，社会科学战线，2011 年第 2 期。

[17] 引自《生活三联周刊》768 期，2013 年品味西安。

[18] 郁雯雯 董莉莉：《应对城市美化运动的景观设计策略》，高等设计教育，2012 年 21 卷第 2 期

[19] 李云：《芝加哥的发现——1893 年与 1933 年芝加哥世博会考察》，装饰，2010 年 4 月，第 204 期。

[20] 作者不详：《20 世纪初纽约城市的美化——纽约中央站的改造》，天津外国语学院学报，1997 年第 4 期。

[21] 李敏稚:《以发展眼光看“城市美化运动”之延续》, 评论与鉴赏, 2008 年 1 月，第 26 卷。

[22] 李强等:《理性的综合城市规划模式在西方的百年历程》2003 年, 总第 148 期。

[23] 陈竹 叶珉：《什么是真正的公共空间——西方城市公共空间理论与空间公共性的判定》，国际城市规划 2009 第 24 卷，第 3 期。

[24] 陈雪明：《美国城市规划的历史沿革和未来发展趋势》，国外城市规划，2003 年，第 18 卷第 4 期。

[25] 单皓：《美国新城市主义》，建筑师，2003 年 3 月。

[26] 付启元　卢立菊："1929 年《首都计划》与南京"，档案与建设月刊，2009 年第 10 期。

[27] 郭世杰："民国《首都计划》的国际背景研究"，工程研究，2010 年 3 月，第 2 卷第 1 期。

[28] 张兵：《浅析 1860 年— 1920 年美国城市化所带来的社会问题》，辽宁大学学报，（1999）

[29] 周岚：《首都计划》导读 [M]// 国都建设技术专员办事处 . 首都计划 . 南京：南京出版社，2006。

[30] 董佳："首都营造与国民政治：《首都计划》研究"，学术界，2012 年 5 月。

[31] 刘小石：《城市规划杰出的先驱——纪念梁思成先生诞辰 100 周年》，城市规划，2001 年 5 月。

[32] 杨宇环："揭开后现代的神秘面纱——读大卫·哈维的《后现代的状况》"，室内设计，2010 年 6 月。

[33] 黄普　王蕾：《寻找"失落"的空间——对我国城市空间扩展的若干问题的认识》，上海城市规划，2009。

[34] 郑小华：《怎样拥抱城市综合体》，施工企业管理，2011 年 2 月。

[35] 李海龙：《万达商业综合体规划设计策略研究》，北京建筑大学，2012 年。

[36] 耿海军：《城市规划"以车为本"带来的恶果》，新华每日电讯，2011-09-22。

[37] 沈括：《城市设计理论和方法的新探索》，新建筑，1999 年 6 月。

[38] 童明：罗西与《城市建筑》，建筑师，2007 年，第 129 期。

[39] 关肇邺：《时代的印记——浅析华盛顿中心区》，世界建筑，1993 年 3 月。

[40] 陈俊伟、肖大威、黄翼：《融入地域文化的岭南住区外环境设计思考》，规划师，2008 年。

[41] 杨昌新：《"时空压缩"语境下城市风貌特色的区辨路径》，福建建筑，2013 年第 10 期。

[42] 俞世恩：《芝加哥崛起的基石 “1909 年计划”》，规划研究，2001 年。

[43] 丁成日：《芝加哥大都市区规划 : 方案规划的成功案例 》，国外城市规划，2005 年。

[44] 陈彦光：《分形城市与城市规划》，规划研究，2005 年第 29 卷第 2 期。

[45] 蔡永洁：《遵循艺术原则的城市设计》卡米诺·西特对城市设计的影响，世界建筑，2002 年。

[46] 牛俊伟：城市中的问题与问题中的城市——卡斯特《城市问题》研究，2013 年 4 月。

[47] 宋昆、邹颖：《整体的秩序——结构主义的城市与建筑》，世界建筑，2000 年 07 月。

[48] 闫小培、周素红:《物质性与非物质性规划的整合》,国家自然科学基金项目,2006 中国城市规划年会论文集。

[49] 叶俊、陈秉钊：《分形理论在城市研究中的应用》，城市规划汇刊，2001 年第 4 期。

[50] 刘生军、徐苏宁：《结构主义视角下城市的结构与形态研究》，城市建筑。

[51] 张庭伟：《超越设计 : 从两个实例看当前美国规划设计的趋势》，城市规划汇刊，2002 年第 2 期。

[52] 梁雪:《华盛顿中心区的形成和发展》,URBAN SPACE DESIGN,论文 P63 页。

网络引文

[1] 中国城市规划百度文库，《互联网文档资源》，(2012 年) http://www.wenku.baidu.com。

[2] 引自 : 游憩中国网《美国城市规划的历史》(2010 年)。

[3] 引自 :《瞭望》新闻周刊 2006 年 http://digest.scol.com.cn。

[4] 引自：王军《波士顿“大开挖”震荡》，http://www.blog.sina.com。

[5] 引自：《故宫皇家设计师家族——样式雷》http://www.qjtrip.com。

[6] 引自：《北京奥林匹克公园确定规划实施蓝本》，新华社，2002 年 07 月 28 日 China.com.cn。

[7] 王国平：《保护历史建筑传承城市文化》，2012 年，http://hzdaily.hangzhou.com.cn。

[8] 仇保兴：《城市经营、管理和城市规划的变革》，www.cnki.net。

[9] 引自：《北京城风水内涵解密》http://blog.sina.com。

[10] 引自：《长安街从十里到百里的完美延展》2009-09-19 新民网 news.xinmin.cn。

[11] 张谷：《美国城市规划理论的发展及各种流行方法》，www.cnki.net。

[12] 刘海燕 吕文明：《凡尔赛中轴艺术及城市影响》，www.cnki.net。

[13] 余胜：《浅析轴线在巴黎城市建设中的应用》http://blog.sina.com.cn/s/blog_505e934101012kq5.html。

[14] 引自：芝加哥规划 http://www.chicagocarto.com/burnham/index.html。

[15] 引自：空间生产的逻辑，中国论文下载中心 ,http://（2012）www.studa.net。

[16] 李合群：《论中国古代里坊制的崩溃》，http://www.studa.net/lishi/080729/08400811-2.html。

[17] 作者不详:《浅谈建国初期苏联对中国城市规划建设的影响》,引自百度文库。

[18] 引自：《城市空间结构理论选编》，2012 年 6 月，http://www.gzns.gov.cn。

[19] 戎华：“孙中山改写南京‘城市地理’——中国最早的现代城市规划《首都计划》”， www.cnki.net。

[20] 引自：《世纪规划论坛专家报告》， www.cnki.net。

[21] 引自：“海上漂浮城市有望与 7 年后问世”，http://blog.sina.com。

[22] 引自：北京奥林匹克公园，互动百科，http://www.hudong.com。

[23] 引自：伯纳姆的“芝加哥规划”，http://taoduanfang.baijia.baidu.com/article/8508。

后记

我始终觉得自己对建筑设计的热衷源自于儿时对绘画的喜爱，这两件事似乎都和“偏爱对事物形态的观察”有关。五年美院学习建筑学的经历不仅使我找到一种复杂和综合的手段来表达对形式的理解，更使我认识到形式背后是如何承载历史和文化的。当然，这似乎还不足够：之后我逐渐读到一些赫曼·赫茨伯格（Herman Hertzberger）关于空间与社交，精神与场所，建筑与城市的描述，以及凯文·林奇的从城市空间的“可读性”到对“城市意向”的解读等观点，又逐渐开始对由建筑构成的城市产生浓厚的兴趣，由此慢慢转向开始关注城市形态的美学准则和这些准则与社会结构的关联等方面的内容。

读博期间导师潘公凯先生常提到城市应当是美的，并且应该是一种“连续”的美。他总是以一种异乎寻常的直观视角展现他对城市的美的理解。例如会以几根线条来表现街区恰当的结构关系，或者用几个色块表示城市区片在配色上的比重。有时，与潘先生在讨论城市形态的美学问题时，一些原本抽象的理论问题与现实实践的“尴尬”常常暴露出来，而潘先生常以一种非常明了的方式化解这种尴尬。他创造性地提出满视野，风格强度等词汇，令人启迪。这些启迪其实也从根本上打消了我对“究竟从城市形态的物理角度探讨城市美学的意义何在”这一问题的顾虑，或者说是开始那么一点的不自信。相反的，在当下的城市景观趋同与碎片化并存的现状中，似乎让我有了一点可以肯定的方向，促使我去关注，发现，解读城市形态的美的规律。这一过程逐渐使我明晰了对城市研究的方向。

本书的形成一方面是基于我的博士论文：在论文基础上的数次的删改与增加；另一方面是这期间我对城市的认识的深入和实践经验的结合。在本书的成稿过程中，我并不希望最终成果成为类似于城市规划的技术性的述说，于是蓄意的避开一些技术性描绘的方式，而尽力让文字更加易于阅读，或者说更如日常的角度去看待城市，这使得此书从某些方面会显现出非常“不专业”的面貌。同时，读书期间参与了若干城市设计的项目，这些项目实践又影响到我尽可能地使用可描述及更具体的方式展现我对城市美学问题的思考。

当然，回到本书要讨论的核心，城市的空间形态只有身处体会才能更真切的感知。所以在论文撰写及成书期间，我走访了国内的许多在城市形态方面独有特征的城市，例如西安，苏州，南京等地，更重要的，走访了曼哈顿、华盛顿等美国城市——城市美化运动所影响的代表城市，这为本书提供了丰富的细节和更扎实的素材。

当然，不足之处还很多。我始终认为，作为一个城市研究者，我才刚刚开始。我只是从自身对城市的热爱出发去研究城市，学习历史，总结经验，并试图从“形态”角度去发现城市美的一些规律。如果从城市规划，或者说从城市设计的角度看，这显然不够全面，但抑或这种“不专业”的角度能够给城市的决策者或者一个普通市民带来新的认识城市的可能。

本书得以出版，要再次感谢我的导师潘公凯先生，感谢他这些年给我的教导与支持。感谢学院的吕品晶，周宇舫，宋协伟，常志刚老师给予的指导与帮助，感谢博士班的雷大海，曹群，刘向华，赵坚，郭龙同学以及温宗勇，冯菲菲，何东，马红杰等师长们的帮助，大家常在一起共同研讨和分享经验，使我受益匪浅。感谢我的同事周博博士，他在很多方面的建议令我解惑。

感谢我的弟弟李铁和我的学生高雅桉在本书的翻译方面所做的工作。特别要感谢我的妻子胡小妹女士在本书的整理及设计方面付出的辛苦，这牺牲了她大量的个人时间。最后，要感谢我的家人，我的父母，妻子和女儿，他们的体贴，关心和支持使我倍感温暖，使我能够有不懈的勇气去直面困难，奋力向前。

2017 年 3 月于北京

附录彩图

图 2-2　由凯旋门向外放射的景观大道

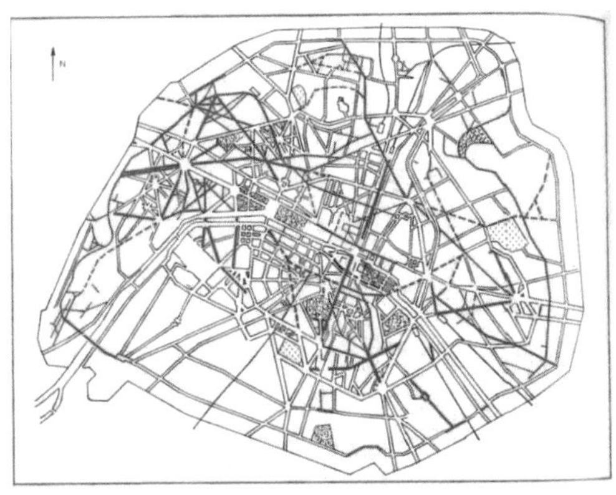

图 2-3　奥斯曼巴黎重建（规划平面图）

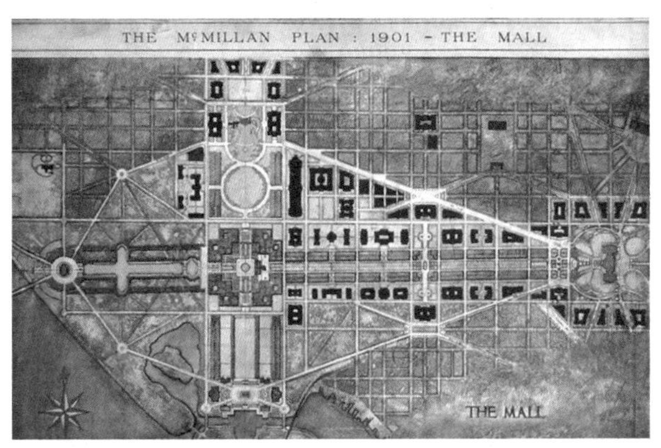

图 2-7 华盛顿规划
上、下图片为：华盛顿规划平面图，McMillanPlan, 1901 年；鸟瞰局部
（图片引自：wikipedia.org）

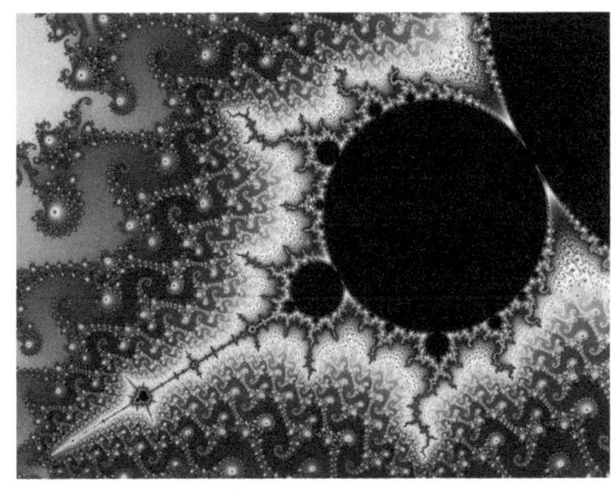

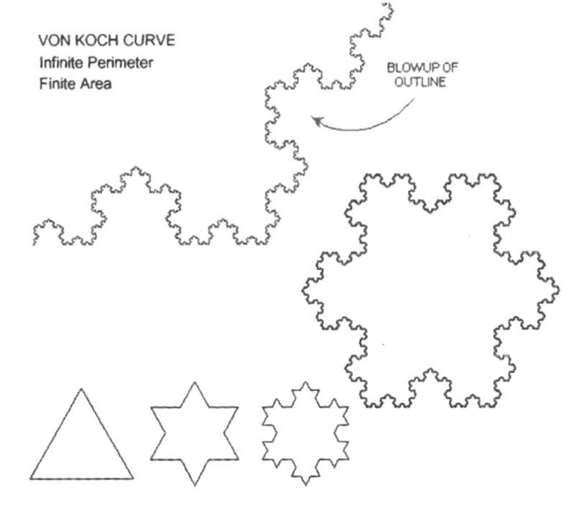

图 3-1　分形
上、下图片为：伯努瓦·曼德勃罗的分形图示；冯•科克的雪花分形
（图片引自：网络）

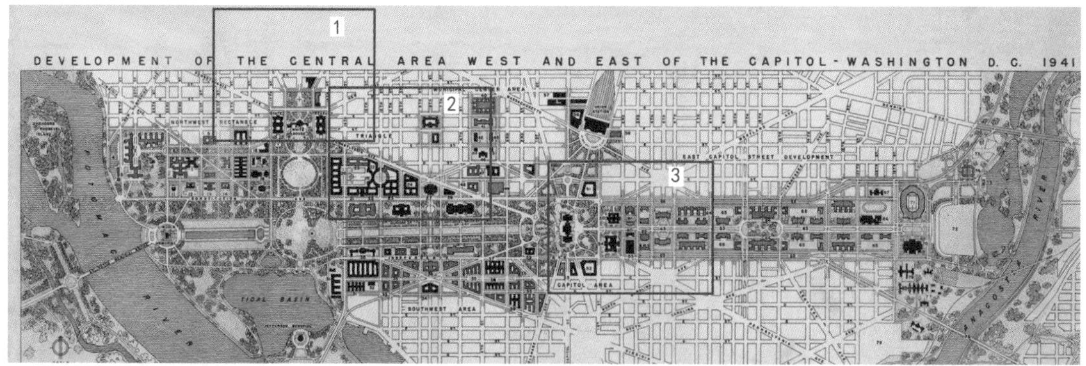

a 华盛顿规划平面图（1941年）

b 今天的城市肌理及城市美化运动的放射、轴线典型形态结构（基于Google 地图）

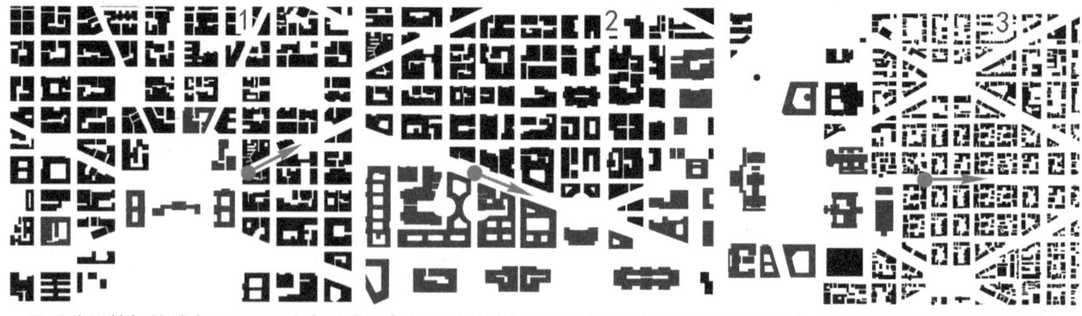

c 呈现分形特征的城市肌理（红色部分为原规划的公共建筑，红色方框内公共建筑虽未实现，但仍保留了原有城市结构）

New York Ave NW, Washington

12th St NW, Washington

East Capitol St NE, Washington

d 主要街区视角（C图桔色箭头标注方位）

图 3-7　华盛顿城市形态分析图

图 3-26　滨海城

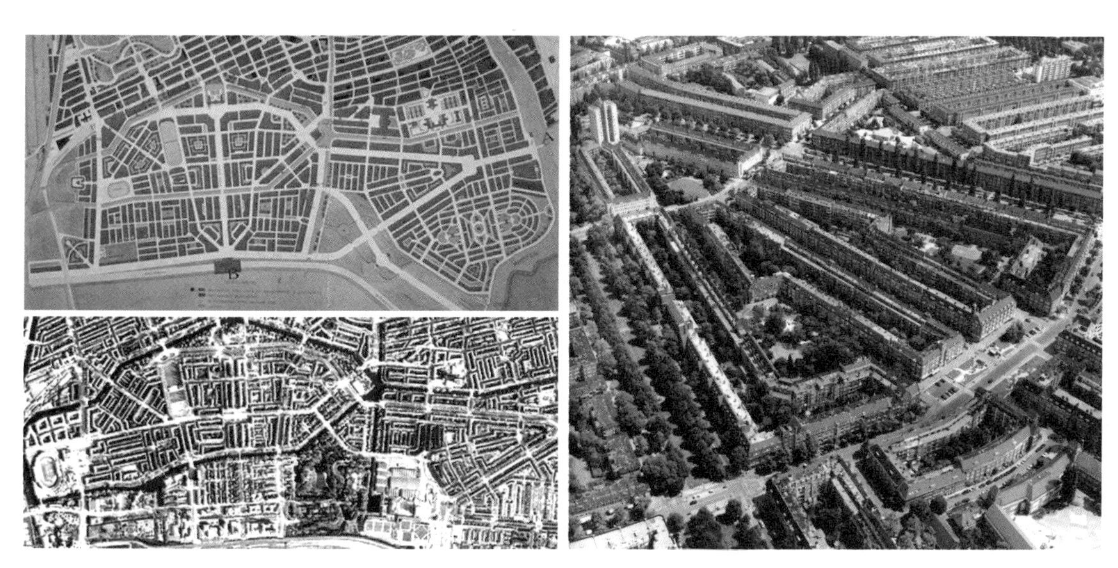

图 3-28 贝尔拉格规划
左上、左下、右图片为：贝尔拉格规划平面图；今天的城市肌理；
住区鸟瞰（图片引自：左下基于 Google ）

图 3-31　曼哈顿城 上、中、下图片为：曼哈顿中城第五大道区域；下城 SOHO 区；曼哈顿岛周边住区

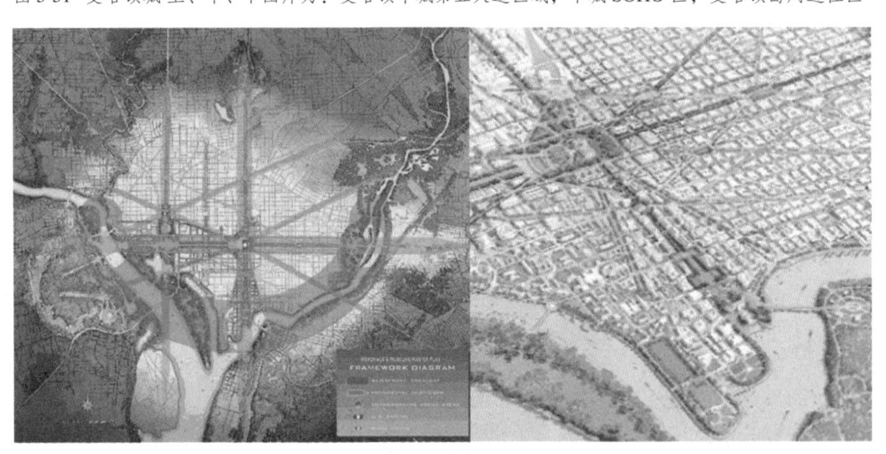

图 4-10　1997 华盛顿规划

图 5-4　波士顿“大开挖计划”改造前后的对比图

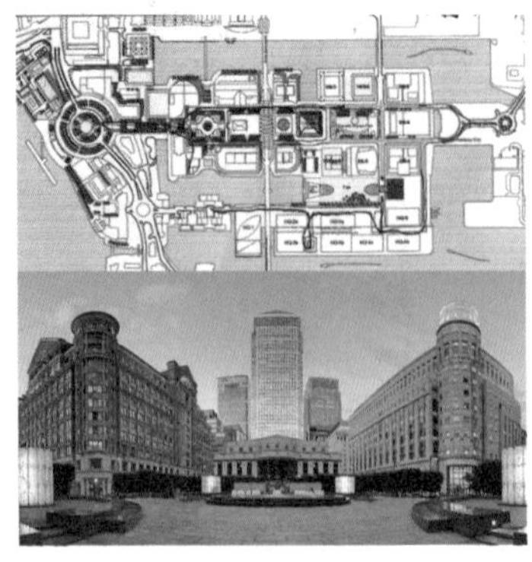

图 5-13　金丝雀码头（Canary Wharf）

图 5-15　香港中环 Alexandra 综合体